零起点学创业系列

LINGQIDIAN XUECHUANGYE XILIE

学办蛋鸡养殖场

魏刚才　张自强　主编

化学工业出版社

·北京·

图书在版编目（CIP）数据

零起点学办蛋鸡养殖场/魏刚才，张自强主编．—北京：化学工业出版社，2015.2（2019.11重印）
（零起点学创业系列）
ISBN 978-7-122-22585-6

Ⅰ.①零…　Ⅱ.①魏…②张…　Ⅲ.①卵用鸡-饲养管理　Ⅳ.①S831.4

中国版本图书馆 CIP 数据核字（2014）第 300604 号

责任编辑：邵桂林　　文字编辑：焦欣渝
责任校对：王素芹　　装帧设计：刘丽华

出版发行：化学工业出版社（北京市东城区青年湖南街 13 号　邮政编码 100011）
印　　刷：三河市延风印装有限公司
装　　订：三河市宇新装订厂
850mm×1168mm　1/32　印张 11¼　字数 335 千字
2019 年11月北京第 1 版第 5 次印刷

购书咨询：010-64518888　　售后服务：010-64518899
网　　址：http://www.cip.com.cn
凡购买本书，如有缺损质量问题，本社销售中心负责调换。

定　　价：**38.00 元**

本书编写人员名单

主　　编　魏刚才　张自强

副主编　赵　巧　张　涛　朱利平　高军梅

编写人员（按姓氏笔画排列）

王国勋（濮阳市清丰县六塔乡农业服务中心）

朱利平（温县动物卫生监督所）

张　涛（焦作市动物卫生监督所）

张自强（河南科技大学）

赵　巧（修武县畜牧局）

高军梅（辉县市城关镇人民政府）

魏刚才（河南科技学院）

前 言

我国是蛋鸡养殖大国，蛋鸡存栏量和鸡蛋产量连续多年处于世界首位，蛋鸡业以其投资少、见效快、效益好等优点深受养殖者青睐，成为人们创业致富的一个好途径。但开办蛋鸡养殖场不仅需要养殖技术，也需要掌握开办养殖场的有关程序和经营管理知识等。目前市场上有关学办蛋鸡养殖场的书籍不多见，严重制约许多有志人士的创业步伐和前行速度。为此，我们组织有关专家编写了本书。

本书全面系统地介绍了开办蛋鸡养殖场的技术和管理知识，具有较强的实用性、针对性和可操作性，为成功开办和办好蛋鸡养殖场提供技术保证。本书共分为：办场前准备、蛋鸡场的建设、蛋鸡品种的选择和引进、蛋鸡的饲料营养、蛋鸡的饲养管理、蛋鸡的疾病控制和蛋鸡场的经营管理七章。本书不仅适宜于农村知识青年、打工返乡人员等创办蛋鸡场者及蛋鸡养殖场（户）的相关技术人员和经营管理人员阅读，也可以作为大专院校和农村函授及培训班的辅助教材和参考书。

由于作者水平有限，书中存在不当之处在所难免，敬请广大读者批评指正。

编者

2015 年 2 月

零起点

目录

第一章 办场前准备

第二章 蛋鸡场的建设

第三章 蛋鸡品种的选择和引进

第四章 蛋鸡的饲料营养

第五章 蛋鸡的饲养管理

第六章 蛋鸡的疾病控制

第七章 蛋鸡场的经营管理

第一章

办场前准备

核心提示

开办蛋鸡场的目的不仅是为市场提供优质量多的蛋品，更是为了获得较好的经济效益。开办蛋鸡场前要了解蛋鸡业的生产特点及开办蛋鸡场具备的条件，进行市场调查和分析，并进行投资估算和经济效益分析，然后申办各种手续并在有关部门备案。

第一节　蛋鸡行业的特点及开办蛋鸡场需要的条件

一、蛋鸡行业生产特点

（一）品种资源丰富

我国蛋鸡的品种资源非常丰富。

一是品种类型多，不仅有利用现代育种技术培育的现代高产配套品种，如罗曼、海兰蛋鸡，而且也有传统的标准品种，如白来航、固始鸡、仙居鸡等；不仅有常见的白壳蛋鸡品种和褐壳蛋鸡品种，而且也有粉壳蛋鸡品种和绿壳蛋鸡品种。

二是品种数量多，不仅有很多优良的地方品种和新培育的符合中国特色的品种，而且也有大量从国外引进的高产杂交品种等，为蛋鸡业生产奠定了品种基础，也极大地促进了蛋鸡业生产水平的提高。

（二）市场价值大

蛋鸡业具有较大的市场价值，主副产品都可以利用。禽蛋不仅是人们日常生产中消费最容易和消费量最大的产品，而且禽蛋的营养物质十分丰富，蛋白质生物价高。在禽蛋中还含有大量的生物活性成分，如卵磷脂、溶菌酶、蛋黄免疫球蛋白、卵清蛋白、卵黄高磷蛋白、生物钙（蛋壳中）等，这些成分具有极大的开发和利用价值。此外，利用卵清蛋白通过水解可以制备具有高生物活性的多肽等。同时，采用先进的食品分离技术，提取分离蛋黄中的胆固醇，并进一步开发无胆固醇的蛋制品，同样具有极大的市场潜力和开发价值。禽蛋类产品中鸡蛋所占比例最大，而且是主导产品。蛋鸡生产中不仅生产鸡蛋，而且还生产鸡肉和粪便。淘汰蛋鸡是比较受人们欢迎的，特别是在南方市场。粪便通过合理开发，可以生产优质蛋白饲料和优质有机肥等。

（三）投资回收快

蛋鸡的培育期一般为20周龄，产蛋期可以达到52周以上。培育期结束就可以生产和销售蛋品，开始逐渐回收投资。蛋用种鸡25～26周龄就可以收集种蛋，收集的种蛋进入孵化期21天就可以孵化出雏鸡而进行销售。

（四）养殖技术较为成熟

蛋鸡业从品种繁育、饲料配制、设备机械、饲养管理以及疾病防治等方面都有较为成熟的技术支撑，这也是我国蛋鸡业成为畜牧业中发展最快的一个行业的原因所在。由于技术的成熟和推广应用，极大地促进了蛋鸡业的发展，也使近几年来蛋鸡业成为一个微利行业。蛋鸡业只有不断进行技术、产品、营销以及管理等创新，才能取得较好的效益。

二、投资蛋鸡场需要的条件

（一）市场条件

开办蛋鸡场生产的产品是商品，只有通过市场交换才能体现其产品的价值和效益高低。市场条件优越，产品价格高，销售渠道畅通，生产资料充足易得，同样的资金投入和管理就可以获得较高的投资回报，否则，市场条件差或不了解市场及市场变化趋势，盲目上马或扩大规模，就可能导致资金回报差，甚至亏损。

（二）资金条件

蛋鸡生产的专业化，需要场地、建筑鸡舍、购买设备用具和雏鸡，同时需要大量的饲料等，前期需要不断的资金投入，资金占用量大。如目前建设一个存栏10000只蛋鸡的养鸡场需要投入资金50万～100万元；如果是种用蛋鸡生产，需要的资金更多。如果没有充足的资金保证或良好的筹资渠道，上马后出现资金短缺，养鸡场就无法进行正常运转。

（三）技术条件

投资开办蛋鸡场，技术是关键。鸡场和鸡舍的设计建筑、优良品种的引进选择、环境和疾病的控制、饲养管理和经营管理等都需要先进技术和掌握先进养鸡技术的人才。否则，就不能进行科学的饲养管理，不能维持良好的生产环境，不能进行有效的疾病控制，鸡群的生产性能不能充分发挥，疾病经常发生，会严重影响经营效果。规模越大，对技术的依赖程度越强。蛋鸡场的经营者必须掌握一定的养殖技术和知识，并且要善于学习和请教；规模化蛋鸡场最好配备有专职的技术管理人员，负责好全面技术工作。

第二节 市场调查和分析

蛋鸡场的规模、经营方式、管理水平等不同，投资回报率也就不同，要获得较好的效益，必须做好市场调查，并进行市场分析，根据市场需求和自己具备的条件，正确确定经营方向和规模，避免盲目，力求使生产更加符合市场要求，以便投产后取得较好的经济效益。

一、市场调查的内容

影响养鸡业生产和效益提高的市场因素较多，都需要认真做好调查，获得第一手资料，才能进行分析、预测，最后进行正确决策。具体内容如下：

（一）市场需求调查

1. 市场容量调查

一是进行区域市场总容量调查。通过调查，有利于企业从战略上整体把握发展规模，是实现“以销定产”的最基本的策略。所以，准备或确定建立蛋鸡场应该在建场前进行调查，以市场容量确定规模和性质。不仅要调查现有市场容量，还要考虑潜在市场容量。

二是具体批发市场销量、销售价格变化的调查。这类调查对销售实际操作作用较大，需经常进行。有利于帮助企业及时发现哪些市场销量、价格发生了变化，查找原因，及时调整生产方向和销售策略。同时还要了解潜在市场，为项目的决策提供依据。

2. 适销品种调查

蛋鸡的经济类型和品种多种多样，不同的地区对产品的需求也有较大的差异。如有的地区需要褐壳鸡蛋，有的地区需要白壳鸡蛋，也有的地区需要粉壳鸡蛋。有的地方蛋品需要外销，有的地方蛋品只是内销，对品种的选择也有差异。适销品种的调查在宏观上对品种的选择具有参考意义，在微观上对销售具体操作、满足不同市场的品种需求也很有价值。

（二）市场供给调查

对养殖企业来说，市场需要（养鸡产品市场需要的种类主要有鸡蛋、淘汰鸡和雏鸡）由需求和供给组成，要想获得经营效益，仅调查需求方面的情况还不行，对供给方面的情况也要着力调查。

1. 当地区域产品供给量

当地主要生产企业、散养户等在下一阶段的产品预测上市量，这些内容的调查有利于做好阶段性的销售计划，实现有计划的均衡销售。

2. 外来产品的输入量

目前信息、交通都很发达，跨区域销售的现象越来越普遍，这是一种不能人为控制的产品自然流通现象。在外来产品明显影响当地市场时，有必要对其价格、货源持续的时间等作充分的了解，作出较准确的评估，以便确定生产规模或进行生产规模的调整。

3. 相关替代产品的情况

肉类食品中的鸡、鸭、鹅、猪、牛、羊、鱼等以及蛋类产品中的鸡蛋、鸭蛋、鹌鹑蛋、鹅蛋等都会相互影响，有必要了解相关肉类和蛋类产品的情况。

（三）市场营销活动调查

1. 竞争对手的调查

需调查的内容包括：竞争者产品的优势，竞争者所占的市场份额，竞争者的生产能力和市场计划，消费者对主要竞争者的产品的认可程度，竞争者产品的缺陷以及未在竞争产品中体现出来的消费者要求。

2. 销售渠道调查

销售渠道是指商品从生产领域进入消费领域所经过的通道，目前活禽产品的销售渠道主要有两种：生产企业—批发商—零售商—消费者；生产企业—屠宰厂—零售商—消费者。蛋品销售的渠道主要有三种：生产企业—批发商—零售商—消费者；生产企业—批发商—蛋品加工企业；生产企业—蛋品加工企业。

（四）其他方面调查

如市场生产资料调查，饲料、燃料等供应情况和价格，人力资源情况等。

二、市场调查方法

市场调查的方法很多，有实地调查、问卷调查、抽样调查等，目前调查家禽市场多采用实地调查中的访问法和观察法。

（一）访问法

访问法是将所拟调查事项，当面或书面向被调查者提出询问，以获得所需资料的调查方法。访问法的特点在于整个访谈过程是调查者与被调查者相互影响、相互作用的过程，也是人际沟通的过程。采取访问法时，在家禽市场调查中经常采用个人访问。

个人访问法是指访问者通过面对面地询问和观察被访者而获得信息的方法。访问要事先设计好调查提纲或问卷，调查者可以根据问题顺序提问，也可以围绕调查问题自由交谈，在谈话中要注意作好记录，以便事后整理分析。一般来说，调查家禽市场的访问对象有：家禽批发商、零售商、消费者、肉禽种禽养户、市场管理部门等。调查的主要内容是市场销量、价格、品种比例、品种质量、货源、客户经营状况、市场状况等。

要想取得良好效果，访问方式的选择是非常重要的。个人访问一般有如下三种方式：

1. 自由问答

自由问答指调查者与被调查者之间自由交谈，获取所需的市场资料。自由问答方式，可以不受时间、地点、场合的限制，被调查者能不受限制地回答问题，调查者则可以根据调查内容和时机、调查进程灵活地采取讨论、质疑等形式进行调查，对于不清楚的问题可采取讨论的方式解决。进行一般性、经常性的家禽市场调查多采用这种方式，选择公司客户或一些相关市场人员作调查对象，自由问答，获取所需的市场信息。

2. 发问式调查

发问式调查又称倾向性调查，指调查人员事先拟好调查提纲，交谈时按提纲进行询问。进行家禽市场的专项调查时常用这种方法，目的性较强，有利于集中、系统地整理资料，也有利于提高效率，节省调查时间和费用，选择发问式调查，要注意选择调查对象，尽量较全面了解市场状况、行业状况。

3. 限定选择

限定选择又称强制性选择，类似于问卷调查，指个人访问调查时列出某些调查内容选项，让调查对象选择。此方法多适用于专项调查。

（二）观察法

观察法是指调查者在现场对调查对象直接观察、记录，以取得市场信息的方法。观察法要凭调查人员的直观感觉或借助于某些摄录设备和仪器，跟踪、记录和考查对象，获取某些重要的信息。观察法有自然、客观、直接、全面的特点。在调查家禽市场中，运用观察法调查市场经营状况、蛋壳颜色和蛋重大小、顾客行为、流量等主要内容。

1. 市场经营状况观察

选择适当的时间段观察市场整体状况（包括档口的多少、大小、设置，顾客购买情况，鸡蛋库存情况，以及淘汰母鸡的销售情况），结合访问等得到的资料，初步综合判断市场经营状况等。

2. 蛋壳颜色和蛋重大小

观察不同颜色、蛋重的鸡蛋销售情况，了解市场对不同蛋壳颜色、蛋重的需求。

3. 顾客行为观察

通过观察顾客活动及其进出市场的客流情况，如顾客购买蛋品和淘汰鸡的偏好，对价格、质量的反映评价，对品种的选择，不同时间的客流情况等，可以得出顾客的构成、行为特征、产品畅销品种、客流规律情况等市场信息。

4. 顾客流量观察

观察记录市场在一定时段内进出的车辆、购买者数量及类型，借以评定、分析该市场的销量、活跃程度等。

5. 痕迹观察

有时观察调查对象的痕迹比观察活动本身更能取得准确的所需资料，如通过批发商的购销记录本、市场的一些通知、文件资料等等，可以掌握批发商的销量、卖价以及市场状况，收集一些难以直接获得的可靠信息。

为提高观察调查法的效果，观察人员要在观察前做好计划，观察中注意运用技巧，观察后注意及时记录整理，以取得深入、有价值的信息，得出准确的调查结论。

在实际调查中，往往将访问、观察等调查方法综合运用，我们要根据调查目的、内容不同而灵活运用方法，才能取得良好效果。

第三节　蛋鸡场的生产工艺

经过市场的调查，确定建设蛋鸡场，首先进行生产工艺设计。鸡场生产工艺是指养鸡生产中采用的生产方式（鸡群组成、周转方式、饲喂饮水方式、清粪方式和产品的采集等）和技术措施（饲养管理措施、卫生防疫制度、废弃物处理方法等）。工艺设计是科学建场的基础，也是以后进行生产的依据和纲领性文件，所以，生产工艺设计需要运用畜牧兽医知识，从国情和实际情况出发，并考虑生产和科学技术的发展，使方案科学、先进又切合实际，并能付诸实践。另外，作为依据和纲领应力求具体详细。

一、性质和规模

（一）鸡场性质

鸡场性质不同，鸡群组成不同，周转方式不同，对饲养管理和环境条件的要求不同，采取的饲养管理措施不同，鸡场的设计要求和资金投入也不同。鸡场性质既决定了鸡场的生产经营方向和任务，又影响到鸡场的资金投入和经营效果。

1. 根据不同的代次划分

（1）原种场（选育场，曾祖代场）进行品种选育，杂交组合配套试验，生产配套系。

（2）种鸡场（祖代场和父母代场）进行一级杂交制种和二级杂交制种生产父母代和商品代雏鸡。

（3）商品场　饲养配套杂交鸡，生产商品蛋和肉。

2. 按照鸡的经济用途划分

商品鸡场多按经济用途划分。

（1）肉用鸡场　饲养的品种一般有快大型肉鸡、肉杂鸡和黄羽肉鸡。

（2）蛋用鸡场　饲养的品种一般有白壳蛋鸡、褐壳蛋鸡和粉壳蛋鸡。

（二）鸡场规模

1. 鸡场规模表示方法

（1）以存栏繁殖母鸡只（套）数来表示　如父母代种鸡场存栏CD母鸡5000只，其规模就是5000套父母代种鸡，其中鸡场的AB公鸡不算在内，根据母鸡数量进行配套；如一个商品蛋鸡场，有产蛋母鸡5000只，其规模就是5000只母鸡的鸡场。生产中常用于蛋鸡场和种鸡场。

（2）以年出栏商品鸡只数来表示　常用于商品肉用鸡场，如年出栏商品肉鸡50万只。

（3）以常年存栏鸡的只数来表示　如一个商品蛋鸡场，常年饲养有产蛋母鸡50000只，饲养有育雏鸡6000只，育成鸡5500只，其规模就是常年存栏61500只鸡。

2. 养鸡场的种类及规模划分

见表1-1。

表 1-1 不同性质鸡场的规模划分

类别		大型养鸡场	中型养鸡场	小型养鸡场
种鸡场	祖代	≥1.0	＜1.0,≥0.5	＜0.5
	父母代	≥3.0	＜3.0，≥1.0	＜1.0
商品蛋鸡场		≥20	＜20.0,≥5.0	＜5.0

注：种鸡场的规模单位为万套繁殖母鸡；蛋鸡商品场的规模单位为万只产蛋母鸡。

（三）影响因素

1. 市场需要

市场的活鸡价格、鸡蛋价格、雏鸡价格和饲料价格等是影响鸡场性质和饲养规模的主要因素。如饲料价格一定情况下，肉鸡价格高，饲养肉鸡有利；雏鸡短缺，价格高时，饲养种鸡利润就高。随着人们对绿色和优质禽产品需求的增加，饲养优质黄羽肉鸡和土鸡也成为许多养鸡户选择的项目。鸡场生产的产品是商品，商品必须通过市场进行交换而获得价值。同样的资金，不同的经营方向和不同的市场条件获得的回报也有很大差异。鸡场的经营方向多种，要确定鸡场经营方向（性质），必须考虑市场需要和容量，不仅要看到当前需要，更要掌握大量的市场信息并进行细致分析，正确预测市场近期和远期的变化趋势和需要（因为现在市场价格高的产品，等到生产出来产品时价格不一定高），然后进行正确决策，才能取得较好的效益。

市场需求量、鸡产品的销售渠道和市场占有量直接关系到鸡场的生产效益。如果市场对鸡产品需求量大，价格体系稳定健全，销售渠道畅通，规模可以大些，反之则宜小。只有根据生产需要进行生产，才能避免生产的盲目性。

2. 经营能力

经营者的素质和能力直接影响到鸡场的经营管理水平。鸡场层次越高（层次划分是原种场、祖代场、父母代场和商品场），规模越大，对经营管理水平要求越高。经营者的素质高，能力强，能够根据市场需求不断进行正确决策，不断引进和消化吸收新的科学技术，合理地安排和利用各种资源，充分调动饲养管理人员的主观能动性，获得较好的经济效益。如果经营者的素质不高，缺乏灵活的经营头脑，饲养规模以小为宜。

3. 资金数量

养鸡生产需要征用场地、建筑鸡舍、配备设备设施、购买饲料和种鸡、进行粪污处理等，都需要大量的资金投入。层次越高，规模越大，需要的投资也越多。如种鸡场，基本建设投资大，引种费用高（如一只祖代鸡鸡苗高的需要几十美元，低的也需要几十元人民币）。不根据资金数量多少而盲目上层次、扩规模，结果投产后可能由于资金不足而影响生产正常进行。因此，确定鸡场性质和规模要量力而行，资金拥有量大，其他条件具备的情况下，经营规模可以适当大一些。

4. 技术水平

现代养鸡业与传统的养鸡业有很大不同，品种、环境、饲料、管理等方面都要求较高的技术支撑，鸡的高密度饲养和多种应激反应严重影响鸡体健康，也给疾病控制增加了更大难度。要保证鸡群健康，生产性能发挥，必须应用先进技术。

不同性质的鸡场，对技术水平要求不同。种鸡场，特别是祖代场，饲养A、B、C、D等多个品系鸡，需要进行杂交制种、选育、孵化等工作，其质量和管理直接影响到父母代鸡和商品鸡的质量和生产表现，生产环节多，饲养管理过程复杂，对隔离、卫生和防疫要求严格，对技术水平要求高。而商品场生产环节少，饲养管理过程比较简单，相对技术水平较低，如果不考虑技术水平和技术力量，就可能影响投产后的正常生产。

规模化养鸡业，鸡的饲养数量多，鸡群密集，生产性能高，对环境条件要求也更苛刻，经营管理人员和饲养人员必须掌握科学的饲养和管理技术，为鸡的生活和生产提供适宜的条件，满足鸡的各种需要，保证鸡体健康，最大限度地发挥鸡的生产潜力。否则，缺乏科学技术，盲目增大规模，不能进行科学的饲养管理和疾病控制，结果鸡的生产潜力不能发挥，疾病频繁发生，不仅不能取得良好的规模效益，甚至会亏损倒闭。

（四）性质和规模的确定

1. 性质的确定

种鸡场担负品种选育和杂交任务，鸡群组成和公母比例都应符合选育工作需要，饲养方式也要考虑个体记录、后裔测定、杂交制种等技术措施的实施，对各种技术条件、环境条件要求也更严格，资金投入也多；商品场只是生产鲜蛋或鸡肉，生产环节简单，相对来说，对硬件和软件建设要求都不如种鸡场严格，资金投入较少。所以，建场前要综合考虑社会及生产需要、技术力量和资金状况等因素确定自己的性质。

2. 规模的确定

鸡场规模的大小也受到资金、技术、市场需求、市场价格以及环境的影响，所以确定饲养规模要充分考虑这些影响因素。资金、技术和环境是制约规模大小的主要因素，不应该盲目追求养殖数量。应该注重适度规模，也就是能够保证蛋鸡生产潜力发挥和各种资源合理利用的规模。适度规模的确定方法如下：

（1）适存法　根据适者生存这一原理，观察一定时期内鸡的生产规模水平变化和集中趋势，从而判断哪种规模为最佳规模。这是最简单的一种方法，适合专业户使用。只要考察一个地区不同经营规模场的变迁和集中趋势，就可粗略了解当地哪一种经营规模最合适。以某省份2005年对30个县（市）规模商品蛋鸡场情况调查为例：500只规模场（户）2005年比2000年下降8个百分点，500～1500只场（户）上升9.5个百分点，1500只以上场（户）增加0.3个百分点，可以认为以500～1500只规模较为适合。

（2）综合评分法　此法是比较在不同经营规模条件下的劳动生产率、资金利用率、鸡的生产率和饲料转化率等项指标，评定不同规模间经济效益和综合效益，以确定最优规模。

具体做法是先确定评定指标并进行评分，其次合理地确定各指标的权重（重要性），然后采用加权平均的方法，计算出不同规模的综合指数，获得最高指数值的经营规模即为最优规模。

（3）投入产出分析法　是根据动物生产中普遍存在的报酬递减规律及边际平衡原理来确定最佳规模的重要方法。也就是通过产量、成本、价格和盈利的变化关系进行分析和预测，找到盈亏平衡点，再衡量规划多大的规模才能达到多盈利的目标。

养鸡生产成本可以分为固定成本和变动成本两种。鸡场占地、鸡舍笼具及附属建筑、设备设施等投入为固定成本，它与产量无关；雏鸡的购入成本、饲料费用、人工工资和福利、水电燃料费用、医药费、固定资产折旧费和维修费等为变动成本，与主产品产量呈某种关系。可以利用投入产出分析法求得盈亏平衡时的经营规模和计划一定盈利（或最大盈利）时的经营规模。利用成本、价格、产量之间的关系列出总成本的计算公式：

$$PQ = F + QV + PQX$$

$$Q = \frac{F}{[P(1-X)-V]}$$

式中 F——某种产品的固定成本；

X——单位销售额的税金；

V——单位产品的变动成本；

P——单位产品的价格；

Q——盈亏平衡时的产销量。

【例 1】 中小型商品蛋鸡场固定资产投入 100 万元，计划 10 年收回投资；每千克蛋的变动成本为 6 元，鸡蛋价格 7 元/千克，每只存栏蛋鸡年产蛋 16 千克。求盈亏平衡时的规模。

［**解**］盈亏平衡时的蛋鸡存栏量 $=Q\div 16$ 千克/只 $=100000$ 千克 $\div 16$ 千克/只 $=6250$ 只［注：$Q=100000$ 元/$(7-6)$元/千克 $=100000$ 千克］

如果要获得利润，蛋鸡存栏量必须超过 6250 只。

如要盈利 10 万元，需要存栏蛋鸡：$[(100000+100000)$元$\div(7-6)$元/千克$]\div 16$ 千克/只$=12500$ 只

（4）成本函数法　通过建立单位产品成本与养鸡生产经营规模变化的函数关系来确定最佳规模，单位产品成本达到最低的经营规模即为最佳规模。

二、鸡群的组成及工艺流程

鸡场的生产工艺流程关系到隔离卫生，也关系到鸡舍的类型（图 1-1）。鸡的一个饲养周期一般分为育雏、育成和成年鸡三个阶段。育雏期为 0～6 周龄，育成鸡为 7～20 周龄，成年产蛋鸡为 21～76 周龄。不同饲养时期，鸡的生理状况不同，对环境、设备、饲养管理、技术水平等方面都有不同的要求，因此，鸡场应分别建立不同

类型的鸡舍，以满足鸡群生理、行为及生产等要求，最大限度地发挥鸡群的生产潜能。

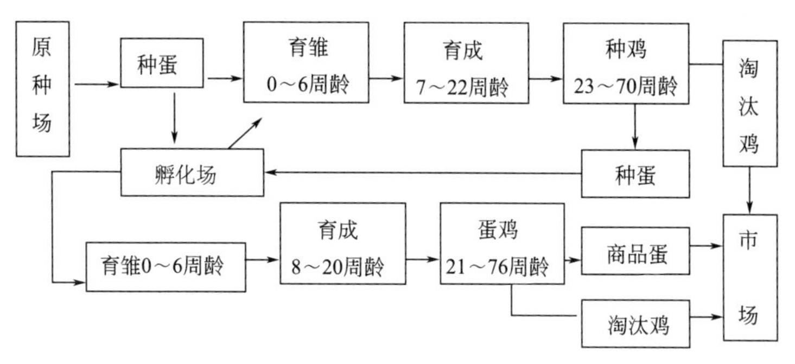

图 1-1 蛋鸡场的工艺流程图

三、主要的工艺参数

工艺参数主要包括鸡群的划分及饲养日数和生产指标。种鸡场鸡群一般可分为雏鸡、育成鸡、成年母鸡、青年公鸡、种公鸡。靠外场提供种蛋和种雏的商品蛋鸡场，除不养公鸡外，其他鸡群与种鸡场相同；各鸡群的饲养日数，应根据鸡场的种类、性质、品种、鸡群特点、饲养管理条件、技术及经营水平等确定，见表 1-2、表 1-3。

表 1-2 轻型/中型蛋鸡体重及耗料

雏鸡		育成鸡		产蛋鸡	
7 周龄体重/(克/只)	530/515①	18 周龄体重/(克/只)	1270/未统计	21～40 周龄日耗料/(克/只)	77/91 渐增至 114/127①
7 周龄成活率/%	93/95①	18 周龄存活率/%	97～99	21～40 周龄总耗料/(千克/只)	15.2/16.4①
1～7 周龄日消耗量/(克/只)	10～12 克渐增 43 克	8～18 周龄日耗料/(克/只)	46～48 克渐增 75/83①	41～72 周龄日耗料/(克/只)	100 渐增至 104
1～7 周龄总耗料量/(克/只)	1306/1365①	8～18 周龄总耗料/(克/只)	4550/5180①	41～72 周龄总耗料/(千克/只)	22.9

① 为实测值。

表 1-3　轻型/中型蛋鸡生产性能

指标	参数	指标	参数
20～30周龄入舍鸡产蛋率/%	10渐增至90.7	入舍鸡平均产蛋率/%	73.7
30～60周龄入舍鸡产蛋率/%	90渐减至71.5	饲养日产蛋数/(枚/只)	305.8
60～70周龄入舍鸡产蛋率/%	70.9渐减至62.1	饲养日平均产蛋率/%	78.0
入舍鸡产蛋数/(枚/只)	288.9	平均月死淘率/%	1以下

四、饲养管理方式

（一）饲养方式

饲养方式是指为便于饲养管理而采用的不同设备、设施（栏圈、笼具等），或每圈（栏）容纳畜禽的多少，或管理的不同形式。如按饲养管理设备和设施的不同，可分为笼养、缝隙地板饲养、板条地面饲养或地面平养；按每栏饲养的只数多少，可分为群养和单个饲养。饲养方式的确定，需考虑畜禽种类、投资能力和技术水平、劳动生产率、防疫卫生、当地气候和环境条件、饲养习惯等。蛋鸡的饲养方式主要是笼养；育雏育成鸡的饲养方式有笼养、地面平养和网上平养。

（二）饲喂方式

饲喂方式是指不同的投料方式或饲喂设备（例如采用链环式料槽等机械喂饲）或不同方式的人工喂饲等。采用何种喂饲方式应根据投资能力、机械化程度等因素确定。中小型鸡场可采用人工饲喂，也可采用机械喂料。

（三）饮水方式

饮水方式分为水槽饮水和各种饮水器（杯式、乳头式）自动饮水。水槽饮水不卫生，劳动量大；饮水器自动饮水清洁卫生，劳动效率高。

（四）清粪方式

清粪方式有人工清粪和机械清粪。机械清粪有刮板式和传送带式两种：刮板式用于阶梯式笼养和平养鸡舍；传送带式用于层叠式鸡舍。人工清粪有刮粪和小车推粪两种：刮粪是将粪便刮到走道上或墙外（笼养蛋鸡舍），然后用粪车运到粪场，育雏笼饲养时可将盛粪盘中的粪便直接倒入粪车运出；小车推粪是高床笼养时，清粪人员直接推着小车进入笼下粪道中，将粪运出舍外。目前，适用于中小型鸡场的清粪方式是刮板式机械清粪和高床式人工清粪，工作效率高，清洁卫生。

五、建设场地标准

见表1-4。

表1-4　蛋鸡场场地面积推荐表

性质	养殖场规模/万只(或万鸡位)	占地面积/万平方米(或公顷)	总建筑面积/米^2	生产建筑面积/米^2
祖代鸡场	0.5	4.5	3480	3020
父母代场	1.0	2.0	3340	2930
	0.5	0.7	1770	1550
商品蛋鸡场	10.0	6.4	10410	9050
	5.0	3.1	6290	5470
	1.0	0.8	1340	1160

六、鸡场的人员组成

管理定额的确定主要取决于鸡场性质和规模、不同鸡群的要求、饲养管理方式、生产过程的集约化及机械化程度、生产人员的技术水平和工作熟练程度等。管理定额应明确规定工作内容和职责，以及工作的数量（如饲养鸡的头只数、鸡应达到的生产力水平、死淘率、饲料消耗量等）和质量（如鸡舍环境管理和卫生情况等）。管理定额是鸡场实施岗位责任制和定额管理的依据，也是鸡场设计的参数。一幢鸡舍容纳鸡的头（只）数，宜恰为一人或数人的定额数，以便于分工和管理。由于影响管理定额的因素较多，而且其本身也并非严格固定的数值，故实践中需酌情确定并在执行中进行调整。

七、卫生防疫制度

疫病是畜牧生产的最大威胁，积极有效的对策是贯彻“预防为主，防重于治”的方针，严格执行国务院发布的《家畜家禽防疫条例》和农业部制定的《家畜家禽防疫条例实施细则》。工艺设计应据此制定出严格的卫生防疫制度。此外，鸡场还须从场址选择、场地规划、建筑物布局、绿化、生产工艺、环境管理、粪污处理利用等方面注重设计并详加说明，全面加强卫生防疫，在建筑设计图中详尽绘出与卫生防疫有关的设施和设备，如消毒更衣淋浴室、隔离舍、防疫墙等。

八、鸡舍的样式、构造、规格和设备

鸡舍样式、构造的选择，主要考虑当地气候和场地地方性小气候、鸡场性质和规模、鸡的种类以及对环境的不同要求、当地的建筑习惯和常用建材、投资能力等。

鸡舍设备包括饲养设备（笼具、网床、地板等）、饲喂及饮水设备、清粪设备、通风设备、供暖和降温设备、照明设备等。设备的选型须根据工艺设计确定的饲养管理方式（饲养、饲喂、饮水、清粪等方式）、鸡对环境的要求、舍内环境调控方式（通风、供暖、降温、照明等方式）、设备厂家提供的有关参数和价格等进行选择，必要时应对设备进行实际考察。各种设备选型配套确定之后，还应分别算出全场的设备投资及电力和燃煤等的消耗量。

九、鸡舍种类、幢数和尺寸的确定

在完成了上述工艺设计步骤后，可根据鸡群组成、饲养方式和劳动定额，计算出各鸡群所需笼具和面积、各类鸡舍的幢数；然后可按确定的饲养管理方式、设备选型、鸡场建设标准和拟建场的场地尺寸，徒手绘出各种鸡舍的平面简图，从而初步确定每幢鸡舍的内部布置和尺寸；最后可按各鸡群之间的关系、气象条件和场地情况，设计出全场总体布局方案。

十、粪污处理利用工艺及设备选型配套

根据当地自然、社会、经济条件及无害化处理和资源化利用的原则，与环保工程技术人员共同研究确定粪污利用的方式和选择相应的排放标准，并据此提出粪污处理利用工艺，继而进行处理单元的设计

和设备的选型配套。

十一、投资估算和效益预测

根据工艺设计规模，可以确定占地面积、建筑面积、设备数量、引种数量等，按照市场价格可以计算出固定资产，根据饲料、人力等需求量计算出流动资金以及其他费用而估算出总投资；根据投资数量、产品产量计算出产品的成本，结合市场价格可以预测经营效益。

第四节　投资概算和分析

一、鸡场的投资概算

投资概算反映了项目的可行性，同时有利于资金的筹措和准备。

1. 投资概算的范围

投资概算可分为三部分：固定投资、流动资金、不可预见费用。

（1）固定投资　包括建筑工程的一切费用（设计费用、建筑费用、改造费用等）、购置设备发生的一切费用（设备费、运输费、安装费等）。

在鸡场占地面积、鸡舍及附属建筑种类和面积、鸡的饲养管理和环境调控设备以及饲料、运输、供水、供暖、粪污处理利用设备的选型配套确定之后，可根据当地的土地、土建和设备价格，粗略估算固定资产投资额。

（2）流动资金　包括饲料、药品、水电、燃料、人工费等各种费用，并要求按生产周期计算铺底流动资金（产品产出前）。根据鸡场规模、鸡的购置、人员组成及工资定额、饲料和能源及价格，可以粗略估算流动资金额度。

（3）不可预见费用　主要考虑建筑材料、生产原料的涨价，其次是其他变故损失。

2. 计算方法

鸡场总投资＝固定资产投资＋产出产品前所需要的流动资金＋不可预见费用

二、效益预测

按照调查和估算的土建、设备投资以及引种费、饲料费、医药费、工资、管理费、其他生产开支、税金和固定资产折旧费，可估算出生产成本，并按本场产品销售量和售价，进行预期效益核算。一般常用静态分析法，就是用静态指标进行计算分析，主要指标公式如下：

利润＝总收入－总成本

＝(单位产品价格－单位产品成本)×产品销售量

$$投资利润率=\frac{年利润}{投资总额}\times 100\%$$

$$投资回收期=\frac{投资总额}{平均年收入}$$

$$投资收益率=\frac{收入-经营费-税金}{总投资}\times 100\%$$

三、10000只蛋鸡场的投资估算和效益分析

1. 投资估算

(1) 固定资产投资　65.00万元。

① 鸡场建筑投资　采用育雏育成和产蛋两段制饲养工艺，产蛋期笼养，育雏育成期采用网上平养，鸡舍配套为1栋育雏育成舍和2栋蛋鸡舍。育雏育成舍建筑面积为600米^2，蛋鸡舍每栋350米^2，合计700米^2，另外附属建筑面积100米^2。总建筑面积1400米^2，每平方米建筑费用400元，合计投资56.00万元。

② 设备购置费　需要蛋鸡笼120组，每组400元，投资4.8万元；需要600米^{2}育雏用网面，每平方米20元，投资1.2万元；另外风机、采暖、光照、饲料加工、清粪、饮水、饲喂等设备3.0万元。合计投资9.0万元。

(2) 土地租赁费　10亩×1500元/(亩·年)＝1.5万元/年。(1亩＝666.67米^2)

(3) 新母鸡培育费　(包括雏鸡购置费、培育的饲料费、医药费、人工费、采暖费、照明费等) 10000只×25元/只＝25.00万元。

总投资＝65.0 万元＋1.5 万元＋25.0 万元＝91.5 万元。

2. 效益预测

（1）总收入

① 出售鲜蛋收入　18 千克/只×9500 只×8.6 元/千克＝147.06 万元。

② 出售淘汰鸡收入　9500 只×2.3 千克/只(体重)×8 元/千克(淘汰鸡价格)＝17.48 万元。

合计：164.54 万元。

（2）总成本

① 鸡舍和设备折旧费　鸡舍利用 10 年，年折旧费 5.6 元；设备利用 5 年，年折旧费 1.8 万元。

② 年土地租赁费　1.5 万元。

③ 新母鸡培育费　25.0 万元。

④ 饲料费用　42.5 千克/(只·年)×9500 只×2.8 元/千克＝113.05 万元/年。

⑤ 人工费　2 人×3.0 万元/人＝6.00 万元。

⑥ 电费等其他费用　可用副产品抵消。

合计：152.95 万元。

（3）盈利

① 年收入　年收入＝总收入－总成本＝164.54 万元－152.95 万元≈11.59 万元。

② 资金回收年限　资金回收年限＝91.5÷11.59≈7.89 年。

③ 投资利润率　年利润/投资总额×100％＝11.59÷91.5×100％≈12.67％。

（4）盈亏点分析

① 投资规模分析

$$销售收入=年产量\times单位产品价格$$

$$总成本=固定成本+单位变动产品成本\times年产量$$

则：在利润为零时销售收入等于总成本

$$年产量=\frac{固定成本}{单位产品价格-单位产品变动成本}$$

鸡舍利用 10 年，年折旧费 5.6 元；设备利用 5 年，年折旧费

1.8 万元；土地租赁费 1.5 万元/年。则每年的固定成本为 8.9 万元。

2013 年单位产品价格为 8.2 元/千克。单位产品变动成本（新母鸡折旧费＋饲料费＋人工费）为 7.8 元/千克。

则：在利润为零时年产量 89000÷(8.2－7.8＋0.9)≈68462 千克(0.9 是每千克淘汰蛋鸡的收入)。68462 千克蛋折合蛋鸡存栏数 3803 只（每只蛋鸡年产蛋 18 千克）。说明在这样的固定资产投资规模下，年存栏蛋鸡 3803 只时利润是零，大于 3803 只时利润为正值，小于 3803 只时利润为负值。

如要获得 10 万元需要存栏蛋鸡 8077 只[(100000＋89000)元÷(8.2 元/千克－7.8 元/千克＋0.9 元/千克)÷18 千克/只≈8077 只]。现有规模预测效益为：

9500 只×18 千克/只×1.3 元/千克－89000 元＝133300.0 元

② 鸡蛋价格分析　假设饲料价格不变，平均饲料价格稳定在 3.0 元/千克，利润为零时：

$$鸡蛋价格=\frac{固定成本+鸡蛋单位变动成本\times 产量}{产量}$$

$$=\frac{89000+(7.8-0.9)\times 9500\times 18}{9500\times 18}=7.42\ 元/千克$$

说明饲料价格稳定在 3.0 元/千克的情况下，鸡蛋收购价为 7.42 元/千克时不亏不盈，收购价低于 7.42 元/千克时亏损，高于 7.42 元/千克时出现盈利。

第五节　办场手续和备案

规模化养殖不同于传统的庭院养殖，养殖数量多，占地面积大，产品产量和废弃物排放多，必须要有合适的场地，最好进行登记注册，这样可以享受国家的有关蛋鸡养殖的优惠政策和资金扶持。登记注册需要一套手续，并在有关部门备案。

一、项目建设申请

（一）用地审批

近年来，传统农业向现代农业转变，农业生产经营规模不断扩大，农业设施不断增加，对于设施农用地的需求越发强烈。设施农用地是指直接用于经营性养殖的畜禽舍、工厂化作物栽培或水产养殖的生产设施用地及其相应附属设施用地，农村宅基地以外的晾晒场等农业设施用地。

《国土资源部、农业部关于完善设施农用地管理有关问题的通知》（国土资发［2010］155号）对设施农用地的管理和使用作出了明确规定，将设施农用地具体分为生产设施用地和附属设施用地，认为它们直接用于或者服务于农业生产，其性质不同于非农业建设项目用地，依据《土地利用现状分类》（GB/T 21010—2007），按农用地进行管理。因此，对于兴建养鸡场等农业设施占用农用地的，不需办理农用地转用审批手续，但要求规模化畜禽养殖的附属设施用地规模原则上控制在项目用地规模7%以内（其中，规模化养牛、养羊的附属设施用地规模比例控制在10%以内），最多不超过15亩。养鸡场等农业设施的申报与审核用地按以下程序和要求办理：

1. 经营者申请

设施农业经营者应拟订设施建设方案，方案内容包括项目名称、建设地点、用地面积，拟建设施类型、数量、标准和用地规模等；并与有关农村集体经济组织协商土地使用年限、土地用途、补充耕地、土地复垦、交还和违约责任等有关土地使用条件。协商一致后，双方签订用地协议。经营者持设施建设方案、用地协议向乡镇政府提出用地申请。

2. 乡镇申报

乡镇政府依据设施农用地管理的有关规定，对经营者提交的设施建设方案、用地协议等进行审查。符合要求的，乡镇政府应及时将有关材料呈报县级政府审核；不符合要求的，乡镇政府及时通知经营者，并说明理由。涉及土地承包经营权流转的，经营者应依法先行与农村集体经济组织和承包农户签订土地承包经营权流转合同。

3. 县级审核

县级政府组织农业部门和国土资源部门进行审核。农业部门重点就设施建设的必要性与可行性，承包土地用途调整的必要性与合理性，以及经营者农业经营能力和流转合同进行审核，国土资源部门依据农业部门审核意见，重点审核设施用地的合理性、合规性以及用地协议，涉及补充耕地的，要审核经营者落实补充耕地情况，做到先补后占。符合规定要求的，由县级政府批复同意。

（二）环保审批

由本人向项目拟建所在设乡镇提出申请并选定养殖场拟建地点，报县环保局申请办理环保手续（出具环境评估报告）。

【注意】环保审批需要附项目的可行性报告，与工艺设计相似，但应包含建场地点和废弃物处理工艺等内容。

二、养殖场建设

按照县国土资源局、环保局、县发改经信局批复进行项目建设。开工建设前向县农业局或畜牧局申领“动物防疫合格证申请表”“动物饲养场、养殖小区动物防疫条件审核表”，按照审核表内容要求施工建设。

三、动物防疫合格证办理

养殖场修建完工后，向县农业局或畜牧局申请验收，县农业局派专人按照审核表内容到现场逐项审核验收，验收合格后办理动物防疫合格证。

四、工商营业执照办理

凭动物防疫合格证到县工商局按相关要求办理工商营业执照。

五、备案

养殖场建成后需到当地县畜牧部门进行备案。备案是畜牧兽医行政主管部门对畜禽养殖场（指建设布局科学规范、隔离相对严格、主体明确单一、生产经营统一的畜禽养殖单元）、养殖小区（指布局符合乡镇土地利用总体规划，建设相对规范、畜禽分户饲养，经营统一进行的畜禽养殖区域）的建场选址、规模标准、养殖条件予以核查确认，并进行信息收集管理的行为。

（一）备案的规模标准

养猪场设计存栏规模 300 头以上、家禽养殖场 6000 只以上、奶牛养殖场50头以上、肉牛养殖场50头以上、肉羊养殖场200只以上、肉兔养殖场1000只以上应当备案。

各类畜禽养殖小区内的养殖户达到5户以上。生猪养殖小区设计存栏300头以上、家禽养殖小区10000只以上、奶牛养殖小区100头以上、肉牛养殖小区100头以上、肉羊养殖小区200只以上、肉兔养殖小区1000只以上应当备案。

（二）备案具备的条件

申请备案的畜禽养殖场、养殖小区应当具备下列条件：

一是建设选址符合城乡建设总体规划，不在法律法规规定的禁养区，地势平坦干燥，水源、土壤、空气符合相关标准，距村庄、居民区、公共场所、交通干线500米以上，距畜禽屠宰加工厂、活畜禽交易市场及其他畜禽养殖场或养殖小区1000米以上。

二是建设布局符合有关标准规范，畜禽舍建设科学合理，动物防疫消毒、畜禽污物和病死畜禽无害化处理等配套设施齐全。

三是建立畜禽养殖档案，载明法律法规规定的有关内容；制定并实施完善的兽医卫生防疫制度，获得“动物防疫合格证”；不得使用国家禁止的兽药、饲料、饲料添加剂等投入品，严格遵守休药期规定。

四是有为其服务的畜牧兽医技术人员，饲养畜禽实行全进全出，同一养殖场和养殖小区内不得饲养两种（含两种）以上畜禽。

第二章

<<<<<

蛋鸡场的建设

核心提示

蛋鸡场建设的目的是为蛋鸡创造一个适宜的环境条件，促进生产性能的充分发挥。按照工艺设计要求，选择隔离条件好、交通运输便利的场址，合理进行分区规划和布局，加强蛋鸡舍的保温隔热设计和施工，配备完善的设施设备是创造适宜环境条件的基础。

第一节　选择场址和规划布局

一、场址选择

场址选择必须考虑建场地点的自然条件和社会条件，并考虑以后发展的可能性。

（一）场地

考虑地形、地势、朝向、场地面积、周围建筑物情况等因素。

1. 地形

地形指场地形状和地物（场地上的房屋、树木、河流、沟坎）情况。作为蛋鸡场场地，要求地形整齐、开阔，有足够的面积。地形整齐，便于合理布置鸡场建筑和各种设施，并能提高场地面积利用率。地形狭长往往影响建筑物合理布局，拉长了生产作业线，并给场内运输和管理造成不便，增加了劳动强度；地形不规则或边角太多，会使建筑物布局零乱，增加场地周围隔离防疫设施的投资。

蛋鸡场要避开西北方向的山口或长形谷地，因为西北方向山口或长形谷地容易使冬季寒风的风速加速，严重影响场区和鸡舍温热环境的维持。特别是现在蛋鸡场一年四季均衡生产，对冬季育雏和育成危害更大，温度不能保证，雏鸡精神状态差，严重影响雏鸡的采食、饮水、卫生管理和消毒等，甚至诱发疫病，造成一定经济损失。

2. 地势

地势指场地的高低起伏状况。作为蛋鸡场场地，要求地势高燥，平坦或稍有坡度（1%～3%）。场地高燥，稍有坡度，这样排水良好，地面干燥，阳光充足，有利于卫生管理，也可抑制微生物和寄生虫的滋生繁殖；地势低洼，容易积水，潮湿泥泞，夏季通风不良，空气闷热，蚊、蝇、蜱、螨等媒介昆虫易于滋生繁殖，冬季则阴冷。

如果坡地建场，要向阳背风，坡度最大不超过25%；如果山区建场，不能建在山顶，也不能建在山谷，应建在南边半坡较为平坦的地方。

3. 场地面积

场地面积要大小适宜，符合生产规模，并考虑今后的发展需要，周围不能有高大建筑物。不同规模蛋鸡场需要的适宜面积如表1-4。

（二）土壤

土壤的物理、化学和生物学特性会影响场区的空气质量和场地的净化能力。选择场址时要注意土壤选择。

1. 透水透气性能好

透水透气性能差、吸湿性大的土壤受到粪尿等有机物污染后在厌氧条件下分解产生氨、硫化氢等有害气体，污染场区空气。污染物和分解物易通过土壤的空隙或毛细管被带到浅层地下水中或被降雨冲集到地面水源，污染水源；潮湿的土壤是微生物存活和滋生的良好场所。

2. 洁净未被污染

被污染的场地含有大量的病原微生物，易引起鸡群发病。选择的场地最好没有建设过养殖场、医院、兽医院以及畜禽产品加工厂。对污染过的场地，要进行清洁消毒，更换新的土层。

3. 适宜建筑

土壤要有一定的抗压性。土壤的类型主要有沙土、壤土和沙壤土，各有特点：沙土的透气透水性能好，易于干燥，抗压性强，适宜建筑，但昼夜温差大；壤土的透气透水性能差，不易干燥，抗压性差，建筑成本高；沙壤土介于沙土和壤土之间，既有一定的透气透水性，易于干燥，又有一定的抗压性，昼夜温度稳定。适宜作为蛋鸡场场地的土壤应该是沙壤土，如果不是这样的土壤，可以通过建筑处理来弥补其不足。

（三）水源

水不仅是重要的营养物质，而且直接影响到蛋鸡的代谢活动。水对蛋鸡的健康和生产性能发挥至关重要，必须加强蛋鸡场水源选择。对水源的要求如下：

1. 水量充足

蛋鸡场的用水包括鸡的饮水、清洁用水、饲养管理人员用水以及消防用水等，所以，水源的水量必须满足人、畜、禽生活和生产、消防、灌溉用水需要，同时要考虑以后发展用水的需要。

2. 水质良好

水的质量直接影响蛋鸡健康，必须符合水质卫生指标要求（见表 2-1）。

表 2-1 蛋鸡饮用水水质标准

项目			标准
感官性状及一般化学指标	色度	≤	30°
	浑浊度	≤	20°
	臭和味		不得有异臭、异味
	肉眼可见物		不得含有
	总硬度(以 $CaCO_3$ 计)/(毫克/升)	≤	1500
	pH 值	≤	6.4～8.0
	溶解性总固体/(毫克/升)	≤	1200
	氯化物(以 Cl 计)/(毫克/升)	≤	250
	硫酸盐(以 SO_4^{2-} 计)/(毫克/升)	≤	250
细菌学指标	总大肠杆菌群数/(个/100 毫升)	≤	雏禽 1
毒理学指标	氟化物(以 F^- 计)/(毫克/升)	≤	2.0
	氰化物/(毫克/升)	≤	0.05
	总砷/(毫克/升)	≤	0.2
	总汞/(毫克/升)	≤	0.001
	铅/(毫克/升)	≤	0.1
	铬(六价)/(毫克/升)	≤	0.05
	镉/(毫克/升)	≤	0.01
	硝酸盐(以 N 计)/(毫克/升)	≤	30

3. 取用方便

水源应取用方便，这样可以节省投资，保证水的充足供应，降低生产成本。

4. 便于保护

水源容易受到蛋鸡场生产过程的污染或周边环境的污染，所以，选择的水源周围环境条件好，便于进行卫生防护。

（四）其他方面

蛋鸡场是污染源，也易受到污染。蛋鸡场在生产产品的同时，也需要大量饲料，所以，选择的蛋鸡场场地要兼顾交通和隔离防疫，既要便于交通，又要便于隔离防疫。蛋鸡场要距村庄或居民点保持200～500米的距离。要远离屠宰场、畜禽产品加工厂、兽医院、医院、造纸厂、化工厂等污染源，远离噪声大的工矿企业，远离其他养殖企业；蛋鸡场要有充足稳定的电源，周边环境要安全。

二、规划布局

蛋鸡场的规划布局就是根据拟建场地的环境条件，科学确定各区的位置，合理确定各类房舍、道路、供排水和供电等管线、绿化带等的相对位置及场内防疫卫生的安排。场址选定以后，要进行合理的规划布局。因鸡场的性质、规模不同，建筑物的种类和数量亦不同，鸡场的规划布局也不同。中小型鸡场由于建筑物的种类和数量较少，规划布局相对简单。但不管建筑物的种类和数量多少，都必须进行科学合理的规划布局，才能经济有效地发挥各类建筑物的作用，才能有利于隔离卫生，减少或避免疫病的发生。

（一）分区规划

养鸡场通常根据生产功能，分为生产区、生活管理区和隔离区等。分区规划要考虑主导风向和地势要求。养鸡场的分区规划见图2-1。

1. 生活管理区

生活管理区是养鸡场的经营管理活动区域，与社会联系密切，易造成疫病的传播和流行。该区的位置应靠近大门，并与生产区分开，外来人员只能在管理区活动，不得进入生产区。场外运输车辆不能进入生产区。车棚、车库均应设在管理区，除饲料库外，其他仓库亦应

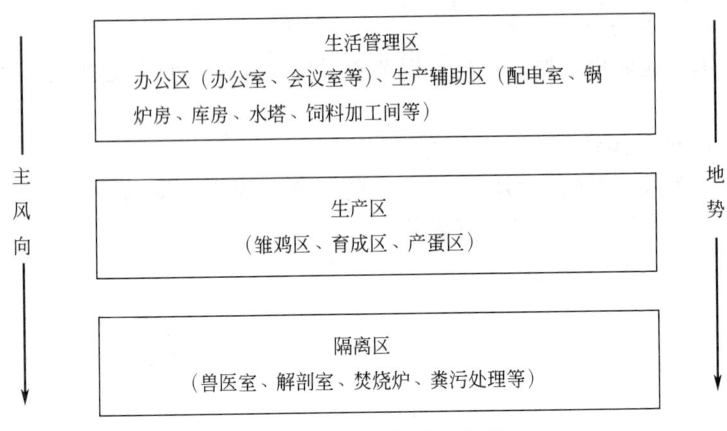

图 2-1　养鸡场的分区规划

设在管理区。职工生活区设在上风向和地势较高处，这样养鸡场产生的不良气味、噪声、粪尿及污水，不致因风向和地面径流污染生活环境和造成人、畜禽疾病的传染。

2. 生产区

生产区是蛋鸡生活和生产的场所，该区的主要建筑为各种鸡舍、生产辅助建筑物。注意如下几点：

一是生产区应位于全场中心地带，地势应低于管理区，并在其下风向，但要高于病鸡管理区，并在其上风向。

二是生产区内饲养雏鸡、育成鸡和产蛋鸡等不同日龄段的鸡群，因为鸡的日龄不同，其生理特点、环境要求和抗病力不同，所以在生产区内，要分小区规划，育雏区、育成区和产蛋区严格分开，并加以隔离，日龄小的鸡群放在安全地带（上风向、地势高的地方）。大型鸡场则可以专门设置育雏场、育成场（三段制）［或育雏育成场（二段制）］和成年鸡场，隔离效果更好，疾病发生机会更小。

三是种鸡场、孵化场和商品鸡场应分开，相距 500 米以上。

四是饲料库可以建在与生产区围墙同一平行线上，用饲料车直接将饲料送入料库。

3. 病鸡隔离区

病鸡隔离区是主要用来治疗、隔离和处理病鸡的场所。为防止疫病传播和蔓延，该区应在生产区的下风向，并在地势最低处，而且应远离生产区。隔离鸡舍应尽可能与外界隔绝。该区四周应有自然的或人工的隔离屏障，设单独的道路与出入口。

（二）鸡舍间距

鸡舍间距影响鸡舍的通风、采光、卫生、防火。鸡舍之间距离过小，通风时，上风向鸡舍的污浊空气容易进入下风向鸡舍内，引起病原在鸡舍间传播；采光时，南边的建筑物遮挡北边建筑物；发生火灾时，很容易殃及全场的鸡舍及鸡群；如果鸡舍密集，场区的空气环境容易恶化，微粒、有害气体和微生物含量过高，容易引起鸡群发病。为了保持场区和鸡舍环境良好，鸡舍之间应保持适宜的距离。鸡舍间距如果能满足防疫、排污和防火间距，一般可以满足其他要求。

1. 通风要求

鸡舍间距大小，下风向鸡舍不能进行有效的通风，上风向鸡舍排出的污浊气体进入下风向鸡舍。鸡舍借通风系统经常排出污秽气体和水汽，这些气体和水汽中夹杂着饲料粉尘和微粒，如某栋鸡舍中的鸡群发生了疫情，病原菌常常是通过排出的微粒而携带出来，威胁着相邻的鸡群。为此，根据通风要求确定鸡舍间距时，应大于最为不利时的间距所需的数值，即当风向与鸡舍长轴垂直的背风面涡旋范围最大的间距（见图 2-2）。试验结果表明，若鸡舍高度为 H，开放型鸡舍间距应为 $5H$，当主导风向入射角为 30°～60°时，鸡舍间距缩小到 $3H$。对于密闭鸡舍，由于现在鸡舍的通风换气多采用纵向通风，影响不大，$3H$ 的间距足可满足防疫要求。

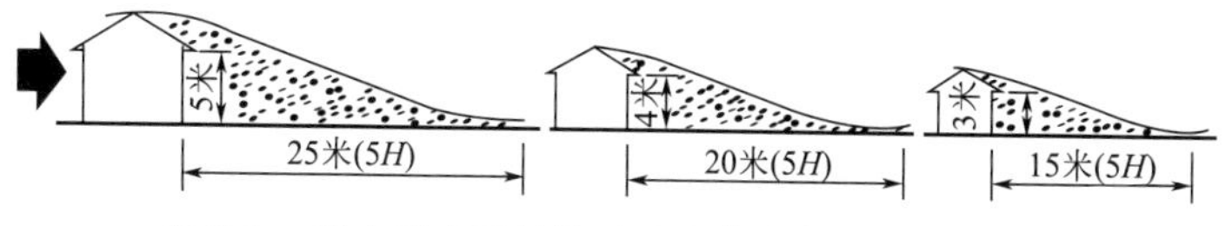

图 2-2　风向垂直于长轴时鸡舍高度与背面涡风关系

2. 排污要求

鸡舍间距的大小，也影响排出各栋鸡舍排于场区的污秽气体氨、二氧化碳、硫化氢等鸡体代谢和粪污发酵腐败所产生的气体和粉尘、毛屑等有毒有害物质。合理地组织场区通风，使鸡舍长轴与主导风向形成一定的角度，可以以较小的鸡舍间距达到排污较好的效果，提高土地利用率。如使鸡舍长轴与主导风向所夹角为30°～60°，用（3～5）H 的鸡舍间距，就可达到排污的要求。

3. 防火要求

消除隐患，防止事故发生是安全生产的保证。除了确定结构的建筑材料抗燃性能以外，建筑物的防火间距也是一项主要防火措施，一般（2～3）H 的鸡舍间距在满足防疫要求的同时，也满足了防火的要求。

一般开放舍间距为20～30米，密闭舍间距15～20米较为适宜。目前我国许多鸡场和专业户的鸡舍间距过小（3～10米），已直接影响到鸡群的健康和生产性能的发挥。鸡舍防疫间距见表2-2。

表2-2　鸡舍防疫间距

种类	同类鸡舍/米	不同类鸡舍/米
育雏、育成舍	15～20	30～40
商品蛋鸡舍	12～15	20～25

（三）鸡舍朝向

鸡舍朝向是指鸡舍长轴与地球经线是水平还是垂直。鸡舍朝向影响到鸡舍的采光、通风和太阳辐射。朝向选择应考虑当地的主导风向、地理位置、鸡舍采光和通风排污等情况。鸡舍内的通风效果与气流的均匀性和通风量的大小有关，但主要看进入舍内的风向角多大。风向与鸡舍纵轴方向垂直，则进入舍内的是穿堂风，有利于夏季的通风换气和防暑降温，不利于冬季的保温；风向与鸡舍纵轴方向平行，风不能进入舍内，通风效果差。我国大部地区采用东西走向或南偏东或西15°左右是较为适宜的。这样的朝向，在冬季可以充分利用太阳辐射的温热效应和射入舍内的阳光防寒保温；夏季辐射面积较小，阳光不易直射舍内，有利于鸡舍防暑降温。

（四）道路和贮粪场

1. 道路

蛋鸡场设置清洁道和污染道，清洁道供饲养管理人员、清洁的设备用具、饲料和新母鸡等使用，污染道供清粪、污浊的设备用具、病死和淘汰鸡使用。清洁道和污染道不交叉。

2. 贮粪场

蛋鸡场设置粪尿处理区。粪场可设置在多列鸡舍的中间，靠近道路，有利于粪便的清理和运输。贮粪场（池）设置须注意：一是贮粪场应设在生产区和鸡舍的下风处，与住宅、鸡舍之间保持有一定的卫生间距（距鸡舍 30～50 米），并应便于运往农田或进行其他处理；二是贮粪池的深度以不受地下水浸渍为宜，底部应较结实，贮粪场和污水池要进行防渗处理，以防粪液渗漏流失污染水源和土壤；三是贮粪场底部应有坡度，使粪水可流向一侧或集液井，以便取用；四是贮粪池的大小应根据每天蛋鸡场排粪量多少及贮藏时间长短而定。

（五）绿化设计

绿化不仅可以美化环境，而且可以净化空气。绿化具有明显的改善鸡场的温热环境（夏季，良好的绿化能够降低环境温度；冬季可以降低风速）、空气环境（如减少空气中的有害气体、微粒、微生物和噪声）以及隔离、防火等作用，所以，要加强养鸡场的绿化设计。

1. 场界周边绿化

场界周边种植常绿乔木和灌木混合林带，特别是场界的北、西侧，应加宽这种混合林带（宽度在 10 米以上，一般至少种 5 行），增强防风效果。防风林的防风范围一般约为林带高度的 10～15 倍；场区周围有围墙时还可种爬藤植物，让藤苗爬上围墙。场区内隔离地带可视地势、宽度和主要目的选择树种和种植密度。防疫隔离区为达到降尘和防人、畜过往的目的，应以灌木和乔木搭配，密度宜大些，灌木密度以人、畜不能越过为宜，乔木株距 2～3 米，以常绿树为主，如樟树、柏树、杉树等（种植 2～3 行，宽度为 3～5 米）。植树时可搭配一些泡桐等速生落叶树，等常绿乔木长大后再砍掉速生落叶树。隔离区较宽时，可在中间种植部分果树、药材和其他不须精细管理的农作物。

2. 场内道路绿化

道路两旁绿化以遮阴、美化目的为主，可种植常绿乔木搭配有一定观赏价值的灌木，或种植 1～2 行树冠整齐的乔木或亚乔木配以常青植物和花草。

3. 建筑物之间绿化

建筑物之间种花种草，如果间距较宽时也可种植一些桃树、梨树等果树品种。

4. 运动场绿化

运动场应种植速生高大落叶乔木，并根据树种和夏季太阳照射角确定植距、位置，并及时修剪下部树枝。这样，夏天凉爽遮阴并能通风，冬季又不影响鸡晒到阳光。舍旁遮阴可种二排左右。运动场视遮阴要求程度安排密度。鸡舍外围墙边可种植爬藤植物，使藤苗上墙并随时剪去门窗上的茎蔓，形成垂直绿化，可大大增加鸡舍在夏季的防暑降温效果。

5. 行政生活区绿化

生活管理区可种植花、草、常绿灌木、乔木，并进行园林造型，起到美化效果。绿化的管理工作是：绿化的设计全面科学、绿化的植物品种合理搭配、绿化的方案顺利实施、绿化的植物枝叶茂盛、清洁卫生等。

（六）配套隔离设施

没有良好的隔离设施就难以保证有效的隔离，设置隔离设施会加大投入，但减少疾病发生带来的收益将是长期的，要远远超过投入。隔离设施主要有：

1. 隔离墙（或防疫沟）

养鸡场周围（尤其是生产区周围）要设置隔离墙，墙体严实，高度2.5～3米或沿场界周围挖深1.7米、宽2米的防疫沟，沟底和两壁硬化并放上水，沟内侧设置15～18米的铁丝网，避免闲杂人员和其他动物随便进入养鸡场。

2. 消毒池和消毒室

养鸡场大门设置消毒室（或淋浴消毒室）和车辆消毒池，供进入人员、设备和用具的消毒。生产区中每栋建筑物门前要有消毒池。可以在与生产区围墙同一平行线上建蛋盘、蛋箱和鸡笼消毒池。

3. 独立的供水系统

有条件的养鸡场要自建水井或水塔，用管道接送到鸡舍。

4. 场内的排水设施

完善的排水系统可以保证养鸡场场地干燥，及时排出雨水及养鸡场的生活、生产污水。否则，会造成场地泥泞及可能引起沼泽化，影响养鸡场小气候、建筑物寿命，给养鸡场管理工作带来困难。养鸡场要设置污水和雨水两套排水系统，不交叉，以减少污水量。

场内排水系统多设置在各种道路的两旁及鸡舍的四周，利用养鸡场场地的倾斜度，使雨水及污水流入沟中，排到指定地点进行处理。排水沟分明沟和暗沟：明沟夏天臭气明显，容易清理，明沟不应过深（<30 厘米）；暗沟可以减少臭气对养鸡场环境的污染，暗沟可用砖砌或利用水泥管，其宽度、深度可根据场地地势及排水量而定，如暗沟过长，则应设沉淀井，以免污物淤塞，影响排水，此外，深度应达冻土层以下，以免受冻而阻塞。

5. 设立卫生间

为减少人员之间的交叉活动、保证环境的卫生和为饲养员创造比较好的生活条件，在每个小区或者每栋鸡舍都设有卫生间。每栋舍的工作间的一角建一个 1.5 米×2 米的冲水厕所，用隔断墙隔开。

蛋鸡场的整体规划布局示意图见图 2-3。

【注意】 场地选择不当，规划布局不合理，容易导致隔离条件差，环境污染严重，鸡群疾病频发，影响高产潜力的发挥。

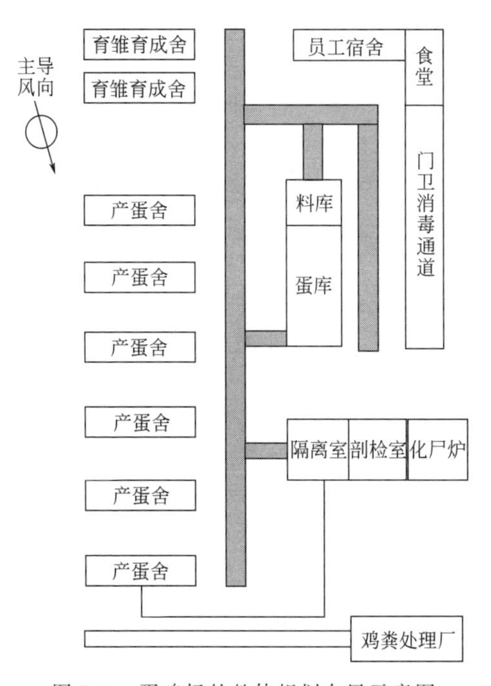

图 2-3　蛋鸡场的整体规划布局示意图

第二节　鸡舍建设

鸡场建设包括鸡舍建设和各种设施配套。科学地设计和建筑鸡舍、配套各种设施是保持鸡场洁净卫生，维持鸡舍环境条件适宜，减少疾病发生，提高鸡群生产性能的基础。

一、鸡舍的类型及特点

鸡舍类型可以分为开放式鸡舍、密闭式鸡舍和组装鸡舍，各有特点。

（一）开放式鸡舍

开放式鸡舍有窗户，全部或大部分靠自然的空气流通来通风换气，一般饲养密度较低。采光是靠窗户的自然光照，故昼夜随季节的转换而增减，舍内温度基本上也是随季节的转换而升降，冬季可以使用一些保温隔热材料适当封闭。目前，我国开放舍比较常见。

1. 全敞鸡舍（棚舍）

只有屋顶，距地面3米左右，四侧无墙，用铁丝网封闭严实以防兽害。这类鸡舍可以平养也可以笼养鸡群，多建在炎热地区。国外许多国家对棚舍设计越来越周密，安装冷却系统和各种现代化设备，变成防暑降温性能良好、设备齐全、适合饲养各种畜禽的现代化鸡舍形式之一。

2. 塑料大棚鸡舍

塑料具有保温作用，透光性能良好，许多地方利用塑料大棚养鸡，效果良好。

3. 半敞鸡舍

三面建墙，一面敞开（通常为南面），敞开一面除留门外，其他均由铁丝网封闭严实。适用于冬季气温一般不低于0℃的地区。

4. 有窗鸡舍

四面都有墙，纵墙上留有可以开启的大窗户，或直接砌花墙，或是敞开的空洞。利用窗户、空洞来采光、自然通风与调节通气量，并在一定程度上调节舍内温湿度。使用范围较广，是一种常见的鸡舍类型。

【提示】 开放舍造价较低，投资较少，能够充分利用自然资源，如自然通风、自然光照，运行成本低，鸡体由于受自然气候条件的锻炼，适应能力强，在气候温暖、全年温差不大的地区，鸡群的生产性能表现良好。但鸡群的生理状况与生产性能均受外界条件变化的影响，外界条件变化愈大，对鸡的影响也愈大，因而，造成产蛋的不稳定或下降。

（二）密闭式鸡舍

这种鸡舍有保温隔热性能良好的屋顶和墙壁将鸡舍小环境与外界大环境完全隔开，分为有窗舍（一般情况下封闭遮光，发生特殊情况才临时开启）和无窗舍。舍内小气候通过各种设施控制与调节，使之尽可能地接近最适宜于鸡体生理特点的要求。鸡舍内采用人工通风与光照。通过变换通风量的大小和气流速度的快慢来调节舍内温度、相对湿度和空气。炎热季节可加大通风量或采取其他降温措施；寒冷季节一般不供暖，仅靠鸡自身散发的热量，使舍内温度维持在比较合适的范围之内。

密闭式鸡舍消除或减少了严寒酷暑、急风骤雨、气候变化等一些不利的自然因素对鸡群的影响，为鸡群提供较为适宜的生活环境。因而，鸡群的生产性能比较稳定，一年四季可以均衡生产；可以实施人工光照，有利于控制性成熟和刺激产蛋，也便于对鸡群实行诸如限制饲喂、强制换羽等措施；基本上切断了自然媒介传入疾病的途径。由于鸡体活动受限制和在寒冷季节鸡体散发热量的减少，因而饲料报酬有所提高，还可以提高土地利用率。但密闭式鸡舍饲养必须供给全价饲料；对鸡舍设计、建筑要求高，对电力能源依赖性性强，要求设施设备配套，所以鸡舍造价高，运行成本高；由于饲养密度高，鸡群相互感染疾病的机会增加。

【提示】 蛋鸡场使用密闭式鸡舍，饲养密度大，产量多，耗料少，所提高的经济效益可以弥补较高的支出费用。

（三）组装鸡舍

门窗墙壁可以随季节而打开，夏季墙壁全打开，春秋季部分打开，冬季封闭，是一种比较理想的鸡舍。组装舍使用方便，可以充分利用自然资源，保持舍内适宜的温度、湿度、通风和光照；但对建筑材料要求高。

二、鸡舍的主要结构及其要求

鸡舍是由各部分组成，包括基础、屋顶及顶棚、墙、地面及楼板、门窗、楼梯等（其中屋顶和外墙组成鸡舍的外壳，将鸡舍的空间与外部隔开，屋顶和外墙称外围护结构）。鸡舍的结构不仅影响到鸡舍内环境的控制，而且影响到鸡舍的牢固性和利用年限。

（一）基础

基础和地基是房舍的承重构件，共同保证鸡舍坚固、耐久和安全。因此，要求其必须具备足够的强度和稳定性，防止鸡舍因沉降（下沉）过大和产生不均匀沉降而引起裂缝和倾斜。

基础是鸡舍地面以下承受鸡舍的各种荷载并将其传给地基的构件，也是墙突入土层的部分，是墙的延续和支撑。它的作用是将鸡舍本身重量及舍内固定在地面和墙上的设备、屋顶积雪等全部荷载传给地基。基础决定了墙和鸡舍的坚固和稳定性，同时对鸡舍的环境改善具有重要意义。

对基础的要求：

一是坚固、耐久、抗震。

二是防潮。基础受潮是引起墙壁潮湿及舍内湿度大的原因之一，故应注意基础防潮、防水。基础的防潮层设在基础墙的顶部，舍内地坪以下60毫米。基础应尽量避免埋置在地下水中。

三是具有一定的宽度和深度。如条形基础一般由垫层、大放脚（墙以下的加宽部分）和基础墙组成。砖基础每层放脚宽度一般宽出墙为60毫米。基础的底面宽度和埋置的深度应根据鸡舍的总荷重、地基的承载力、土层的冻胀程度及地下水位高低等情况计算确定。北方地区在膨胀土层修建鸡舍时，应将基础埋置在土层最大冻结深度以下。

（二）墙

墙是基础以上露出地面的部分，其作用是将屋顶和自身的全部荷载传给基础的承重构件，也是将鸡舍与外部空间隔开的外围护结构，是鸡舍的主要结构。以砖墙为例，墙的重量占鸡舍建筑物总重量的

40%～65%，造价占总造价的30%～40%。同时墙体也在鸡舍结构中占有特殊的地位，据测定，冬季通过墙散失的热量占整个鸡舍总失热量的35%～40%，舍内的湿度、通风、采光也要通过墙上的窗户来调节，因此，墙对鸡舍小气候状况的保持起着重要作用。

对墙体的要求：

一是坚固、耐久、抗震、防火、抗震。

二是结构简单，便于清扫消毒。

三是良好的保温隔热性能。墙体的保温、隔热能力取决于所采用的建筑材料的特性与厚度，尽可能选用隔热性能好的材料，保证最好的隔热设计，在经济上是最有利的措施。

四是防水、防潮。受潮不仅可使墙的导热加快，造成舍内潮湿，而且会影响墙体寿命，所以必须对墙采取严格的防潮、防水措施。墙体的防潮措施主要有：用防水耐久材料抹面，保护墙面不受雨雪侵蚀；做好散水和排水沟；设防潮层和墙围，如墙裙高1.0～1.5米，生活办公用房踢脚高约0.15米，勒脚高约0.5米等。

（三）屋顶

屋顶是鸡舍顶部的承重构件和围护构件，主要作用是承重、保温隔热、防风沙和雨雪。它是由支承结构和屋面组成。支承结构承受着鸡舍顶部包括自重在内的全部荷载，并将其传给墙或柱；屋面起围护作用，可以抵御降水和风沙的侵袭，以及隔绝太阳辐射等，以满足生产需要。屋顶对于舍内小气候的维持和稳定具有更加重要的意义。一方面，屋顶面积大于墙体，单位时间屋顶散失或吸收的热量多于墙体；另一方面，屋顶的内外表面温差大，热量容易散失和吸收，夏季的遮阳作用显著，如果屋顶设计不良，影响舍内温热环境的稳定和控制。

1. 屋顶形式

屋顶形式种类繁多，在蛋鸡舍建筑中常用的有以下几种形式（图2-4）：

（1）单坡式屋顶　屋顶只有一个坡向，跨度较小，结构简单，造价低廉，可就地取材。因前面敞开无坡，采光充分，舍内阳光充足、干燥。缺点是净高较低，不便于工人在舍内操作，前面易刮进风雪。故只适用于单列舍和较小规模的鸡群。

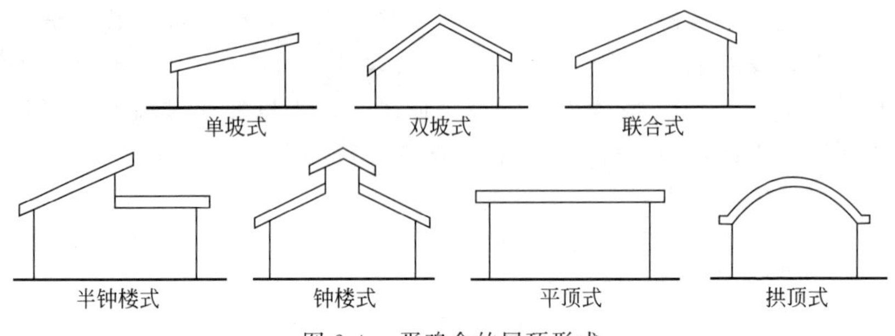

图 2-4　蛋鸡舍的屋顶形式

（2）双坡式屋顶　是最基本的鸡舍屋顶形式，目前我国使用最为广泛。这种形式的屋顶适用于较大跨度的鸡舍，可用于各种规模的各种鸡群。该屋顶结构的鸡舍室内空间比较大，对外界气候条件的缓冲效果比较好。但是在采用纵向通风方式的时候，鸡舍中的气流速度较低。这种屋顶易于修建，比较经济。

（3）联合式屋顶　这种屋顶是在单坡式屋顶前缘增加一个短缘，起挡风避雨作用，适用于跨度较小的鸡舍。与单坡式屋顶鸡舍相比，采光略差，但保温能力较强。

（4）钟楼式和半钟楼式屋顶　这是在双坡式屋顶上增设双侧或单侧天窗的屋顶形式，以加强通风和采光，这种屋顶多在跨度较大的鸡舍采用。其屋架结构复杂，用料（特别是木料）投资较大，造价较高。这种屋顶适用于温暖地区，我国较少使用。

（5）拱顶式屋顶　是一种省木料、省钢材的屋顶，一般用砖、石等材料砌筑，跨度较小的鸡舍用单曲拱，跨度较大时用双曲拱，拱顶面层须做保温层和防水层。其应用特点与双坡式屋顶有很多相似之处，其隔热效果更好，造价也比较低，尤其是在附近有烧制黏土砖的地方，这类屋顶造价较低。

（6）平顶式屋顶　即用预制板做屋顶，然后在表面进行防渗处理，屋顶为一平面。纵向通风时，这种屋顶形式鸡舍内气流速度较快。这种鸡舍建造成本比较高，自然通风的效果较差。舍内温度不易控制，防水问题比较难解决。

此外，还有歌德式、锯齿式、折板式等形式的屋顶，这些在鸡舍建筑上很少选用。

2. 屋顶的要求

一是坚固防水。屋顶不仅承接本身重量，而且承接着风沙、雨雪的重量。

二是保温隔热。屋顶对于鸡舍的冬季保温和夏季隔热都有重要意义。屋顶的保温与隔热的作用比墙重要，因为屋顶的面积大于墙体。舍内上部空气温度高，屋顶内外实际温差总是大于外墙内外温差，热量容易散失或进入舍内。

三是不透气、光滑、耐久、耐火、结构轻便、简单、造价便宜。任何一种材料不可能兼有防水、保温、承重三种功能，所以正确选择屋顶，处理好三方面的关系，对于保证鸡舍环境的控制极为重要。

四是屋顶高度适宜。鸡舍内的高度以净高来表示，净高指舍内地面至天棚的高，无天棚时指室内地面至屋架下弦的高。一般地区净高3～3.5米，严寒地区为2.4～2.7米。在寒冷地区，适当降低净高有利于保温；而在炎热地区，加大净高则是加强通风、缓和高温影响的有力措施。

（四）天棚

天棚又名顶棚、吊顶、天花板，是将鸡舍与屋顶下空间隔开的结构。天棚的功能主要在于加强鸡舍冬季的保温和夏季的防热，同时也有利于通风换气。天棚上屋顶下的空间称为阁楼，也叫做顶楼。一栋跨度8～10米的鸡舍，其天棚的面积几乎比墙的总面积大1倍，而跨度18～20米时大2.5倍。在双列式鸡舍中通过天棚失热可达36%，而四列式鸡舍达44%，可见天棚对鸡舍环境控制的重要意义。

天棚必须具备保温、隔热、不透水、不透气、坚固、耐久、防潮、耐火、光滑、结构轻便、简单的特点。无论在寒冷的北方或炎热的南方，天棚与屋顶间形成封闭空间，其间不流动的空气就是很好的隔热层，因此，结构严密（不透水、不透气）是保温隔热的重要保证。如果在天棚上铺设足够厚度的保温层（或隔热层），将大大加强天棚的保温隔热作用。

常用的天棚材料有胶合板、矿棉吸音板等，在农村常常可见到草泥、芦苇、草席或塑料布等简易天棚。中小型鸡场使用塑料布或彩条布设置天棚经济实用，保温效果良好。

（五）地面

地面的结构和质量不仅影响鸡舍内的小气候、卫生状况，还会影响鸡体及产品的清洁，甚至影响鸡的健康及生产力。

地面的要求是坚实、致密、平坦、稍有坡度、不透水、有足够的抗机械能力以及抗各种消毒液和消毒方式的能力。

（六）门窗

1. 门

对鸡舍门的要求是一律向外开，门口不设台阶及门坎，而是设斜坡，舍内与舍外的高度差20～25厘米。

2. 窗

窗与通风、采光有关，所以对它的数量和形状都有一定要求。通过窗户的散热占总散热量的25%～35%。为加强外围护结构的保温和绝热，要注意窗户面积大小。窗户要设置窗户扇，能根据外界气候变化开启。生产中许多鸡场采用花砖墙作为窗户，给管理带来较大的麻烦，不利于环境控制。

三、蛋鸡舍的配套和规格

根据工艺设计要求，在选择好的场地上进行合理规划布局后，可以进行鸡舍的设计，确定鸡舍规格，绘制鸡舍建筑详图。

（一）鸡舍种类和配套

根据生产工艺要求确定鸡舍种类和配套比例，这样既可以保证连续均衡生产，又可以充分利用鸡舍面积，减少基建投资，降低每只鸡固定成本。

1. 鸡舍种类

蛋鸡的饲养阶段划分有两种方法，不同划分方法需要的鸡舍种类不同。一种是三段制，需要育雏舍、育雏舍和产蛋舍三种鸡舍；另一种是二段制，需要育雏育成舍和产蛋舍两种鸡舍。

2. 鸡舍的配套

鸡舍的配套就是根据不同阶段的占舍时间，确定各种鸡舍的配套比例或数量。如果鸡舍配套不合理，就会出现鸡淘汰后没有育成新母鸡来填充，或新母鸡已育成但蛋鸡还不到淘汰时间而不能按时入蛋鸡舍的情况，都会影响正常的生产和鸡场效益。蛋鸡舍配套比例见表 2-3、表 2-4。

表 2-3　三段制鸡舍配套比例

阶段	饲养天数/天	空舍天数/天	批次周期/天	鸡舍数量/栋
育雏期	42	20	62	2
育成期	77	16	93	3
产蛋期	385	18	403	13

注：鸡舍配套比例为育雏舍∶育成舍∶蛋鸡舍＝2∶3∶13。

表 2-4　二段制鸡舍配套比例

阶段	饲养天数/天	空舍天数/天	批次周期/天	鸡舍数量/栋
育雏育成期	119	16	135	1
产蛋期	385	20	405	3

注：鸡舍配套比例为育雏育成舍∶蛋鸡舍＝1∶3。

（二）鸡舍规格的确定

鸡舍规格即鸡舍的长、宽、高。鸡舍规格决定于饲养方式、设备和笼具的摆放形式及尺寸、鸡舍的容鸡数和内部设置。平养鸡舍因为不受笼具摆放形式和笼具尺寸影响，只要满足饲养密度要求，长、宽可以根据面积需要和场地情况灵活确定。笼养鸡舍规格确定如下：

1. 蛋鸡舍的规格

（1）长度　可根据下面的公式计算鸡舍长度：

$$鸡舍长度(米)=\frac{鸡舍容鸡数}{每组笼容鸡数\times鸡笼列数}(取整数)\times单笼长度+横向通道总宽度+操作间长度+端墙厚度$$

如一栋鸡舍容鸡 10000 只，每组容鸡 96 只，单笼长 1.9 米，三列四走道排放，鸡舍两端留两条横向走道。每个走道宽 1 米，邻净道一侧设置一操作间，长度为 3 米，两端墙各 25 厘米厚，则该鸡舍的长度为 10000÷(96×3)×1.9+2×1+3+0.25=71.75 米。鸡舍的两端墙轴线总长度为 72 米（总长度为 71.98 米）。

（2）宽度　可根据下面公式计算：

$$鸡舍的宽度(米)=每组笼跨度\times鸡笼列数+纵向走道宽度\times纵向走道条数+纵墙厚度$$

如上例中，每组笼的跨度为2.3米，每条走道宽度0.8米，纵墙厚度0.25米，则鸡舍两纵墙的轴线长度为：2.3×3＋0.8×4＋0.25＝6.9＋3.2＋0.25＝10.35米；如果靠两墙放置两半组笼则减少一条走道，轴线长度（鸡舍宽）为9.55米（鸡舍总宽度为9.8米）。

（3）高度　如果是高床式，需要将鸡笼和走道抬高1～1.2米，鸡舍高度需要3.5米；如是粪道机械清粪，鸡舍高度一般为2.8～3米即可。

2. 育雏育成舍规格

（1）平养鸡舍　平养鸡舍的规格可以根据规划好的育雏育成区，先确定其长度，然后根据鸡舍面积确定宽度即可，如果过宽，可以设置多栋。如网上平养，每平方米育成10只鸡，每批培育10000只，则需要育雏育成舍面积1000米^2。假定长度为50米，可以设置宽度为10米的鸡舍2栋。

（2）笼养鸡舍　笼养有重叠式和阶梯式，鸡舍的规格确定同蛋鸡舍。

根据确定的鸡舍规格和内部设备及笼具的排列形式，绘制鸡舍的平面图、立面图和剖面图，即可进行施工。

第三节　蛋鸡场的常用设备

养鸡设备种类繁多，可根据不同饲养方式和机械化程度，选用不同的设备。

一、笼具

（一）蛋鸡笼

由于鸡舍类型、饲养方式、机械化程度、鸡种类型及用途的不同，成年蛋鸡笼具按横向宽度分为深笼和浅笼；按摆放形式分为三层全阶梯、半阶梯和重叠式，两层全阶梯、半阶梯和重叠式，多层重叠式。目前，国内多采用三层和两层笼。如9LJT（Ⅰ）型三层商品蛋鸡笼，笼长1900毫米，深320毫米，分4小笼，每小笼养4只，整架养96只轻型蛋鸡。中国农业大学设计的9LJT（Ⅱ）型蛋鸡笼，笼长1900毫米，深370毫米，分4小笼，每小笼养4只，整架养96只轻型蛋鸡。若改动隔网，每小笼按“3—4—4—3”放置，每整架可养中型蛋鸡 84 只。笼的规格没有一个统一的标准，不同的厂家生产的笼具有很大差异，在建筑鸡舍时要根据预先确定的笼具规格和排放形式设计鸡舍尺寸，提高鸡舍的利用率。

（二）育雏笼

常见的是四层重叠育雏笼。该笼四层重叠，层高 333 毫米，每组笼面积为 700 毫米×1400 毫米，层与层之间设置两个粪盘，全笼总高为 1720 毫米。一般采用 6 组配置，其外形尺寸为 4404 毫米×1450 毫米×1720 毫米，总占地面积为 6.38 米^2。可育雏鸡 800 只至 7 周龄，加热组在每层顶部内侧装有 350 瓦远红外加热板 1 块，由乙醚胀缩饼或双金属片调节器自动控温，另设有加湿槽及吸引灯，除与保温组连接一侧外，三面采用封闭式，以便保温。保温组两侧封闭，与雏鸡活动笼相连的一侧挂帆布帘，以便保温和雏鸡进出。雏鸡活动笼两侧挂有饲喂网格片，笼外挂饲槽或饮水槽。目前多采用 6～7 组的雏鸡活动笼。

（三）育雏育成笼

育雏育成笼每个单笼长 1900 毫米，中间有一隔网隔成两个笼格，笼深 500 毫米，适用于 0～20 周龄雏鸡，以三层阶梯或半阶梯布置，每小笼养育成鸡 12～15 只，每整组 150～180 只。饲槽喂料，乳头饮水器或常流水水槽供水。

二、喂料设备

（一）料桶

适用于平养、人工喂料。由上小下大的圆形盛料桶和中央锥形的圆盘状料盘及栅格等组成，并可通过吊索调节高度（图 2-5）。

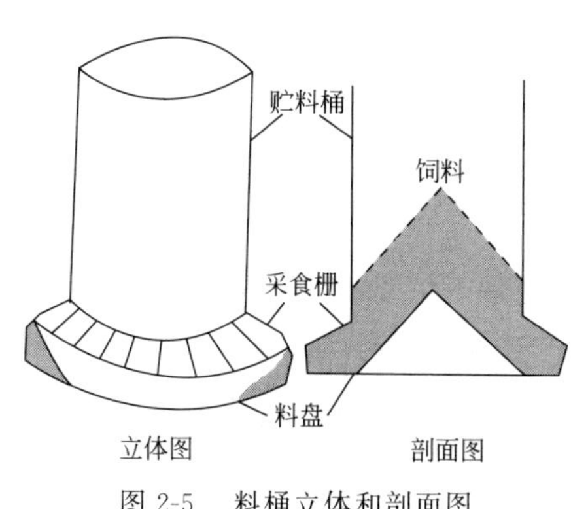

图 2-5　料桶立体和剖面图

（二）自动喂料系统

1. 链环式喂料系统

由料箱、驱动器、链片、饲槽、饲料清洁器和升降装置等部分组成，适用于平养或笼养。饲料从舍外料塔经输料管送入舍内料箱，再由驱动轮带动饲槽中的链片，将饲料输送至整个饲槽中。平养喂料机应加栅格，并在余料带回料箱前，经饲料清洁器筛去鸡毛、鸡粪和垫料。另还设有升降装置来调节饲槽高度，既可减少饲料浪费，又便于鸡舍清扫。

2. 螺旋式喂料系统

由料箱、驱动器、推送螺旋、输料管、料盘和升降装置等部分组成。

3. 塞盘式喂料系统

由料箱、驱动器、塑料塞盘及镀锌钢缆、输料管、转角器、料盘和升降装置等部分组成。适用于平养。

4. 轨道车喂饲机

多层笼养鸡舍内常采用轨道车喂饲机。在鸡笼的顶端装有角钢或工字钢制的轨道，轨道上有一台四轮料车，车的两侧分别挂有与笼层列数相同的料斗，料斗底部的排料管伸入饲槽内，排料管上套有伸缩管，调整伸缩离槽底的距离，可改变喂料量。料车由钢索牵引或自行，沿轨道从鸡笼一端运行至另一端，即完成一次上料。

三、饮水设备

（一）水槽式饮水设备

常流水式水槽供水设备简单，国内广泛应用；但水量浪费大，水质易受污染，需定期刷洗。安装时，应使整列水槽处于一水平线，以免出现缺水或溢水。在平养中应用，可用支架固定，其高度高出鸡背2厘米左右，并设防栖钢丝。水线安置在离料线1米左右或靠墙的地方。可采用浮子阀门或弹簧阀门机构来控制水槽内水位高度。

（二）真空饮水器

真空饮水器（壶试饮水器），由水罐和水盘组成，有大、中、小三种型号，适用于不同年龄段雏鸡使用。吊塔式饮水器可任意调节高度，并有阀门控制水盘水位和防晃装置，以防饮水溢出，适用于平养鸡。

（三）吊塔式饮水器

调节盘内水的重量来启闭供水阀门，即当盘内无水时，阀门打开，当盘内水达到一定量时，阀门关闭（图 2-6）。主要用于平养鸡舍，用吊索吊在离地面一定高度（与雏鸡的背部或成技的眼睛等高）。该饮水器的特点是适应性广，不妨碍鸡群的活动。

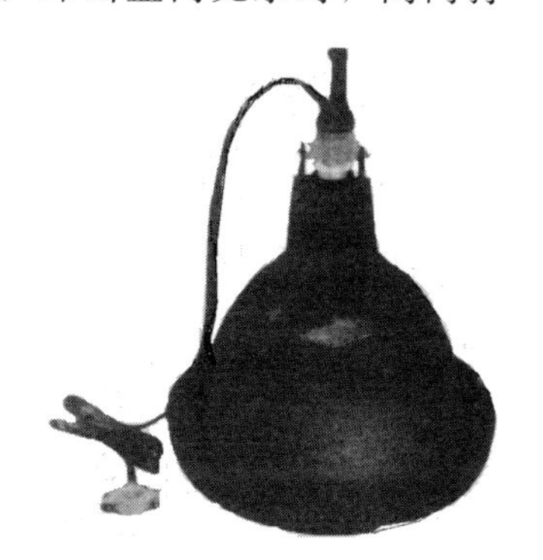

图 2-6　吊塔式饮水器（普拉松）

（四）杯式和乳头式饮水器

1. 杯式饮水器

由饮水杯、控制系统和水线构成，水线供水，通过控制系统使水杯中的水始终保持在一定水位。每个笼格前面安装一个即可。杯式饮水器优点是自动供水，易于观察有无水；不足是需要定时洗刷水杯。

2. 乳头式自动饮水器

乳头式自动饮水器因其出水处设有乳头状阀门杆而得名，多用于笼养（图 2-7）。每个饮水器可供 10～20 只雏鸡或 3～5 只成鸡，前者水压约 $(1.47\sim2.45)\times10^4$ 帕斯卡，后者为 $(2.45\sim3.43)\times10^4$ 帕斯卡。由于全封闭水线供水，保证饮水清洁，有利于防疫并可大量节水；但要求制造工艺精度高，以防漏水。有的产品配有接水槽或接水杯。

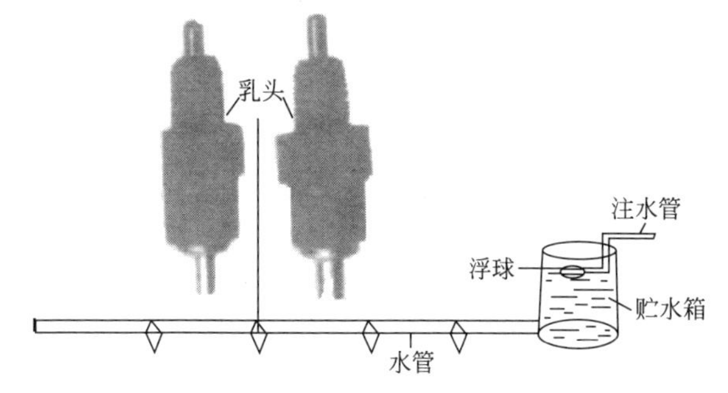

图 2-7　乳头式自动饮水器图

（五）供水系统

笼养的供水系统包括饮水器、水质过滤器、减压水箱、输水管道。平养的供水系统，在上述设备基础上再增设防栖钢丝、升降钢索、滑轮、减速器及摇把，以便根据需要调节高度。在鸡群淘汰后还可将水线升至鸡舍高处，以利于鸡舍清洗的操作。

四、供暖设备

（一）煤炉供温

煤炉供温指在育雏室内设置煤炉和排烟通道，燃料用炭块、煤球、煤块均可，保温良好的房舍，每 20～30 米^2 设置一个炉即可（图 2-8）。为了防止舍内空气污染，可以紧挨墙砌煤炉，把煤炉的进风口和掏灰口设置在墙外。这种方法优点是省燃料，温度易上升；缺点是费人力，温度不稳定。适用于专业户、小规模鸡场的各种育雏方式。

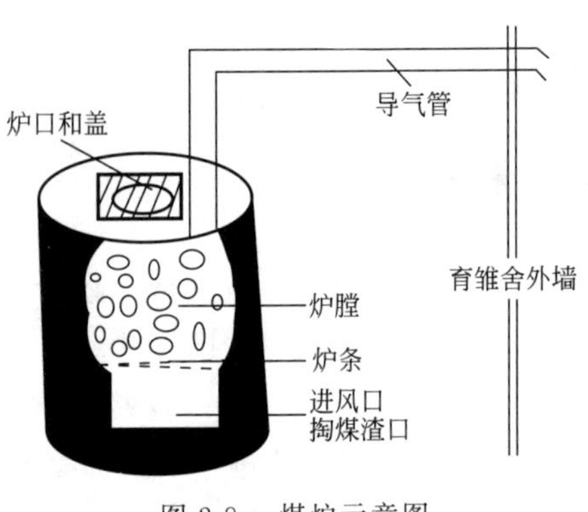

图 2-8　煤炉示意图

（二）保姆伞供温

形状像伞样，撑开吊起，伞内侧安装有加温和控温装置（如电热丝、电热管、温度控制器等），伞下一定区域温度升高，达到育雏温度（图 2-9）。雏鸡在伞下活动、采食和饮水。伞的直径大小不同，养育的雏鸡数量不等。现在伞的材料多是耐高温的尼龙，可以折叠，使用方便。其优点是育雏数量多，雏鸡可以在伞下选择适宜的温度带，换气良好；不足是育雏舍内还需要保持一定的温度（需要保持 24℃）。保姆伞供温适用于地面平养、网上平养。

（三）热水热气供温

大型鸡场育雏数量较多，可在育雏舍内安装散热片和管道，利用锅炉产生的热气或热水使育雏舍内温度升高。此法育雏舍清洁卫生，

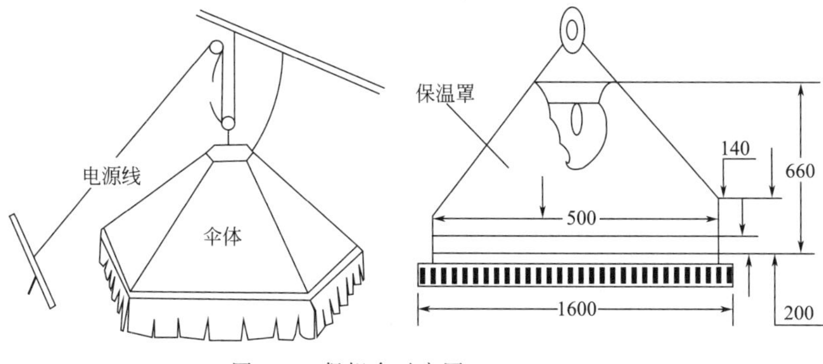

图 2-9　保姆伞示意图（单位：毫米）

育雏温度稳定，但投入较大。

（四）热风炉供温

将热风炉产生的热风引入育雏舍内，使舍内温度升高（图 2-10）。

图 2-10　热风炉（暖风炉）

五、清粪设备

鸡舍内的粪便清理方法有分散式和集中式两种。分散式除粪每日清粪 2～3 次，常用普通网上平养和笼养。集中式除粪是每隔数天、数月或一个饲养期清粪一次，主要用于平养或高床式笼养。

（一）刮板式清粪机

用于网上平养和笼养，安置在鸡笼下的粪沟内，刮板略小于粪沟宽度。每开动一次，刮板做一次往返移动，刮板向前移动时将鸡粪刮到鸡舍一端的横向粪沟内，返回时，刮板上抬空行。横向粪沟内的鸡粪由螺旋清粪机排至舍外。视鸡舍设计，1 台电机可负载单列、双列或多列。

在用于半阶梯笼养和叠层笼养时，采用多层式刮板，其安置在每一层的承粪板上，排粪设在安有动力装置相反端。以四层笼养为例，开动电动机时，两层刮板为工作行程，另两层为空行，到达尽头时电动机反转，刮板反向移动，此时另两层刮板为工作行程，到达尽头时电动机停止。

（二）输送带式清粪机

只用于叠层式笼养。它的承粪和除粪均由输送带完成，工作时由电机带动上下各层输送带的主动辊，使鸡粪排到鸡舍一端的横向粪沟。排粪处设有刮板，将粘在带上的鸡粪刮下。为将鸡粪排出舍外，多在鸡舍横向粪沟内安装螺旋排粪机，在鸡舍外的部分为倾斜搅龙，以便装车。

（三）高床定期清粪

适用于高床网上平养、高床平置式笼养和高床阶梯式笼养，床下粪坑一般深1.7～2米，粪坑的墙上装有风机，在鸡舍的屋檐处进气，粪坑两侧端壁排气，以使鸡粪干燥。床下的鸡粪可一年或数年清除一次，清粪机为铲车或推土机。

我国南方机械化鸡场常利用人工或水冲来代替横向排粪机，前者劳动强度大，后者增加污水处理量。

六、通风设备

鸡舍的通风方式有自然通风和机械通风。

（一）自然通风

自然通风主要利用舍内外温度差和自然风力进行舍内外空气交换，适用于开放舍和有窗舍。利用门窗和鸡舍屋顶上的通风口进行通风。通风效果决定于舍内外的温差、风口大小和风力的大小，炎热夏季舍内外温差小、冬季鸡舍封闭严密都会影响通风效果。

开放舍常利用采光窗、地窗、天窗或通风屋脊等进行自然通风，在夏季必要时机械辅助通风。自然通风示意图如图2-11。

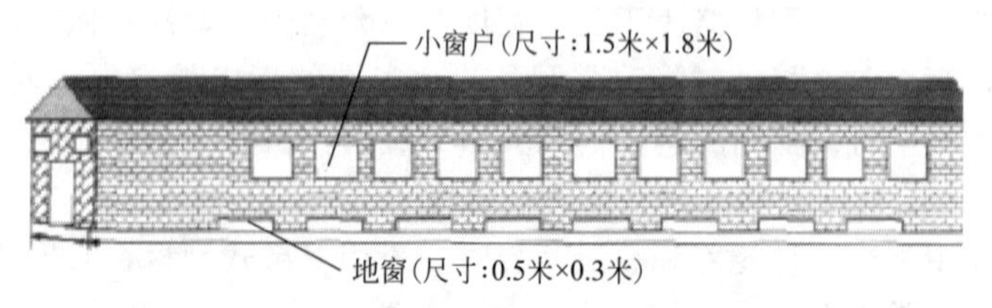

图2-11　半开放鸡舍侧墙采光窗和地窗自然通风示意图

（二）机械通风

机械通风是利用风机进行强制的送风（正压通风）和排风（负压通风）。常用的风机是轴流式风机。风机是由外壳、叶片和电机组成，有的叶片直接安装在电机的转轴上，有的是叶片轴与电机轴分离，由传送带连接。常用的风机参数见表 2-5。

表 2-5 鸡舍常用风机性能参数

型号	HRJ-71 型	HRJ-90 型	HRJ-100 型	HRJ-125 型	HRJ-140 型
风叶直径/毫米	71	90	100	125	140
风叶转速/(转/分钟)	560	560	560	360	360
风量/(米^3/分钟)	295	445	540	670	925
全压/帕斯卡	55	60	62	55	60
噪声/分贝	≤70	≤70	≤70	≤70	≤70
输出功率/千瓦	0.55	0.55	0.75	0.75	1.1
额定电压/伏	380	380	380	380	380
电机转速/(转/分钟)	1350	1350	1350	1350	1350
安装外形尺寸/毫米（长×宽×厚）	810×810×370	1000×1000×370	1100×1100×370	1400×1400×400	1550×1550×400

密闭式鸡舍常采用机械通风模式。机械通风示意图见图 2-12。机械通风时风机的布置多采用纵向通风方式。风机安装在污道一侧的端墙或就近的两侧纵墙上；风机的高度距地平面 0.4～0.5 米或高于饲养层；布置风机时可大、小风机相结合，风机直径有 140 厘米和 70 厘米两种。进风口一般与鸡舍横断面积大致相等或为排风面积的 2 倍。在鸡舍通风量一定的情况下减小横断面积可提高舍内风速。

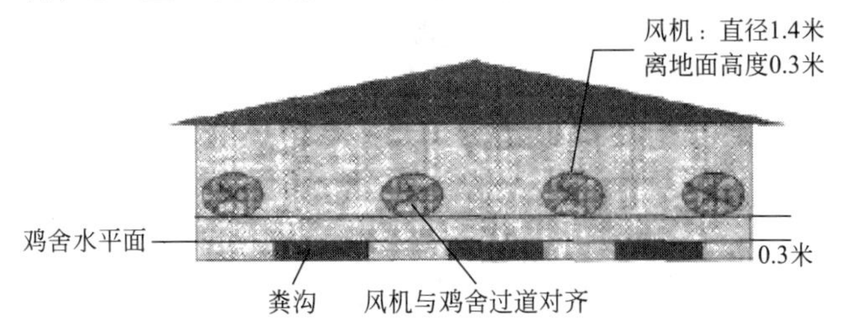

图 2-12 机械通风端墙风机安装示意图

七、照明设备

（一）自然采光

窗口位置的确定按照鸡舍中央与窗口上沿的夹角不小于25°为宜。窗户一般为立式窗（长小于高），面积为0.1×鸡舍面积/0.7。窗的数量根据当地气候来定，一般炎热地方南北窗面积比为1∶1，寒冷地方为2∶1。为使采光均匀，窗户面积一定时，增加窗户数量可减少窗间距，从而达到舍内光照均匀。

长江以南地区，窗户间距以1.0～1.5米为宜，长1.8米，高2.0米，采用塑钢或铝合金窗户；长江以北地区间距1.5米为宜，长1.8米，高2.0米；东北、西北地区推荐使用密闭式鸡舍，若采用开放式鸡舍，则窗户间距应2.0米，长1.5米，高1.8米。

开放式鸡舍可设地窗，长50厘米，宽30厘米，间距为2.0米，确保鸡舍空气畅通。

（二）人工照明

鸡舍必须要安装人工光照照明系统。人工照明采用普通灯泡或节能灯泡，安装灯罩，以防尘和最大限度地利用灯光。根据饲养阶段采用不同功率的灯泡。如育雏舍用40～60瓦的灯泡，育成舍用15～25瓦的灯泡，产蛋舍用25～45瓦的灯泡。灯距为2～3米。笼养鸡舍每个走道上安装一列光源。平养鸡舍的光源布置要均匀。

灯的高度直接影响到地面的光照强度。一般安装高度为1.8～2.4米；光源分布均匀，数量多的小功率光源比数量少的大功率光源有利于光线均匀。光源功率一般在40～60瓦较好（荧光灯9～15瓦）。灯间距为其高度的1.5倍，距墙的距离为灯间距的一半，灯泡不应使用软线。如是笼养，应在每条走道上方安置一列光源；灯罩可以使光照强度增加50%，应选择伞形或蝶形灯罩。

八、场内清洗消毒设施

鸡场常用的场内清洗消毒设施有高压冲洗机（图2-13）、喷雾器（图2-14）和火焰消毒器。

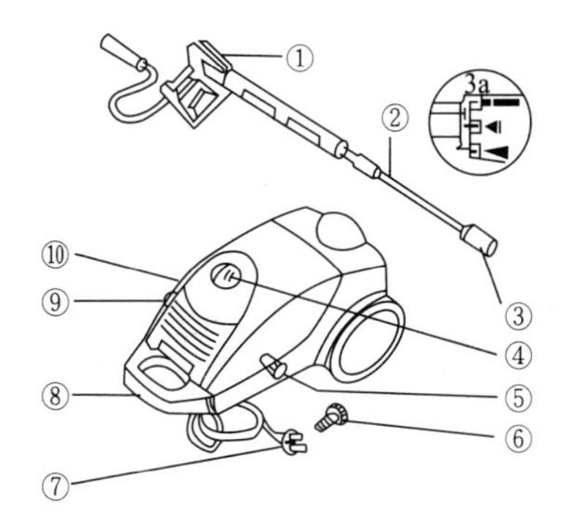

图 2-13　高压冲洗机结构示意图

① 机器主开关（开/关）；② 进水过滤器；③ 联结器；
④ 带安全棘齿（防止倒转）的喷枪杆；⑤ 高压管；⑥（带压力控制的）喷枪杆；
⑦ 电源连接插头；⑧ 手柄；⑨ 带计量阀的洗涤剂吸管；⑩ 高压出口

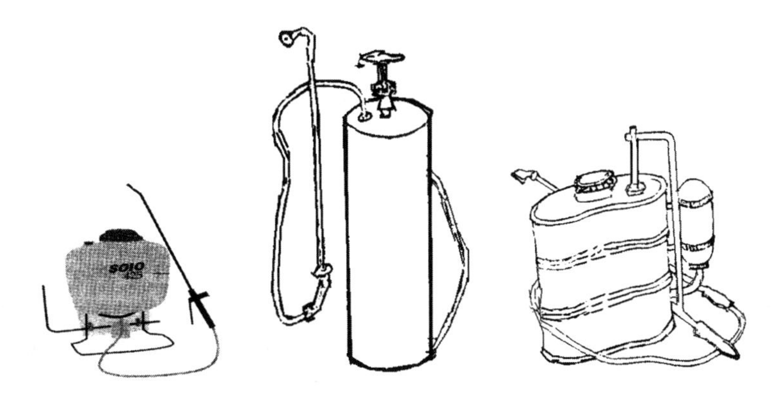

图 2-14　常见的背负式手动喷雾器

第三章

<<<<<

蛋鸡品种的选择和引进

核心提示

品种是决定蛋鸡生产性能的内在因素，只有选择具有高产潜力的优良品种（优良品种是指符合一定地区、一定市场、一定饲养条件的适宜品种），才可能取得较好的经济效益。品种多种多样，必须根据市场需求、饲养条件以及品种的特性科学选择品种，并且要到有种禽、种蛋经营许可证的信誉高、质量好的种鸡场引种。

第一节　蛋鸡品种介绍

蛋鸡品种多种多样，按照生产性能划分，可以分为地方品种（标准品种）和高产配套杂交品种；按照蛋壳颜色划分可以分为白壳蛋鸡、褐壳蛋鸡和粉壳蛋鸡；按照体重大小划分可以分为轻型蛋鸡和中型蛋鸡。

一、地方品种（标准品种）

（一）仙居鸡（梅林鸡）

产于浙江仙居，主要分布在浙江仙居及邻近的临海、天台、黄岩等地。仙居鸡体型较小，体型结构紧凑，体态匀称，骨骼致密。羽色有黄、花、黑、白四种，以黄羽占多数，其次为花羽、黑羽、白羽。肉质好，味道鲜美可口，早熟，产蛋多，耗料少，觅食力强。

初生重，公鸡为32.7克，母鸡为31.6克；180日龄体重，公鸡为1.256千克，母鸡为0.953千克。开产日龄为180天，年产蛋160～180枚，高者可达200枚以上。蛋重42克左右，壳色以浅褐色为主，蛋形指数1.36。仙居鸡的生长速度与鸡肉的品质较好。配种能力强，公母比1∶(16～20)进行组群。受精率可达到94.3%，受精蛋的孵化率为83.5%。

【提示】 仙居鸡原为浙江省小型蛋用地方鸡种，现向蛋肉兼用型方向选育。供种单位有中国农业科学院家禽研究所地方鸡种开发中心、浙江仙居鸡种鸡场以及浙江余姚市神农畜禽有限公司。

(二) 丝毛乌骨鸡

原产于江西泰和、福建泉州。以其体躯披有白色的丝状羽，皮肤、肌肉及骨膜皆为黑色而得名，被国际上认为是标准品种，称为丝羽鸡。国内在不同的产区有不同的命名，如江西称泰和鸡、武山鸡，福建称白绒鸡，广东、广西称竹丝鸡等。

标准的丝毛乌骨鸡可概括为以下十大特征，又称“十全”：桑葚冠、缨头、绿耳、胡须、丝羽、五爪、毛脚、乌皮、乌肉、乌骨。国际上将其列为观赏用鸡。

150日龄公、母鸡平均体重，在福建分别为1460克、1370克，在江西分别为913.8克、851.4克。福建、江西两地，丝毛乌骨鸡开产日龄分别为205天、170天，年产蛋量分别为120～150枚、75～86枚，平均蛋重分别为46.85克、37.56克。公、母配比一般为1∶(15～17)。

(三) 固始鸡

原产于河南固始，主要分布于淮河流域以南，大别山脉北麓的固始、商城、新县、淮滨等地，安徽省霍邱、金寨等地亦有分布。

头部清秀、匀称，喙为青黄色，略短、微弯。眼大，略向外突出，虹膜呈浅栗色。有单冠与豆冠两种冠型，以单冠为主，6个冠峰，冠尾有分叉。冠、肉垂、耳叶与脸均为红色。固始鸡的躯体中等，体型细致紧凑，羽毛丰满。公鸡羽色呈深红色和黄色；母鸡以黄色和麻黄色为主，黑、白等色则少见。尾形分为佛手状尾形和直尾形两种。佛手状尾形，其尾羽向后上方卷曲，成为该品种的特征。镰羽多为黑色而富有青铜色光泽。该鸡皮肤呈暗白色，胫部为靛青色，无胫羽。固始鸡外观紧凑、灵活，活泼好动，动作敏捷，觅食能力强。

固始鸡早期生长速度慢，公、母鸡 60 日龄体重平均为 0.266 千克；90 日龄体重，公鸡为 0.488 千克，母鸡为 0.355 千克；180 日龄体重，公鸡为 1.27 千克，母鸡为 0.967 千克。平均开产日龄 170 天，年平均产蛋量 150.5 枚，平均蛋重 50.5 克，蛋形偏圆。繁殖种群，公、母配比为 1∶(12～13)，平均种蛋受精率为 90.4%，受精蛋孵化率为 83.9%。供种单位有固始县三高集团和中国农业科学院。

（四）狼山鸡

原产地在长江三角洲北部的江苏如东，通州也有分布。1872 年首先传入英国，继而又传入其他国家。

狼山鸡体型分为重犁与轻犁两种。狼山鸡的羽毛颜色分为黑色、黄色和白色 3 种，但以全黑色的为多，白色的最少，杂色羽毛的几乎没有。现主要保存了黑色鸡种，该鸡头部短圆，脸部、耳叶及肉垂均呈鲜红色，白皮肤，黑色胫。狼山鸡的体格健壮，羽毛紧密，头昂尾翘，背部较凹，形成明显的“U”字形。其皮肤为白色。

狼山鸡属蛋肉兼用型，虽然个体较大，但前期生长速度不快。初生重 40 克，120 日龄体重公鸡为 1750 克，母鸡为 1338 克；成年体重公鸡为 2.84 千克，母鸡为 2.283 千克。开产日龄 208 天，年平均产蛋 135～175 枚，最高达 252 枚。平均蛋重 58.7 克；蛋壳浅褐色。公、母配种比例为 1∶(15～20)，放牧条件下可达 1∶(20～30)。种蛋受精率 90%左右，最高可达 96%。受精蛋孵化率 80.8%。

【提示】狼山鸡以体型硕大、羽毛纯黑、冬季产蛋多、蛋大而著称于世。在国外，狼山鸡与其他品种鸡杂交，培育出了诸如澳洲黑鸡、奥品顿等新品种。供种单位有中国农业科学院家禽研究所、江苏如东县狼山鸡种鸡场。

（五）北京油鸡

原产于北京市安定门和德胜门外的近郊地带，以朝阳区的大屯和洼里最为集中，邻近的海淀、清河也有分布。以屠体皮肤微黄、紧凑丰满、肌间脂肪分布良好、肉质细腻、肉味鲜美、蛋质优良著称。曾作为宫廷御膳用鸡，距今已有 300 余年的历史。

体躯中等，其中羽毛呈赤褐色（俗称紫红毛）的鸡，体型较小；

羽毛呈黄色（俗称素黄色）的鸡，体型略大。初生雏鸡全身披着淡黄色或土黄色绒羽，冠羽、胫羽、髯羽也很明显，体格浑圆。成年鸡羽毛厚密而蓬松，羽毛为黄色或黄褐色。公鸡的羽毛色泽鲜艳光亮，头部高昂，尾羽多呈黑色；母鸡的头尾微翘，胫部略短，体态敦实。其尾羽与主、副翼羽中常夹有黑色或以羽轴为中界的半黑半黄的羽片。

北京油鸡具有冠羽和胫羽，有些个体兼有趾羽，不少个体的颌下或颊部生有髯须。冠型为单冠，冠叶小而薄，在冠叶的前端常形成一个小的“S”状褶曲，冠齿不甚整齐。凡具有髯羽的个体，其肉垂很少或全无，头较小，冠、肉垂、脸、耳叶均呈红色。眼较大。虹彩多呈棕褐色。喙和胫呈黄色，喙的尖部稍微显褐痕。少数个体分生5趾。

北京油鸡生长速度缓慢，初生重为38.4克，4周龄重为220克，8周龄重为549.1克，12周龄重为959.7克。成年体重，公鸡为2049克，母鸡为1730克。北京油鸡性成熟较晚，母鸡开产日龄为210天，年产蛋110～125枚，平均蛋重为56克，蛋壳厚度0.325毫米，蛋壳褐色，个别呈淡紫色，蛋形指数为1.32。公、母比例为1∶(8～10)。部分个体有抱窝性。雏鸡成活率高，2月龄的成活率可达97%。

【提示】“三羽”性状（趾羽，领下或颊部的髯须）是北京油鸡的主要外貌特征。北京油鸡尤其适合山区散养。

（六）庄河鸡

主产于辽宁省庄河，分布于东沟、凤城、金县、新金、复县等地。因该鸡体躯硕大，腿高粗壮，结实有力，故又名大骨鸡。

庄河鸡属蛋肉兼用型品种。体型魁伟，胸深且广，背宽而长，腿高粗壮，腹部丰满，墩实有力，以体大、蛋大、口味鲜美而著称。觅食力强。公鸡羽毛棕红色，尾羽黑色并带金属光泽，母鸡多呈麻黄色。头颈粗壮，眼大明亮，单冠，冠、耳叶、肉垂均呈红色。喙、胫、趾均呈黄色。

初生重42.4克；120日龄体重，公鸡1039.5克，母鸡881.0克；成年体重，公鸡2.9～3.75千克，母鸡2.3千克。开产日龄平均213天，年平均产蛋164枚左右，高的可达180枚以上。蛋大是庄河鸡的一个突出优点，平均蛋重为62～64克，有的可达70克以上。蛋壳深褐色，壳厚而坚实，破损率低。蛋形指数1.35。公、母配种比例一般为1∶(8～10)。

(七) 卢氏鸡

主产于河南省卢氏县。

属小型蛋肉兼用型鸡种，体型结实紧凑，后躯发育良好，羽毛紧贴，颈细长，背平直，翅紧贴，尾翘起，腿较长，冠型以单冠居多，少数凤冠。喙以青色为主，黄色及粉色较少。胫多为青色。公鸡羽色以红黑色为主，占80%，其次是白色及黄色。母鸡以麻色为多，占52%，分为黄麻、黑麻和红麻，其次是白鸡和黑鸡。

成年公鸡体重1700克，母鸡1110克。180日龄屠宰率：半净膛79.7%，全净膛75.0%。开产日龄170天，年产蛋110～150枚，蛋重47克，蛋壳呈红褐色和青色，红褐色占96.4%。

【提示】青壳蛋蛋清浓，蛋黄呈橘红色，经检测具有“三高一低”特性（高锌、高碘、高硒、低胆固醇），被誉为“鸡蛋中的人参”。

(八) 正阳三黄鸡

分布在河南驻马店市正阳、汝南、确山三县交界一带。

三黄鸡因嘴黄、毛黄、爪黄而得名。三黄鸡由于在正阳县分布广、数量多、品质好，被《河南省地方优良畜禽品种志》定名为正阳三黄鸡。

正阳三黄鸡具有生长快、产蛋多、耐粗饲、适应性广、抗病能力强、肉质鲜美等特点。一般情况下，一只母鸡长150天体重可达1.75千克，公鸡可达2千克，一只母鸡一年可产蛋180～220枚，而且所产鸡蛋都是红壳。

【提示】正阳三黄鸡具有许多稳定遗传的有利经济性状，是培育和创造我国新鸡种的宝贵基因库，有重要的保存利用及科学研究价值。正阳三黄鸡的肉、蛋不仅味道好，还具有补气、养血、利尿的功能，素有三黄药鸡、中华名贵鸡种之称，系我国稀少的特优型地方良种鸡之一。

(九) 汶上芦花鸡

主产于山东省汶上县及附近地区。

汶上芦花鸡体型一致，体形呈“元宝”状。横斑羽，全身大部分羽毛呈黑白相间、宽窄一致的斑纹状。母鸡头部和颈羽边缘镶嵌橘红色或土黄色，羽毛紧密。公鸡颈羽和鞍羽多呈红色，尾羽呈黑色带有绿色光泽。单冠最多，双重冠、玫瑰冠、豌豆冠和草莓冠较少。喙基部为黑色，边缘及尖端呈白色。虹彩橘红色。胫色以白色为主，爪部颜色以白色最多。皮肤白色。

【提示】特征是体表羽毛呈黑白相间的横斑羽，俗称“芦花鸡”。

成年体重公鸡为（1.4±0.13）千克，母鸡（1.26±0.18）千克。开产日龄150～180天。年产蛋130～150枚，较好的饲养条件下产蛋180～200枚，高的可达250枚以上。平均蛋重为45克，蛋壳颜色多为粉红色，少数为白色。蛋形指数1.32。

（十）白耳黄鸡（白银耳鸡）

江西上饶地区的白耳鸡和浙江江山白耳鸡的统称。主产区为江西省的广丰、上饶、玉山，以及浙江省的江山。

初生雏的绒羽以黄色为主。白耳黄鸡的头部适中，眼大有神。单冠直立，公鸡的冠峰为4～6个，母鸡为6～7个。公鸡的肉垂薄而长，母鸡的肉垂较短，且均为红色。眼睛明亮，公鸡虹膜为金黄色，母鸡为橘红色。公鸡的喙较弯，呈黄色或灰黄色；母鸡的喙为黄色，有时在端部为褐色。头部羽毛很短。其突出的特点是耳叶较大，呈银白色。

白耳黄鸡的体型矮小，体重较轻，羽毛紧密；全身羽毛呈黄色。公鸡体躯似船形，母鸡的体躯呈三角形。后躯均较发达，属蛋用鸡种的体型。皮肤与胫部均为黄色，无胫羽。公鸡的梳羽为深红色，小镰羽为橘红色，大镰羽不发达，呈黑色带绿色光泽。母鸡全身羽毛均为较淡的黄色，但在主翼羽与尾羽中有黑色羽毛。

白耳黄鸡的产蛋性能是很好的。开产日龄为151.75天，年平均产蛋180枚。平均蛋重为54.23克，蛋壳厚度为0.34～0.38毫米；蛋形指数（蛋的纵径与最大横径的比值）为1.35～1.38；蛋的哈氏单位（蛋白品质的指标）为88.3。蛋壳深褐色。在地方鸡种中，属于蛋重较大的鸡种。种鸡群的公、母比例为1∶(10～15)。

白耳黄鸡的产肉性能也较好。150日龄公鸡体重1.265千克，母鸡1.02千克。成年半净膛屠宰率公鸡为83.3%，母鸡为85.3%；全净膛屠宰率公鸡为76.7%，母鸡为69.7%。

【提示】该鸡种因其全身黄羽和银白色的耳叶而得名，是我国珍稀的白耳鸡种。供种单位有中国农业科学院家禽研究所、江西省广丰县白耳黄鸡原种场。

二、国内培育的蛋鸡品种

（一）京白939粉壳蛋鸡

京白939粉壳蛋鸡是北京种禽公司培育的粉壳蛋鸡高产配套系。

主要生产性能指标是：0～20周龄成活率为95%～98%；20周龄体重1.45～1.46千克；达50%产蛋率平均日龄155～160天；进入产蛋高峰期24～25周；高峰期最高产蛋率96.5%；72周龄入舍鸡产蛋数270～280枚，成活率达93%；72周龄入舍鸡产蛋量16.74～17.36千克；21～72周龄成活率92%～94%；21～72周龄平均料蛋比（2.30～2.35）∶1。

【提示】具有产蛋多、耗料少、体型小、抗逆性强等特点。商品代能进行羽速鉴别雌雄。

（二）京红1号

京红1号是在我国饲养环境下自主培育出的优良褐壳蛋鸡配套系，具有适应性强、开产早、产蛋量高、耗料低等特点。其推广应用可降低对国外进口鸡种的依赖，完善良种繁育体系。

其生产性能见表3-1、表3-2。

表3-1　京红1号父母代生产性能指标

测定指标	父母代种鸡生产性能
育雏育成期(0～18周龄)公鸡成活率/%	95～97
育雏育成期(0～18周龄)母鸡成活率/%	96～98
18周龄公鸡体重/克	2330～2430
18周龄母鸡体重/克	1410～1510
产蛋期(19～68周龄)公鸡成活率/%	92～94
产蛋期(19～68周龄)母鸡成活率/%	92～95
达到50%产蛋率的日龄/天	143～150
入舍鸡产蛋数(HH)/枚	268～278
饲养日产蛋数(HD)/枚	278～289

续表

测定指标	父母代种鸡生产性能
入舍鸡产合格种蛋数/枚	235～244
受精率/%	91～93
受精蛋孵化率/%	92～95
健康母雏数/只	94～100
68 周龄公鸡体重/克	2800～2900
68 周龄母鸡体重/克	1910～2010

表 3-2　京红 1 号商品代生产性能指标

测定指标	商品代鸡生产性能
育雏育成期(0～18 周龄)母鸡成活率/%	97
产蛋期(19～70 周龄)母鸡成活率/%	93
50%产蛋率时的日龄/天	145
饲养日高峰产蛋率/%	93(30 周龄)
入舍母鸡产蛋数 (19～70 周)/枚	280
饲养日产蛋数 (19～70 周)/枚	289
母鸡体重 18 周/克	1510
60 周(成鸡)体重/克	2340

(三) 京粉 1 号

京粉 1 号是在我国饲养环境下自主培育出的优良浅褐壳蛋鸡配套系，具有适应性强、产蛋量高、耗料低等特点。

其生产性能见表 3-3、表 3-4。

表 3-3　京粉 1 号父母代种鸡生产性能指标

测定指标	生产性能
育雏育成期(0～18 周龄)公鸡成活率/%	94～96
育雏育成期(0～18 周龄)母鸡成活率/%	95～97
18 周龄公鸡体重/克	2330～2430
18 周龄母鸡体重/克	1220～1320

续表

测定指标	生产性能
产蛋期(19～68周龄)公鸡成活率/%	92～94
产蛋期(19～68周龄)母鸡成活率/%	92～95
达到50%产蛋率的日龄/天	138～146
入舍鸡产蛋数(HH)/枚	270～280
饲养日产蛋数(HD)/枚	282～292
入舍鸡产合格种蛋数/枚	242～250
受精率/%	92～95
受精蛋孵化率/%	93～96
健康母雏数/只	96～105
68周龄公鸡体重/克	2800～2900
68周龄母鸡体重/克	1600～1700

表3-4　京粉1号商品代生产性能指标

测定指标	生产性能
育雏育成期(0～18周龄)母鸡成活率/%	97
产蛋期(19～70周龄)母鸡成活率/%	97
50%产蛋率时的日龄/天	140
饲养日高峰产蛋率/%(鸡龄)	93(30周)
19～76周入舍母鸡产蛋数/枚	327～335
19～76周饲养日产蛋数/枚	330～345
母鸡18周龄体重/克	1420
高峰期料蛋比	(2.0～2.1)∶1

(四)“农大3号”节粮小型蛋鸡配套系（蛋用型）

由中国农业大学育成的三元杂交的矮小型蛋鸡配套系。中国农业大学从1990年开始，把dw基因导入到普通褐壳蛋鸡中，经过十几年的选育提高，培育出了繁殖性能高、节省饲料的矮小型褐壳蛋鸡纯系。节粮型蛋鸡配套系有两种产品类型：一种是小型褐壳蛋鸡，商品代鸡产褐壳蛋；另一种是小型浅褐壳蛋鸡，商品代鸡产浅褐壳蛋（粉壳蛋)。饲养节粮小型蛋鸡在高产的同时能节省20%左右的饲料，并且能有更高的饲养密度，从而能获得更大的经济效益。

商品代蛋鸡为矮小型，单冠，羽毛颜色以白色为主，部分鸡有少量褐色羽毛，体型紧凑，成年体重1550克左右。蛋壳颜色褐壳或浅褐壳，平均蛋重55～58克。商品代生产性能如表3-5。

表3-5 “农大3号”商品代生产性能指标

生长发育阶段(0～120日龄)		产蛋阶段(121～504日龄)	
7日龄体重/克	55	母鸡120日龄体重/克	1200
14日龄体重/克	100	产蛋期成活率/%	95～96
21日龄体重/克	150	50%产蛋率的日龄/天	148～153
28日龄体重/克	195	高峰产蛋率/%	94以上
35日龄体重/克	245	入舍鸡产蛋数(72周龄)/个	278
42日龄体重/克	305	饲养日产蛋数(72周龄)/个	288
120日龄体重/克	1200	平均蛋重/克	55～58
育雏育成期成活率/%	96	后期蛋重/克	60.0
育雏育成期耗料/千克	5.5	产蛋总重/千克	15.6～16.7
		母鸡淘汰体重/千克	1.55
		产蛋期日耗料/克	87
		高峰日耗料/克	90
		料蛋比	(2.0～2.1)∶1

三、引入的蛋鸡品种

(一) 海兰系列蛋鸡

海兰系列蛋鸡包括海兰褐壳蛋鸡、海兰白壳蛋鸡和海兰粉壳蛋鸡，是由美国海兰国际公司培育的。

海兰白壳蛋鸡全身羽毛白色，单冠，冠大，耳叶白色，皮肤、喙和胫的颜色均为黄色，体型轻小清秀，性情活泼好动。商品代初生雏鸡全身绒毛为白色，通过羽速鉴别雌雄，母雏为快羽，公雏为慢羽。

海兰褐壳蛋鸡全身羽毛基本红色，尾部上端大都带有少许白色。该鸡的头部较为紧凑，单冠，耳叶红色，也有带白色的。皮肤、喙和胫黄色。体型结实，基本呈元宝形。商品代雏鸡母雏全身红色（但有少量个体在背部带有深褐色条纹），公雏全身白色（但有少量个体在背部带有浅褐色条纹），可以自别雌雄。

海兰粉（海兰灰）壳蛋鸡背部羽毛呈灰浅红色，翅间、腿部和尾部呈白色，皮肤、喙和胫的颜色均为黄色，体型轻小清秀。初生雏鸡全身绒毛鹅黄色，有小黑点分布全身，可以通过羽速鉴别雌雄。

其生产性能见表3-6、表3-7。

表3-6　父母代生产性能指标

指标	海兰白	海兰褐	海兰粉
育雏育成期(0～18周龄)公鸡成活率/%	98	94	92
育雏育成期(0～18周龄)母鸡成活率/%	97	94	95
18周龄公鸡体重/克	1460	2300	2400
18周龄母鸡体重/克	1230	1500	1390
产蛋期(19～65周龄)公鸡成活率/%	97	92	92
产蛋期(19～65周龄)母鸡成活率/%	96	92	96
达到50%产蛋率的日龄/天	148	150	147
入舍鸡产蛋数(HH)/枚	258	248	252
入舍鸡产合格种蛋数/枚	221	214	219
25～65周龄平均孵化率/%	88.8	87	88
25～65周龄健康母雏数/只	98	88	96
60周龄公鸡体重/克	2120	3500	3160
60周龄母鸡体重/克	1680	2100	1840
1～20周龄每只入舍鸡饲料消耗/千克	6.67	7.68	7.1
产蛋期日耗量/(克/只)	106	115	109

表3-7　商品代生产性能指标

指标		海兰白	海兰褐	海兰粉
生长期(1～18周龄)	成活率/%	97～98	96～98	98
	饲料消耗/千克	5.64	6.57	5.66
	18周龄体重/千克	1.28	1.55	1.42

续表

指标		海兰白	海兰褐	海兰粉
产蛋期（19～72周龄）	饲养日高峰产蛋率/%	93～94	94～96	93～94
	达到50%产蛋率的日龄/天		149	151
	32周龄蛋重/克	58.4	62.5	60.1
	70周龄蛋重/克	63.4	66.9	65.1
	至72周龄产蛋总重/千克	18.0	19.4	19.1
	产蛋期日耗量/(克/只)	92	114	105
	料蛋比(20～72周龄)	1.90∶1	2.36∶1	2.16∶1

（二）罗曼蛋鸡系列

罗曼蛋鸡包括罗曼褐壳蛋鸡、罗曼白壳蛋鸡和罗曼粉壳蛋鸡，是由德国的罗曼公司培育的品种。近年来，罗曼公司推出了罗曼褐壳蛋鸡新品系，取名为新罗曼。新罗曼除生产性能有所提高外，一个突出特点是可以双向自别雌雄，父母代羽速自别，商品代羽色自别。其生产性能见表3-8、表3-9。

表3-8 父母代生产性能指标

指标	罗曼白	罗曼褐	罗曼粉
育雏育成期(0～18周龄)成活率/%	96～98	96～98	96～98
产蛋期(19～65周龄)成活率/%	94～96	94～96	94～96
达到50%产蛋率的日龄/周	20～22	21～22	21～22
入舍鸡60周龄产蛋数(HH)/个	250～260	255～265	250～260
入舍鸡60周龄产合格种蛋数/个	225～235	225～235	225～235
25～70周龄平均孵化率/%	80～82	80～82	79～82
25～70周龄健康母雏数/只	95～102	95～102	90～102

表3-9 商品代生产性能指标

指标	罗曼白	罗曼褐	罗曼粉
育雏育成期成活率/%	97～98	97～98	97～98
产蛋期(19～65周龄)成活率/%	94～96	94～96	94～96

续表

指标	罗曼白	罗曼褐	罗曼粉
1～20周龄饲料消耗/(千克/只)	6.8～7.2	7.2～7.4	7.3～7.8
20周龄体重/千克	1.35～1.45	1.5～1.6	1.43～1.53
产蛋期体重/千克	1.7～1.9	1.9～2.1	1.8～2.0
饲养日高峰产蛋率/%	93～95	92～94	92～95
入舍母鸡产蛋量/枚	300～310	295～305	300～310
50%产蛋率日龄/天	140～150	145～150	140～150
平均蛋重/克	62.0～64.0	63.5～64.5	63.0～64.0
72周龄饲养日产蛋总重/千克	18.5～20.0	18.5～20.5	19～20
日耗料/(克/只)	105～113	108～116	110～118
料蛋比(21～72周龄)	(2.0～2.2)∶1	(2.0～2.2)∶1	(2.1～2.2)∶1

(三) 尼克系列蛋鸡

尼克系列蛋鸡包括尼克红、尼克白和尼克珊瑚粉，是由美国辉瑞公司选育成功的四系配套鸡。生产性能见表3-10、表3-11。

表3-10 父母代生产性能指标

指标		尼克红	尼克珊瑚粉	尼克白
生长期(1～20周龄)	成活率/%	96～98	96～98	96～98
	饲料消耗/(千克/只)	7.8	7.4	7.2
	20周龄公鸡体重/千克	2.25	1.75	1.70
	20周龄母鸡体重/千克	1.3～1.7	1.4～1.6	1.23～1.39
产蛋期(21～70周龄)	成活率/%	92～96	93～96	92～96
	达到50%产蛋率的日龄/天	145～155	140～150	145～155
	入舍母鸡产蛋数/枚	255～265	255～266	255～260
	合格种蛋数/枚	230～240	230～240	220～230
	健康母雏数/只	90～95	90～95	90～95
	饲料消耗/千克	40.0	38.0	33.0
	70周龄公鸡体重/千克	3.1	2.35	2.30
	70周龄母鸡体重/千克	1.85～2.05	1.80～2.00	1.60～1.75

表 3-11 商品代生产性能指标

指标		尼克红	尼克珊瑚粉	尼克白
生长期（1～18 周龄）	成活率/%	96～98	96～98	96～98
	饲料消耗/(千克/只)	6.46	6.44	6.23
	18 周龄体重/千克	1.40	1.42	1.30
产蛋期（19～80 周龄）	成活率/%	93～96	94～96	94～96
	达到 50%产蛋率的日龄/天	140～150	140～150	142～153
	饲养日高峰产蛋率/%	95	95	95
	入舍母鸡产蛋数/枚	335～345	345～355	349～359
	总蛋重/千克	21.35	21.98	21.83
	35 周龄蛋重/克	62.5	62.3	61.3
	80 周龄蛋重/克	68.5	68.2	66.4
	平均蛋重/克	63.7	63.7	62.3
	饲料消耗/千克	44.13	43.98	43.66
	日耗料/克	105～115	105～115	106～109
	80 周龄体重/千克	2.05	1.99	1.84
	蛋壳颜色	深褐	粉	白

（四）伊莎巴布考克 B-380 褐壳蛋鸡

哈伯德伊莎家禽育种公司培育的高产品种。商品蛋鸡中有35%～45%的鸡只体表附有黑色羽毛，可以清晰地与其他品种辨别。该鸡性情温顺，耐粗饲，省饲料，适应性强。该鸡种具有优越的产蛋性能，商品代 76 周龄全产蛋数达 337 枚，总蛋重21.16 千克；蛋大小均匀，产蛋前后期蛋重差别较小，特别适于作种蛋孵化（对父母代而言）；蛋重适中，产蛋全期平均蛋重 62.5 克；蛋壳颜色深浅一致，而且破损率低，有利于商品蛋销售；节省饲料，料蛋比低（2.05∶1），经济效益好。种鸡四系配套，与通常褐壳蛋鸡一样，商品代雏鸡羽色自别雌雄。生产性能见表 3-12、表 3-13。

表 3-12　父母代生产性能指标

项目		指标
生长期（1～18周龄）	成活率/%	98
	饲料消耗/(千克/只)	6.8
产蛋期（21～70周龄）	成活率/%	91
	达到50%产蛋率的日龄/天	147～154
	入舍母鸡产蛋数/枚	279
	合格种蛋数/枚	236
	健康母雏数/只	96

表 3-13　商品代生产性能指标

项目		指标
生长期（1～18周龄）	成活率/%	97～98
	饲料消耗/(千克/只)	6.85
	18周龄体重/千克	1.60
产蛋期（19～76周龄）	成活率/%	93～96
	达到50%产蛋率的日龄/天	140～147
	饲养日高峰产蛋率/%	95或更高
	入舍母鸡产蛋数/枚	337
	总蛋重/千克	21.16
	35周龄蛋重/克	62.5
	80周龄蛋重/克	68.5
	平均蛋重/克	62.5
	饲料消耗/千克	44.13
	日耗料/克	112～118
	蛋壳颜色	深褐

（五）伊莎新红

伊莎新红是哈伯德-伊莎家禽育种公司在伊莎褐的基础上为适应发展中国家较复杂的气候条件及较不理想的生产和管理条件而培育成功的一个褐壳蛋鸡新品系。该品种鸡适应性广，抗病力强，成活率高；

耐粗饲，易饲养；产蛋率高，产蛋高峰持续期长，产蛋数多，蛋个大，总蛋重高等，是适合我国国情的优秀褐壳蛋鸡品种。除此之外，该鸡种还有一个突出的特点是双向自别雌雄，父母代 1 日龄雏鸡羽速自别雌雄，商品代 1 日龄雏鸡羽色自别雌雄。生产性能见表 3-14、表 3-15。

表 3-14 父母代生产性能指标

项目		指标
生长期（1～18 周龄）	成活率/%	98
	饲料消耗/(千克/只)	6.8
产蛋期（21～70 周龄）	成活率/%	94
	达到 50%产蛋率的日龄/天	147～154
	入舍母鸡产蛋数/枚	272
	合格种蛋数/枚	239
	健康母雏数/只	95

表 3-15 商品代生产性能指标

项目		指标
生长期（1～18 周龄）	成活率/%	97～98
	饲料消耗/(千克/只)	6.95
	18 周龄体重/千克	1.58
产蛋期（19～76 周龄）	成活率/%	94
	达到 50%产蛋率的日龄/天	147
	饲养日高峰产蛋率/%	94 或更高
	入舍母鸡产蛋数/枚	332
	总蛋重/千克	20.8
	料蛋比	(2.12～2.18)∶1
	日耗料/克	115～121.8
	蛋壳颜色	深褐

（六）伊莎褐壳蛋鸡

美国、法国和加拿大等多国联合体哈伯德-伊莎家禽育种公司培育的高产褐壳蛋鸡良种。商品代鸡在全世界很多地方均有分布。该鸡种特点是商品代鸡棕色羽、褐壳蛋，种鸡四系配套，商品代雏鸡羽色自别雌雄。该鸡种以高产蛋量、产蛋期持久、较好的整齐度和较低的料蛋比而著称。生产性能见表3-16、表3-17。

表3-16　父母代生产性能指标

项目		指标
生长期（1～18周龄）	成活率/%	97
	饲料消耗/(千克/只)	6.65
产蛋期（21～68周龄）	成活率/%	90
	达到50%产蛋率的日龄/天	147
	入舍母鸡产蛋数/枚	271
	合格种蛋数/枚	223
	健康母雏数/只	95

表3-17　商品代生产性能指标

项目		指标
生长期（1～18周龄）	成活率/%	98
	饲料消耗/(千克/只)	6.65
产蛋期（19～76周龄）	成活率/%	94
	达到50%产蛋率的日龄/天	140～147
	饲养日高峰产蛋率/%	95或更高
	入舍母鸡产蛋数/枚	339
	总蛋重/千克	21.3
	平均蛋重/克	62.8
	料蛋比	(2.02～2.1)∶1
	日耗料/克	100～108
	蛋壳颜色	深褐

（七）迪卡褐壳蛋鸡

迪卡蛋种鸡体型健美，具蛋鸡体型，全身羽毛光亮呈棕红色，喙、脚呈黄色。雏鸡自别雌雄。约30%母鸡全身绒羽淡棕色，公雏为全白或近于白色；60%母雏绒羽为淡棕色，头顶有白色条纹，背部有一条或三条白色条纹，公雏绒羽白色，头顶部有红色条纹，背部有一条或三条红色条纹；7%的母雏绒为淡棕色，头上有白点，公雏全身白色绒羽，头上有红色点；不到1%的母雏身为暗红色，头上和背上有黑色条纹，公雏身为白色，头上与背上有黑色条纹；约有2%的母雏眼周围为淡棕色并延至头部，全身为白色，公雏通常眼周围是微红并常同浅色点相结合。该鸡种具有生产稳定、适应性能好、发育匀称、开产期早、产蛋高峰持续时间长等特点。生产性能见表3-18、表3-19。

表3-18 父母代生产性能指标

项目		指标
生长期（1～20周龄）	成活率/%	95
	饲料消耗/(千克/只)	7.9
	20周龄体重/千克	1.7
产蛋期（21～68周龄）	成活率/%	89
	达到50%产蛋率的日龄/天	147
	入舍母鸡产蛋数/枚	253
	合格种蛋数/枚	214
	健康母雏数/只	95

表3-19 商品代生产性能指标

项目		指标
生长期（1～18周龄）	成活率/%	97
	18周龄体重/千克	1.5
	饲料消耗/(千克/只)	6.2
产蛋期（19～76周龄）	成活率/%	94
	达到50%产蛋率的日龄/天	143
	饲养日高峰产蛋率/%	95或更高
	入舍母鸡产蛋数/枚	332
	总蛋重/千克	20.8
	平均蛋重/克	63.0
	料蛋比	2.12∶1
	日耗料/克	113

第二节 现代高产杂交蛋鸡的繁育

一、现代高产杂交蛋鸡的特点

（一）生产性能高

现代饲养的高产杂交品种要具有较高的产蛋性能，如蛋鸡年平均产蛋率达75%～80%，平均每只入舍母鸡年产蛋总重达18～20千克，死亡淘汰率只有6%～8%，饲料转化率为（2.2～2.4）∶1；肉鸡35～42天出栏，体重可达2～2.5千克。培育的肉鸡专门化品系父母代母鸡一个周期可以繁殖肉用雏鸡150只以上，生产的鸡肉是其体重的100倍以上。

（二）适应能力强

现代饲养的鸡种要求体质健壮，具有很强的适应性和抗病力，育雏育成期成活率高，群体发育好，生产期死淘率低。

（三）产品质量好

现代饲养的蛋鸡品种要求蛋壳质量好，蛋重大小适中，蛋壳颜色均一，破蛋率低，符合市场要求。肉鸡不仅生产速度快，而且群体大小均匀，残次品数量少，胴体表面光滑好看，肉质上乘。

二、高产杂交蛋鸡类型

（一）白壳蛋鸡

白壳蛋系鸡种是从白来航鸡中选育出不同的品系进行品系杂交而形成的。体型小而清秀，为轻型蛋鸡，成年母鸡体重约1.75千克，全身羽毛白色，单冠，冠大鲜红，喙、胫、皮肤为黄色，耳叶为白色。该种鸡适应性强，各种气候条件均可饲养，特别对高温适应能力较强，单位面积饲养密度高，适合于集约化管理。缺点：蛋重较小，蛋壳薄，易破损；鸡神经质，胆小怕人，抗应激能力较差；啄癖多，特别是开产初期啄肛严重。

白壳蛋鸡性成熟早，产蛋量高，饲料消耗少，一般21周龄开产，72周龄产蛋量290～300枚。20～72周龄产蛋期料蛋比为（2.2～

2.4)∶1。蛋壳为白色，蛋品质量好，血斑肉斑率低。

（二）褐壳蛋鸡

褐壳蛋系鸡种的育成要比白壳蛋系复杂一些，主要以纯系兼用型品种，如洛岛红、洛岛白、新汉县、澳洲黑等为基础，选育出专门化高产品系杂交配套组合而成。由于重视了伴性羽色基因，因而实现了雏鸡的自别雌雄。近年来，褐壳蛋鸡在世界范围的饲养数量增加较快。

中等体型（又叫中型蛋鸡），成年母鸡体重约 2.2 千克。羽毛颜色黄色、黄红色或黄红黑相间等，鸡冠小，喙、胫、皮肤为黄色，耳叶为红色。商品代鸡可羽色自别雌雄，出壳时公雏全身羽毛米黄色，母雏羽毛多为褐色。该种鸡性情温顺，对应激反应弱，易于管理；耐寒性好，冬季产蛋稳定；啄癖少，死淘率低；淘汰体重大，适宜于肉用。缺点：培育期成本高，饲料消耗较多（每只鸡每天比白壳蛋鸡多消耗 5～10 克饲料）；占用面积大（比白壳鸡多占 15%的面积）；蛋的血斑和肉斑率高，耐热性差。

褐壳蛋鸡开产较迟，一般 23 周龄开产，76 周龄产蛋量 300～310 枚，蛋重大，总产蛋量高，22～76 周龄产蛋期料蛋比为(2.3～2.4)∶1。蛋壳为褐色，蛋壳质量好，破损率低，便于保存和运输。

（三）粉壳蛋鸡

粉壳蛋系鸡种是利用轻型白来航鸡与中型褐壳蛋鸡正交或反交产生的鸡种。我国所饲养的粉壳蛋系鸡主要是从以色列“P. P. U”家禽育种公司引入的雅康鸡。该鸡种兼备白壳蛋鸡和褐壳蛋鸡的优点，也就是说既具有褐壳蛋鸡性情温驯、蛋重大、蛋壳质量好的优点，又具有白壳蛋鸡饲料消耗少、适应性强的优点。壳色介于白色与褐色之间，呈粉色至淡棕色，因而称为粉壳蛋鸡，雏鸡可通过快慢羽自别雌雄。

三、现代高产杂交蛋鸡的繁育

现代高产杂交蛋鸡的繁育包括育种（品系选育）和制种（配套杂交）两大环节。

（一）品系选育

利用先进的遗传学原理和育种技术，从同一品种或不同品种中选育出符合人们需要的各具不同性状的品系，作为配套系，生产高产配套杂交鸡。

（二）配套杂交组合

利用选育出的多个不同品系，进行广泛的杂交实验，并进行配合力（杂交优势）测定，然后根据测定的配合力结果，固定具有高配合力的杂交组合，生产出高产配套杂交鸡。所以，高产配套杂交鸡是利用两个以上专门化配套系（配套系是指来源于同一品种或不同品种间的具有配合力的品系）进行杂交而生产出来的。

杂交组合中，参与配套的品系叫配套系。根据参与配套系的多少，形成不同的杂交模式。现代生产中的杂交模式主要有：

1. 两系杂交

这是最简单的杂交模式，也是比较原始的形式。从纯系育种群到商品群的距离短，因而遗传进展传递快。不足之处是不能在父母代利用杂交优势来提高繁殖性能，而且扩繁层次少，供种量有限。现在已基本不用。

2. 三系杂交

三系配套时父母代母本是二元杂种，所以其繁殖性能可以获得一定杂交优势，再与父系杂交可在商品代产生杂种优势，扩繁层次增加，供种数量大幅提高。三系杂交是一种相对较好的配套形式（图 3-1）。

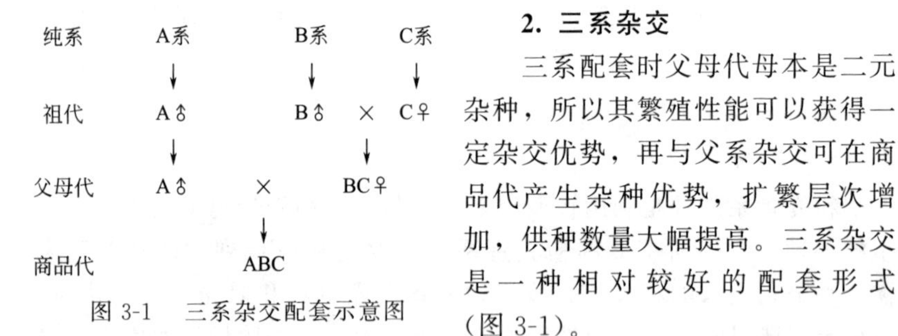

图 3-1　三系杂交配套示意图

3. 四系杂交

四系配套是仿照玉米自交系双杂交模式建立的。从鸡育种中积累的资料看，四系杂种的生产性能没有明显超过两系杂种和三系杂种（图 3-2）。但从育种公司的商业角度看，四系配套有利于控制种源，保证供种的连续性。

4. 五系杂交

五系配套比较烦琐复杂，生产中还没有推广。

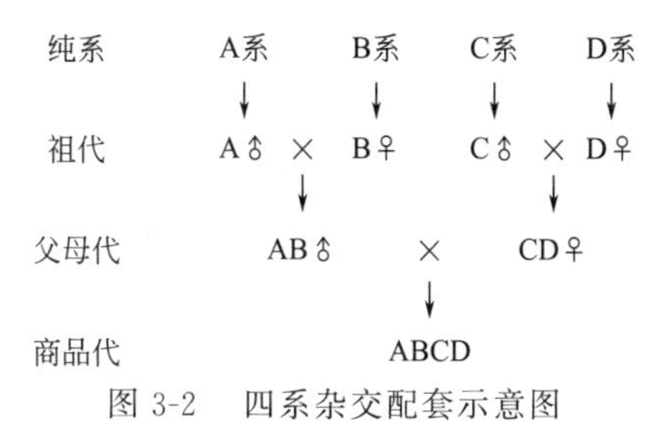

图 3-2　四系杂交配套示意图

（三）良种繁育体系

生产高产配套杂交鸡，生产程序和环节多，任何一个环节出现问题，都会影响到商品鸡的质量，所以必须建立健全良种繁育体系。良种繁育体系是把高产配套鸡的育种和制种工作的各个环节有机地结合起来，形成一个分工明确、联系密切、管理严格的体系。

只有建立健全良种繁育体系并加强管理，才能使各级种鸡场合理布局，才能使良种迅速推广，才能使良种生产过程中的各个环节不出问题而保证良种质量。按照良种繁育体系要求设置和布局各级种鸡场，既可以避免种鸡盲目生产，又可以保证广大的商品鸡场和专业户获得最优良的商品鸡。全国只需要建立少数的育种场，集中投资，容易较快较好地育成和改良配套品系，保证商品场饲养到优质的高产杂交配套品种，从而提高鸡群的生产性能，减少饲料消耗，极大地降低生产成本。同时，建立健全良种繁育体系，可以从源头抓起，严格管理，控制病原的传播，特别是一些特定病原。如净化后的100只曾祖代母本母系鸡（每只母鸡生产50只母雏鸡）可以生产5000套祖代鸡（每只母鸡生产60只母雏鸡），生产30万套父母代鸡（每只母鸡生产85只母雏鸡），生产出2550万只未被垂直传染的商品代鸡。原种场培育无特定病原的洁净鸡群，祖代场和父母代场的种鸡群进行严格净化和加强孵化场防疫卫生，就可以有效控制病原的传播。所以，获得优质的、洁净的雏鸡，必须建立健全良种繁育体系。

良种繁育体系主要由育种和制种两部分组成。第一部分是育种部分，进行选育、定型。在育种场内，利用选育出的具有符合人们特定要求的十几个或几十个纯系鸡种进行杂交组合，经过配合力测定，选出具有明显杂交优势（生产性能最好）的杂交组合，固定下来形成配套系进入下一部分。第二部分是制种部分，利用育种场提供的配套纯系进行扩繁（杂交制种）。扩繁过程中，必须按照固定的配套模式向下垂直传递，即祖代鸡只能生产父母代鸡，而父母代鸡只能生产商品代鸡，商品代鸡是整个繁育的终点，不能再作为种用。良种繁育体系结构图及各场的作用如图 3-3。

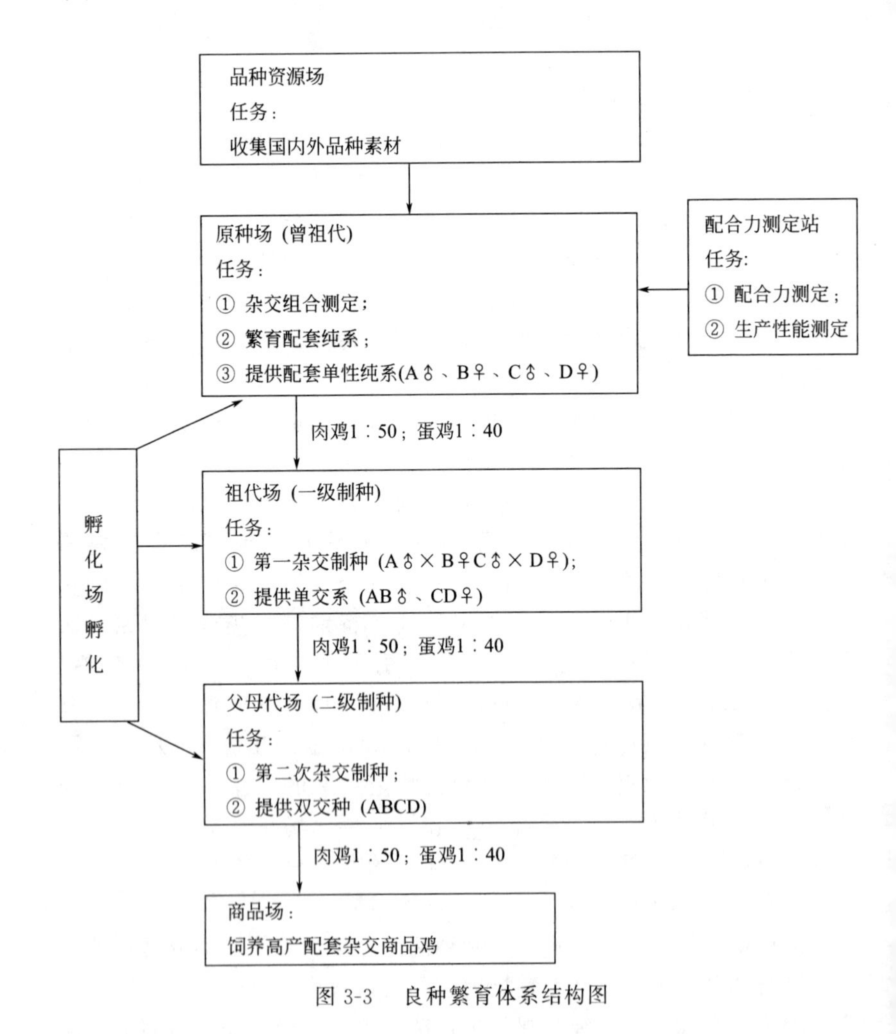

图 3-3 良种繁育体系结构图

第三节 优良品种的选择和引进

品种选择直接影响到蛋鸡产蛋性能的发挥和鸡场效益。品种选择受到多种因素影响，如高产杂交鸡有多种类型，每种类型又有多个品种，同一品种又有多个代次，不同品种、不同代次都有其不同的特点和要求；每一个品种由于适应性的差异，其生产性能在不同的地区有不同的表现，有的品种在某个地区表现优良，在另一个地区可能表现得不那么优良。如近二十年来我们国家先后从国外引进蛋鸡品种多达二三十个，真正能够在我国推广饲养的却寥寥无几，有的种鸡场由于引种不善出现亏损甚至倒闭。由于消费习惯和市场销售等因素，影响到产品的销售数量和价格而间接影响品种的选择。另外，不同的种禽场由于饲养条件和管理水平不同也会对品种的质量产生较大的影响等，所以鸡场必须注重品种选择。

一、市场需要

市场经济条件下，生产者只有根据市场需要来进行生产，才能获得较好的效益，鸡的生产也不例外。当市场对种鸡的需求迫切时，饲养种鸡的效益好，但饲养对资金、场地、技术、管理等方面要求较高，属于高收益、高投入且具有较大风险的行业，应该慎重。商品蛋鸡生产时，由于消费习惯不同，有些地区喜好白壳蛋，有些地区喜好褐壳蛋，而有些地区喜好粉壳蛋，导致价格和销售量的差异，应根据本地消费习惯来选择不同类型的品种。如果本地饲养蛋鸡数量较多，蛋品外销，选择褐壳蛋鸡品种较好，因为褐壳蛋鸡的蛋壳质量好，适宜运输。粉壳蛋鸡的蛋壳质量也好，但喜好粉壳蛋的区域很小，外销量有限，不能盲目大量饲养。小鸡蛋受欢迎的地区或鸡蛋以枚计价销售的地区，选择体型小、蛋重小的鸡种；以重量计价或喜欢大鸡蛋的地区，选择蛋重大的鸡种。淘汰鸡价格高或喜欢大型淘汰鸡的地区，选择褐壳蛋鸡更有效益。

二、饲养条件

鸡场规划、布局科学，隔离条件好，鸡舍设计合理，环境控制能力强的条件下，可以选择产蛋性状特别突出的品种。因为良好稳定的环境可以保证高产鸡的性能发挥。也可以饲养白壳蛋鸡，不仅能高产，而且能节约饲料消耗。炎热地区饲养体型小的蛋鸡品种，有利于降低热应激对生产的不良影响。因为体型小的鸡种产热量少，抗热应激能力强；寒冷地区选择体型大的褐壳蛋鸡品种，有利于降低冷应激对生产的不良影响。如果鸡场环境不安静，噪声大，应激因素多的情况下，应选择褐壳蛋鸡品种，因为褐壳蛋鸡性情温顺，适应力强，对应激敏感性低。如果饲养经验不丰富，饲养管理技术水平低，最好选择易于饲养管理的褐壳或粉壳蛋鸡品种。

三、饲料条件

饲料原料缺乏、饲料价格高的地区宜养体重小而产蛋性能好、饲料转化率较高的鸡种。饲料原料质量不好或饲料配制技术水平低的场户，选择褐壳蛋鸡品种。

四、实际表现

高产配套杂交品种较多，资料介绍都很优秀，但实际表现差异很大。所以具体选择品种时，既要了解资料介绍的生产性能，更要看其实际表现，不要盲目选择新的品种。一些新的品种，资料介绍得非常优秀，但实践中的表现不一定优秀，有的甚至不如过去饲养的优良品种。所以不要一见有新的品种就引进，把鸡场变成检验品种性能的试验场。有的种鸡场由于盲目引种，结果引进品种后不能打开市场而导致亏损倒闭。有的商品鸡场盲目选择新品种，结果饲养效果还不如一些老品种。如过去我们饲养的伊莎巴布考克白壳蛋鸡和罗曼褐壳蛋鸡的生产性能表现就比现在某些品种优良。

五、品种的体质和生活力

现代的肉鸡品种生长速度都很快，但在体质和生活力方面存在差异。应选用腿病、猝死症、腹水症较少，抗逆性强的肉鸡品种。

六、种鸡场管理

我国种鸡场较多，规模大小不一，管理参差不齐，生产的雏鸡质量也有较大差异，鸡的生产性能表现也就不同。如有的种鸡场不进行沙门氏菌的净化，沙门氏菌污染严重，影响鸡的成活率、增重速度和以后的产蛋性能；有的引种渠道不正规，引进的种鸡质量差，生产性能和产品质量差。无论选购什么样的鸡种，必须到规模大、技术力量强、有种禽种蛋经营许可证、管理规范、信誉度高的种鸡场购买雏鸡。最好能了解种鸡群的状况，要求种鸡群体质健壮高产、没发生疫情、洁净纯正。

第四章

<<<<<

蛋鸡的饲料营养

核心提示

蛋鸡生产性能和经济效益的高低，饲料营养是重要的决定因素之一。不同类型、不同生长阶段、不同生产性能，其营养需要不同。必须根据蛋鸡的生理特点和营养需要，科学选择饲料原料，合理配制，生产出优质的配合饲料，满足蛋鸡营养需求。

第一节　蛋鸡的营养需要

一、需要的营养物质

蛋鸡需要的营养物质主要有水、蛋白质、能量、维生素和矿物质等。

（一）水

水是鸡生长发育必需的营养素，对鸡体内正常物质代谢有特殊作用。水是鸡体的主要成分，如鸡体内含水量在50%～60%之间，主要分布于体液（如血液、淋巴液）、肌肉等组织中。水是各种营养物质的溶剂，鸡体内各种营养物质的消化、吸收以及代谢废物的排出、血液循环、体温调节等都离不开水。如果饮水不足，饲料消化率和鸡的生产力就会下降，严重时会影响鸡体健康，甚至引起死亡。试验证明，雏鸡长期缺水，生长速度缓慢，而且后果不可挽回。若体内损失10%水分，会造成代谢紊乱；损失20%水分则濒于死亡。高温环境下缺水，后果更为严重。因此，必须在饲养全期供给充足、清洁的饮水。

蛋鸡所需要的水分6%来自饲料，19%来自代谢水，其余的75%则靠饮水获得。

（二）蛋白质

蛋白质在蛋鸡体内具有重要的营养作用，占有特殊的地位，不能用其他营养物质替代，必须由饲料不断供给。蛋白质不仅是构成肌肉、神经、内脏器官、血液等体组织、体细胞以及各种畜禽产品（如肉、蛋等）的基本原料，而且是组成生命活动所必需的各种酶、激素、抗体以及其他许多生命活性物质的原料。蛋白质在体内也可以分解供能（每克约为16.74千焦），或转变为糖和脂肪等。

由于蛋白质具有上述营养作用，所以日粮中缺乏蛋白质，不但影响家禽的健康、生长和生殖，而且会降低家禽的生产力和产品的品质，如体重减轻、生长停止、产蛋量及生长率降低等。但日粮中蛋白质也不应过多。如超过了家禽的需要，对家禽同样有不利影响。不仅会造成浪费，而且长期饲喂将引起机体代谢紊乱以及蛋白质中毒，从而使得肝脏和肾脏由于负担过重而遭受损伤。因此，根据家禽的不同生理状态及生产力制定合理的饲粮，蛋白质水平是保证家禽健康、提高饲料和日粮利用率、降低生产成本、提高家禽生产力的重要环节。

1. 蛋白质中的氨基酸

蛋白质是由氨基酸组成的，蛋白质营养实质上是氨基酸营养，所以其营养价值决定于氨基酸的组成，其品质的优劣是通过氨基酸的数量与比例来衡量的。

（1）氨基酸的种类　氨基酸在营养学上分为必需氨基酸和非必需氨基酸。

①必需氨基酸　必需氨基酸是指畜禽体内不能合成或合成数量满足不了需要，必须由饲料供应的氨基酸。畜禽所处情况不同，其需要氨基酸的种类与数量也不同。蛋鸡的必需氨基酸主要有赖氨酸、蛋氨酸、色氨酸、苯丙氨酸、亮氨酸、异亮氨酸、缬氨酸、苏氨酸、组氨酸、精氨酸、甘氨酸、胱氨酸与酪氨酸。必需氨基酸中，一般把苏氨酸、色氨酸、赖氨酸、蛋氨酸与胱氨酸称为限制性氨基酸。因体内利用其他各种氨基酸合成体蛋白时，都要受它们的限制和制约。如果日粮中缺少了它们中的任何一种，则会降低饲料蛋白质氨基酸的有效利用率。

饲料中适当添加一点赖氨酸、蛋氨酸，就能把原来饲料中未被利用的氨基酸充分利用起来。所以，有人把蛋氨酸、赖氨酸又叫做蛋白质饲料的营养强化剂。鱼粉之所以营养价值高，就是因为其中的蛋氨酸、赖氨酸含量高，相比之下，植物蛋白中的含量则少得多。因此，我国多用植物蛋白饲料，如能添加适量的蛋氨酸及赖氨酸，则可大大提高蛋白质的营养价值。

② 非必需氨基酸　非必需氨基酸是指在畜禽体内合成较多或需要较少，不需由饲料来供给也能保证畜禽正常生长的氨基酸，即必需氨基酸以外的均为非必需氨基酸，例如丝氨酸、谷氨酸、丙氨酸、天冬氨酸、脯氨酸和瓜氨酸等。畜禽可以利用由饲料供给的含氮物在体内合成，或用其他氨基酸转化来代替这些氨基酸。

此外，根据近年来对畜禽体内氨基酸的转化代替、生化机制的研究，提出了准必需氨基酸的概念，即把在一定条件下成为必需的氨基酸叫做准必需氨基酸。

2. 氨基酸的互补作用

畜禽体蛋白的合成和增长、旧组织的修补和恢复、酶类和激素的分泌等均需要有各种各样的氨基酸，但由于饲料种类的不同，饲料蛋白质中的必需氨基酸含量有很大差异。例如，谷类蛋白质含赖氨酸较少，而含色氨酸则较多；有些豆类蛋白质含赖氨酸较多，而色氨酸含量又较少。如果在配合饲料时，把这两种饲料混合应用，即可取长补短，提高其营养价值。这种作用就叫做氨基酸的互补作用。

【注意】根据氨基酸在饲粮中存在的互补作用，则可在实际饲养中有目的地选择适当的饲料，进行合理搭配，使饲料中的氨基酸能起到互补作用，以改善蛋白质的营养价值，提高其利用率。

3. 影响饲料蛋白质营养作用的因素

（1）日粮中蛋白质水平　日粮中蛋白质水平即蛋白质在日粮中占有的数量，若过多或缺乏均会造成危害，这里着重是从蛋白质的利用率方面加以说明的。蛋白质数量过多不仅不能增加体内氮的沉积，反而会使尿中分解不完全的含氮物数量增多，从而导致蛋白质利用率下降，造成饲料浪费；反之，日粮中蛋白质含量过低，也会影响日粮的消化率，造成机体代谢失调，严重影响畜禽生产力的发挥。因此，只有维持合理的蛋白质水平，才能提高蛋白质利用率。

（2）日粮中蛋白质的品质　蛋白质的品质是由组成它的氨基酸种类与数量决定的。凡含必需氨基酸的种类全、数量多的蛋白质，其全价性高，品质也好，则称其为完全价值蛋白质；反之，全价性低，品质差，则称其为不完全价值蛋白质。若日粮中蛋白质的品质好，则其利用率高，且可节省蛋白质的喂量。以可消化蛋白质在体内的利用率作为蛋白质营养价值的评定指标，也就是说，蛋白质的生物学价值实质是氨基酸的平衡利用问题，因为体内利用可消化蛋白质合成体蛋白的程度与氨基酸的比例是否平衡有着直接的关系。

必需氨基酸与非必需氨基酸的配比问题，也与提高蛋白质在体内的利用率有关。首先要保证氨基酸不充作能源，主要用于氮代谢；其次要保证足够的非必需氨基酸，防止必需氨基酸转移到非必需氨基酸的代谢途径。近年来，通过对氨基酸营养价值研究的进展，使得蛋白质在日粮中的数量趋于降低，但这实际上已满足了家禽体内蛋白质代谢过程中对氨基酸的需要，提高了蛋白质的生物学价值，因而节省了蛋白质饲料。在饲养实践中规定配合日粮饲料应多样化，使日粮中含有的氨基酸种类增多，产生互补作用，以达到提高蛋白质生物学价值的目的。

（3）日粮中各种营养物质的关系　日粮中的各种营养因素都是彼此联系、互相制约的。近年来在家禽饲养实践活动中，人们越来越注意到了日粮中能量蛋白比的问题。经消化吸收的蛋白质，在正常情况下有70%～80%被用来合成体组织，另有20%～30%的蛋白质在体内分解，释放出能量，其中分解的产物随尿排出体外。但当日粮中能量不足时，体内蛋白质分解加剧，用以满足家禽对能量的需求，从而降低了蛋白质的生物学价值。因此，在饲养实践中应供给足够的量，避免价值高的蛋白质被作为能量利用。

另外，当日粮能量浓度降低时，畜禽为了满足对能量的需要势必增加采食量，如果日粮中蛋白质的百分比不变，则会造成浪费；反之，日粮能量浓度增高，采食量减少，则蛋白质的进食量相应减少，这将造成畜禽生产力下降。因此，日粮中能量与蛋白质含量应有一定的比例，如“能量蛋白比”正是表示此关系的指标。

许多维生素参与氨基酸的代谢反应，如维生素 B_{12} 可提高植物性蛋白质在机体内的利用率早已被证实。此外，抗生素的利用及磷脂等的补加，也均有助于提高蛋白质的生物学价值。

（4）饲料的调制方法　豆类和生豆饼中含有胰蛋白酶抑制素，其可影响蛋白质的消化吸收，但经加热处理破坏抑制素后，则会提高蛋白质利用率。应注意的是，加热时间不宜过长，否则会使蛋白质变性，反而降低蛋白质的营养价值。

（5）合理利用蛋白质养分的时间因素　在家禽体内合成一种蛋白质时，须同时供给数量上足够和比例上合适的各种氨基酸。因而，如果因饲喂时间不同而不能同时达到体组织时，必将导致先到者已被分解，后至者失去用处，结果氨基酸的配套和平衡失常，影响利用。

（三）能量

鸡的生存、生长和生产等一切生命活动都离不开能量。能量不足或过多，都会影响鸡的生产性能和健康状况。饲料中的有机物——蛋白质、脂肪和碳水化合物都含有能量，但主要来源于饲料中的碳水化合物、脂肪。饲料中各种营养物质的热能总值称为饲料总能。饲料总能减去粪能为消化能，消化能减去尿能和产生气体的能量后便是代谢能。在一般情况下，由于鸡的粪尿排出时混在一起，因而生产中只能测定饲料的代谢能而不能直接测定其消化能，故鸡饲料中的能量都以代谢能（ME）来表示，其表示方法是兆焦/千克或千焦/千克。能量在鸡体内的转化过程见图 4-1。

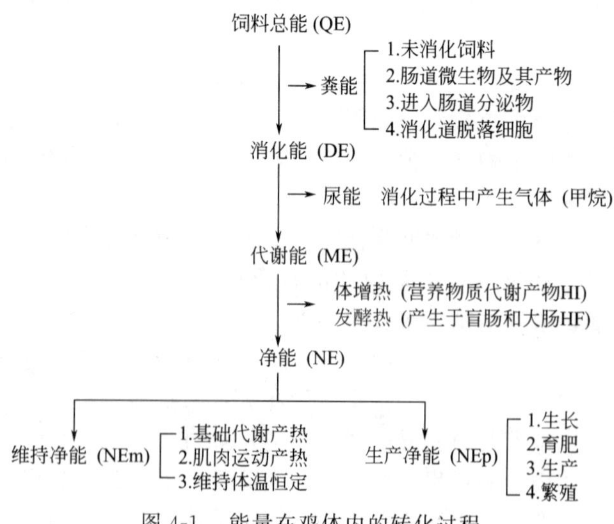

图 4-1　能量在鸡体内的转化过程

1. 碳水化合物

碳水化合物包括淀粉、纤维素、半纤维素、木质素、果胶、黏多糖等物质。饲料中的碳水化合物除少量的葡萄糖和果糖外，大多数以多糖形式的淀粉、纤维素和半纤维素存在。

淀粉主要存在于植物的块根、块茎及谷物类籽实中，其含量可高达80%以上。在木质化程度很高的茎叶、稻壳中可溶性碳水化合物的含量则很低。在动物消化道内，淀粉在淀粉酶、麦芽糖酶等水解酶的作用下水解为葡萄糖而被吸收。

纤维素、半纤维素和木质素存在于植物的细胞壁中，一般情况下，不容易被鸡所消化。因此，鸡饲料中纤维素含量不可过高，一般纤维素的含量控制在2.5%～5%为宜。如果饲料中纤维素含量过少，也会影响胃、肠的蠕动和营养物质的消化吸收，并且易发生吞食羽毛、啄肛等不良现象。

碳水化合物在体内可转化为肝糖原和肌糖原储存起来，以备不时之需。糖原在动物体内的合成储备与分解消耗处于动态平衡状态。动物摄入的碳水化合物，在氧化、供给能量、合成糖原后有剩余时，将用于合成脂肪储备于机体内，以供营养缺乏时使用。

如果饲料中碳水化合物供应不足，不能满足动物维持生命活动的需要时，动物为了保证正常的生命活动，就必须动用体内的储备物质，首先是糖原，继之是体脂。如仍不足时，则开始挪用蛋白质代替碳水化合物，以解决所需能量的供应。在这种情况下，动物表现机体消瘦、体重减轻、生产性能下降、产蛋减少等现象。

2. 脂肪

脂肪是广泛存在于动、植物体内的一类有机化合物。根据其分子结构的不同，可分为真脂肪和类脂肪两大类。

（1）真脂肪（中性脂肪）　真脂肪是由1分子甘油与3分子脂肪酸构成的酯类化合物，故又称甘油三酯。真脂肪中的某些不饱和脂肪酸，如亚油酸（十八碳二烯酸）、亚麻酸（十八碳三烯酸）及花生四烯酸（二十碳烯酸）是动物营养中必不可少的脂肪酸，所以又被称为必需脂肪酸。

几乎所有的脂肪酸在鸡体内均能合成，只有亚油酸在鸡体内不能合成，必须从饲料中供给，称必需脂肪酸。必需脂肪酸缺乏，影响磷脂代谢，造成膜结构异常，通透性改变，皮肤和毛细血管受损。亚油酸缺乏时，雏鸡表现生长不良，成鸡表现产蛋量减少，种蛋孵化率降低。玉米胚芽内含有丰富的亚油酸，以玉米为主要成分的全价饲料含有足够的亚油酸，故不会发生亚油酸缺乏症；而以红高粱或小麦类为主要成分的全价饲料则可能会出现亚油酸缺乏现象，应给予足够注意。

（2）类脂肪　类脂肪是指含磷、含糖或含氮的脂肪。它在化学组成上虽然有别于真脂肪，但在结构或性质上却与真脂肪相接近，主要有磷脂、糖脂、固醇类及蜡质。类脂肪是构成动物体各种器官、组织和细胞的重要原料，如神经、肌肉、骨骼、皮肤、羽毛和血液成分中均含有类脂肪。

真脂肪的热能价值很高。在机体内，氧化时放出的热能为同等重量碳水化合物的 2.25 倍。所以它是供给动物能量的重要原料，也是动物体储备能量的最佳形式。在产蛋鸡日粮中添加 1%～5% 的真脂肪有利于提高日粮的能量水平、蛋鸡产蛋水平和饲料利用率。

脂肪还是脂溶性维生素的良好溶剂，饲料中的脂溶性维生素如维生素 A、维生素 D、维生素 E、维生素 K 和胡萝卜素等，都必须溶于脂肪中，才能被动物体吸收、输送和利用。由此可见，饲料中含有一定量的脂肪可促进脂溶性维生素的吸收和转运。饲料中脂肪的缺乏，常可导致脂溶性维生素的缺乏。

脂肪和碳水化合物一样，在鸡体内分解后产生热量，用以维持体温和供给体内各器官活动时所需要的能量，其热能是碳水化合物或蛋白质的 2.25 倍。脂肪是体细胞的组成成分，是合成某些激素的原料，尤其是生殖激素大多需要胆固醇作原料。

3. 蛋白质

当体内碳水化合物和脂肪不足时，多余的蛋白质可在体内分解、氧化供能，以补充热量的不足。过度饥饿时体蛋白也可能供能。鸡体内多余的蛋白质可经脱氨基作用，将不含氮部分转化为脂肪或糖原储存起来，以备营养不足时供能。但蛋白质供能不仅不经济，而且容易加重机体的代谢负担。

【注意】 鸡对能量的需要包括本身的代谢维持需要和生产需要。影响能量需要的因素很多，如环境温度、鸡的类型、品种、不同生长阶段及生理状况和生产水平等。日粮的能量值在一定范围，鸡的采食量多少可由日粮的能量值而定。所以，饲料中不仅要有一个适宜的能量值，而且与其他营养物质比例要合理，使鸡摄入的能量与各营养素之间保持平衡，提高饲料的利用率和饲养效果。

（四）维生素

维生素是一组化学结构不同，营养作用、生理功能各异的低分子有机化合物，鸡对其需要量虽然很少，但生物作用很大，主要以辅酶和催化剂的形式广泛参与体内代谢的多种化学作用，从而保证鸡体组织器官的细胞结构功能正常，调控物质代谢，以维持鸡体健康和各种生产活动。缺乏时可影响正常代谢，出现代谢紊乱，危害鸡体健康和生产。散养条件下，鸡可以采食到各种青绿饲料，并受到阳光照射，一般不易缺乏。舍内高密度饲养条件，鸡采食不到富含维生素的青绿饲料，如果饲料中添加不足，就容易发生缺乏症。维生素的种类很多，但归纳起来分为两大类：一类是脂溶性维生素，包括维生素 A、维生素 D、维生素 E 及维生素 K 等；另一类维生素是水溶性维生素，主要包括 B 族维生素和维生素 C。维生素的种类及功能见表 4-1。

表 4-1　维生素的种类及功能

名称	主要功能	缺乏症状	备注
维生素 A［1 国际单位(IU)维生素 A=0.6 微克胡萝卜素］	可维持呼吸道、消化道、生殖道上皮细胞或黏膜的结构完整与健全，促进雏鸡的生长发育和蛋鸡产蛋，增强鸡对环境的适应力和抵抗力	易引起上皮组织干燥和角质化，眼角膜上皮变性，发生干眼病，严重时造成失明；雏鸡消化不良，羽毛蓬乱无光泽，生长速度缓慢；母鸡产蛋量和种蛋受精率下降，胚胎死亡率高，孵化率降低等	青绿多汁饲料、黄玉米、鱼肝油、蛋黄、鱼粉中含量丰富。维生素 A 和胡萝卜素均不稳定，饲料的加工、调制和贮存过程中易被破坏，而且环境温度愈高，破坏程度愈大

续表

名称	主要功能	缺乏症状	备注
维生素D（以国际单位、毫克/千克表示，1国际单位维生素D=0.025微克结晶维生素D_3的活性）	参与钙、磷的代谢，促进肠道钙、磷的吸收，调整钙、磷的吸收比例，促进骨的钙化，是形成正常骨骼、喙、爪和蛋壳所必需的	雏鸡生长速度缓慢，羽毛松散，趾爪变软、弯曲，胸骨弯曲，胸部内陷，腿骨变形；成年鸡缺乏时，蛋壳变薄，产蛋率、孵化率下降，甚至发生产蛋疲劳症	包括VD_2（麦角钙化醇）和VD_3（胆钙化醇），由植物内麦角固醇和动物皮肤内7-脱氢胆固醇经紫外线照射转变而来，VD_3的活性要比VD_2高约30倍。鱼肝油中含有丰富的VD_3，日晒的干草VD_2含量较多。市场上有VD_3制剂
维生素E（以国际单位、毫克/千克表示）	抗氧化剂和代谢调节剂，与硒和胱氨酸有协同作用，对消化道和体组织中的维生素A有保护作用，能促进鸡的生长发育和繁殖率的提高	雏鸡发生渗出性素质病，形成皮下水肿与血肿、腹水，引起小脑出血、水肿和脑软化；成鸡繁殖机能紊乱，产蛋率和受精率降低，胚胎死亡率高	在麦芽、麦胚油、棉籽油、花生油、大豆油中含量丰富，在青饲料、青干草中含量也较多；市场上有维生素E制剂。鸡处于逆境时需要量增加
维生素K	催化合成凝血酶原，具有活性的是维生素K_1、维生素K_2和维生素K_3	皮下出血形成紫斑，而且受伤后血液不易凝固，流血不止，以致死亡。雏鸡断喙时常在饲料中补充人工合成的维生素K	在青饲料和鱼粉中含有维生素K，一般不易缺乏。市场上有维生素K制剂
维生素B_1（硫胺素）	参与碳水化合物的代谢，维持神经组织和心肌正常，有助于胃肠的消化	易发生多发性神经炎，表现头向后仰、羽毛蓬乱、运动器官和肌胃肌肉衰弱或变性、两腿无力等，呈“观星”状，导致食欲减退，消化不良，生长缓慢。雏鸡对维生素B_1缺乏敏感	维生素B_1在糠麸、青饲料、胚芽、草粉、豆类、发酵饲料和酵母粉中含量丰富，在酸性饲料中相当稳定，但遇热、遇碱易被破坏。市场上有硫胺素制剂

续表

名称	主要功能	缺乏症状	备注
维生素B_2（核黄素）	细胞黄素酶类的辅酶组成部分，参与碳水化合物和蛋白质的代谢，是鸡较易缺乏的一种维生素	雏鸡生长慢、下痢，足趾弯曲，用跗关节行走；种鸡产蛋率和种蛋孵化率降低；胚胎发育畸形，萎缩，绒毛短，死胚多	维生素B_2在青饲料、干草粉、酵母、鱼粉、糠麸和小麦中含量丰富。市场上有核黄素制剂
维生素B_5（泛酸）	辅酶A的组成成分，与碳水化合物、脂肪和蛋白质的代谢有关	生长受阻，羽毛粗糙，食欲下降，骨粗短，眼睑黏着，喙和肛门周围有坚硬痂皮。脚爪有炎症，育雏率降低。蛋鸡产蛋量减少，孵化率下降	泛酸在酵母、糠麸、小麦中含量丰富。泛酸不稳定，易吸湿，易被酸、碱和热破坏
维生素B_3（烟酸或尼克酸）	某些酶类的重要成分，与碳水化合物、脂肪和蛋白质的代谢有关	雏鸡缺乏时食欲减退，生长慢，羽毛发育不良，膝关节肿大，腿骨弯曲；蛋鸡缺乏时，羽毛脱落，口腔黏膜、舌、食道上皮发生炎症，产蛋减少，种蛋孵化率低	维生素B_5在酵母、豆类、糠麸、青饲料、鱼粉中含量丰富。市场上有烟酸制剂。雏鸡需要量高
维生素B_6（吡哆醇）	参与蛋白质代谢的一种辅酶，同时参与碳水化合物和脂肪代谢，在色氨酸转变为烟酸和脂肪酸过程中起重要作用	鸡缺乏时发生神经障碍，从兴奋而至痉挛，雏鸡生长发育缓慢，食欲减退	维生素B_6在一般饲料中含量丰富，又可在体内合成，很少有缺乏现象
维生素H（生物素）	以辅酶形式广泛参与各种有机物的代谢	股骨粗短症是鸡缺乏维生素H的典型症状。鸡喙、趾发生皮炎，生长速度降低，种蛋孵化率低，胚胎畸形	维生素H在鱼肝油、酵母、青饲料、鱼粉及糠麸中含量较多

续表

名称	主要功能	缺乏症状	备注
胆碱	胆碱是构成卵磷脂的成分,参与脂肪和蛋白质代谢;蛋氨酸等合成时所需的甲基来源。在鸡的日粮中添加适量胆碱,可提高蛋白质的利用率	鸡易患脂肪肝,发生骨短粗症,共济运动失调,产蛋率下降	胆碱在小麦胚芽、鱼粉、豆饼、甘蓝等饲料中含量丰富。市场上有氯化胆碱制剂。过多,可使鸡蛋产生鱼腥味
维生素 B_{11}(叶酸)	以辅酶形式参与嘌呤、嘧啶、胆碱的合成和某些氨基酸的代谢	生长发育不良,羽毛不正常,贫血,种鸡的产蛋率和孵化率降低,胚胎在最后几天死亡	叶酸在青饲料、酵母、大豆饼、麸皮和小麦胚芽中含量较多
维生素 B_{12}(钴胺素)	以钴酰胺辅酶的形式参与各种代谢活动,如嘌呤、嘧啶、合成,甲基的转移及蛋白质、碳水化合物和脂肪的代谢,有助于提高造血机能和日粮蛋白质的利用率	缺乏时,雏鸡生长停滞,羽毛蓬乱,种鸡产蛋率、孵化率降低	维生素 B_{12} 在动物肝脏、鱼粉、肉粉中含量丰富,鸡舍内的垫草中也含有维生素 B_{12}
维生素 C(抗坏血酸)	具有可逆的氧化和还原性,广泛参与机体的多种生化反应;能刺激肾上腺皮质激素合成;促进肠道内铁的吸收,使叶酸还原成四氢叶酸;提高抗热应激和逆境的能力	易患坏血病,生长停滞,体重减轻,关节变软,身体各部出血、贫血,适应性和抗病力降低	维生素 C 在青饲料中含量丰富,生产中多使用维生素 C 添加剂;抗应激用量一般为 50～300 毫克/千克饲料

(五) 矿物质

矿物质是构成骨骼、蛋壳、羽毛、血液等组织不可缺少的成分,对鸡的生长发育、生理功能及繁殖系统具有重要作用。鸡需要的矿物质元素有钙、磷、钠、钾、氯、镁、硫、铁、铜、钴、碘、锰、锌、硒等,其中前 7 种是常量元素(占体重 0.01%以上),后 7 种是微量元素。饲料中矿物质元素含量过多或缺乏都可能产生不良的后果。主要矿物质元素的种类及作用见表 4-2。

表 4-2　主要矿物质元素的种类及作用

种类	主要功能	缺乏症状	备注
钙	形成骨骼和蛋壳，促进血液凝固，维持神经、肌肉正常机能和细胞渗透压	雏鸡易患佝偻病；成鸡产薄壳蛋、软壳蛋	钙在一般谷物、糠麸中含量很少，在贝粉、石粉、骨粉等矿物质饲料中含量丰富；钙和磷比例适当，生长鸡日粮的钙磷比例为(1～1.5)：1；产蛋种鸡为(5～6)：1
磷	骨骼和卵黄卵磷脂组成部分，参与许多辅酶的合成，是血液缓冲物质	鸡食欲减退，消瘦，雏鸡易患佝偻病，成年鸡骨质疏松、瘫痪	来源于矿物质饲料、糠麸、饼粕类和鱼粉。鸡对植酸磷利用能力较低，约为30%～50%，对无机磷利用能力高达100%
钠、钾、氯	三者对维持鸡体内酸碱平衡、细胞渗透压和调节体温起重要作用。它还能改善饲料的适口性。食盐是钠、氯的主要来源	缺乏钠、氯，可导致消化不良、食欲减退、啄肛、啄羽等；缺钾时，肌肉弹性和收缩力降低，肠道膨胀，热应激时，易发生低钾血症	食盐摄入量过多，轻者饮水量增加，便稀，重者会导致鸡食盐中毒甚至死亡。动物饲料中钠含量丰富；植物饲料中钾含量较多
镁	镁是构成骨质必需的元素，它与钙、磷和碳水化合物的代谢有密切关系	镁缺乏时，鸡神经过敏，易惊厥，出现神经性震颤，呼吸困难。雏鸡生长发育不良。产蛋鸡产蛋率下降	青饲料、糠麸和饼粕类中含量丰富；过多会扰乱钙磷平衡，导致下痢
硫	硫主要存在于鸡体蛋白、羽毛及蛋内	缺乏时，表现为食欲降低，体弱脱羽，多泪，生长缓慢，产蛋减少	羽毛中含硫2%
铁、铜、钴	铁是血红素、肌红素的组成成分；铜能催化血红蛋白形成；钴是维生素B_{12}的成分之一	三者参与血红蛋白形成和体内代谢，并在体内起协同作用，缺一不可，否则就会产生营养性贫血	来源于硫酸亚铁、硫酸铜和钴胺素、氯化钴

续表

种类	主要功能	缺乏症状	备注
锰	锰影响鸡的生长和繁殖	雏鸡骨骼发育不良，骨短粗，运动失调，生长受阻；蛋鸡性成熟推迟，产蛋率和孵化率下降	摄入量过多，会影响钙、磷的利用率，引起贫血；青饲料、糠麸中氧化锰、硫酸锰丰富
碘	碘是构成甲状腺必需的元素，对营养物质代谢起调节作用	缺乏时，会导致鸡甲状腺肿大，代谢机能降低	植物饲料中的碘含量较少，鱼粉、骨粉中含量较高。主要来源是碘化钾、碘化钠及碘酸钙
锌	鸡生长发育必需的元素之一，有促进生长、预防皮肤病的作用	缺乏时，肉鸡食欲不振，生长迟缓，腿软无力	常用饲料中含有较多的锌；可用氧化锌、碳酸锌补充
硒	硒与维生素E相互协调，可减少维生素E的用量，是蛋氨酸转化为胱氨酸所必需的元素。能保护细胞膜的完整，保护心肌	缺乏时，雏鸡皮下出现大块水肿，积聚血样液体，心包积水及患脑软化症	一般饲料中硒含量及其利用率较低，需额外补充，通常用亚硒酸钠

二、蛋鸡的饲养标准

根据鸡维持生命活动和从事各种生产，如产蛋、产肉等对能量和各种营养物质需要量的测定，并结合各国饲料条件及当地环境因素，制定出鸡对能量、蛋白质、必需氨基酸、维生素和微量元素等的供给量或需要量，称为鸡的饲养标准，并以表格形式以每日每只具体需要量或占日粮含量的百分数来表示。

鸡的饲养标准有许多种，如美国的NRC饲养标准、日本家禽饲养标准，我国也制定了中国家禽饲养标准。目前许多育种公司根据其培育的品种特点、生产性能以及饲料、环境条件变化，制定其培育品种的营养需要标准，按照这一饲养标准进行饲养，便可达到该公司公布的某一优良品种的生产性能指标，在购买各品种雏鸡时索要饲养管理指导手册，按手册上的要求配制饲粮。

（一）中华人民共和国农业行业标准（NY/T 133—2004）见表 4-3。

表 4-3　蛋鸡和种鸡的饲养标准

营养成分	周龄			产蛋鸡		种母鸡
	0～8	9～18	19 周龄至开产	产蛋率>85%	产蛋率<85%	
代谢能/(兆焦/千克)	11.91	11.70	11.50	11.29	10.87	11.29
粗蛋白/%	19.00	15.50	17.00	16.50	15.50	18.00
纤维素/%	3～5.00	3～5.00	3～5.00	—	—	—
钙/%	0.90	0.80	2.00	3.5	3.50	3.50
总磷/%	0.70	0.60	0.55	0.60	0.60	0.60
有效磷/%	0.40	0.35	0.32	0.32	0.32	0.32
食盐/%	0.37	0.37	0.37	0.37	0.37	0.37
蛋氨酸/%	0.37	0.27	0.34	0.34	0.32	0.34
蛋氨酸+胱氨酸/%	0.74	0.55	0.64	0.65	0.56	0.65
赖氨酸/%	1.00	0.68	0.70	0.75	0.70	0.75
色氨酸/%	0.20	0.18	0.19	0.16	0.15	0.16
精氨酸/%	1.18	0.98	1.02	0.76	0.69	0.76
亮氨酸/%	1.27	1.01	1.07	1.02	0.98	10.2
异亮氨酸/%	0.71	0.59	0.60	0.72	0.66	0.72
苯丙氨酸/%	0.64	0.53	0.54	0.58	0.52	0.58
苯丙氨酸+酪氨酸/%	1.10	0.98	1.00	1.08	1.06	1.08
苏氨酸/%	0.66	0.55	0.62	0.55	0.50	0.55
缬氨酸/%	0.70	0.60	0.62	0.59	0.54	0.59
组氨酸/%	0.31	0.25	0.27	0.25	0.23	0.25
甘氨酸+丝氨酸/%	0.82	0.60	0.71	0.57	0.48	0.57
维生素 A/(国际单位/千克)	4000	4000	4000	9000	8000	10000
维生素 D_3/(国际单位/千克)	800	800	800	1600	1600	2000
维生素 E/(毫克/千克)	10	8	8	5	5	10
维生素 K_3/(毫克/千克)	0.5	0.5	0.5	0.5	0.5	1.0
维生素 B_1/(毫克/千克)	1.8	1.3	1.3	0.8	0.8	0.8
维生素 B_2/(毫克/千克)	3.6	1.8	2.2	2.5	2.5	3.8
泛酸/(毫克/千克)	10	10	10	2.2	2.2	2.2
烟酸/(毫克/千克)	30	11	11	20	20	30
吡哆醇/(毫克/千克)	3	3	3	3.0	3.0	4.5

续表

营养成分	周龄			产蛋鸡		种母鸡
	0～8	9～18	19周龄至开产	产蛋率>85%	产蛋率<85%	
生物素/(毫克/千克)	0.15	0.10	0.10	0.10	0.10	0.15
氯化胆碱/(毫克/千克)	1300	900	500	500	500	500
叶酸/(毫克/千克)	0.55	0.25	0.25	0.25	0.25	0.35
维生素 B_{12}/(毫克/千克)	0.010	0.003	0.004	0.004	0.004	0.004
亚油酸/(毫克/千克)	1	1	1	0.10	0.10	0.15
铜/(毫克/千克)	8	8	8	8	8	6
碘/(毫克/千克)	0.35	0.35	0.35	0.35	0.35	0.35
铁/(毫克/千克)	80	60	60	60	60	60
锰/(毫克/千克)	60	40	40	80	80	60
锌/(毫克/千克)	60	40	40	60	60	60
硒/(毫克/千克)	0.30	0.30	0.30	0.30	0.30	0.30

(二) 指导手册的饲养标准

1. 白壳蛋品系和褐壳蛋品系鸡的饲养标准

见表 4-4。

表 4-4　白壳蛋品系和褐壳蛋品系后备母鸡的饲养标准

营养成分	白壳蛋品系				褐壳蛋品系			
	0～6周	6～10周	10～16周	16～18周	0～5周	5～10周	10～15/16周	15/16～17周
代谢能/(兆焦/千克)	12.12	12.12	11.91	11.91	12.12	11.91	11.7	11.7
粗蛋白/%	20.00	18.5	16	16.0	20.00	18.0	15.5	16.0
钙/%	1.00	0.95	0.92	2.25	1.00	0.95	0.90	2.25
非植酸磷/%	0.45	0.42	0.40	0.42	0.45	0.42	0.38	0.42
钠/%	0.17	0.17	0.17	0.17	0.17	0.17	0.17	0.17
蛋氨酸/%	0.45	0.42	0.39	0.37	0.45	0.41	0.35	0.34
蛋氨酸+胱氨酸/%	0.78	0.72	0.65	0.64	0.78	0.71	0.63	0.51
赖氨酸/%	1.10	0.90	0.80	0.77	1.10	0.90	0.75	0.73
苏氨酸/%	0.72	0.70	0.60	0.58	0.72	0.68	0.60	0.57
色氨酸/%	0.20	0.13	0.16	0.15	0.20	0.18	0.16	0.15
精氨酸/%	1.15	0.95	0.86	0.80	1.15	0.95	0.86	0.80
缬氨酸/%	0.75	0.70	0.65	0.60	0.75	0.70	0.65	0.60

续表

营养成分	白壳蛋品系				褐壳蛋品系			
	0～6周	6～10周	10～16周	16～18周	0～5周	5～10周	10～15/16周	15/16～17周
亮氨酸/%	1.30	1.10	0.92	0.88	1.30	1.10	0.92	0.88
异亮氨酸/%	0.70	0.60	0.51	0.48	0.70	0.60	0.51	0.46
组氨酸/%	0.35	0.32	0.29	0.25	0.35	0.32	0.27	0.24
苯丙氨酸/%	0.65	0.60	0.53	0.49	0.65	0.60	0.50	0.46
微量矿物质								
锰/(毫克/千克)	60				60			
铁/(毫克/千克)	30				30			
铜/(毫克/千克)	6				6			
锌/(毫克/千克)	60				60			
碘/(毫克/千克)	0.5				0.5			
硒/(毫克/千克)	0.3				0.3			
维生素								
维生素A/(国际单位/千克)	8000				8000			
维生素 D_3/(国际单位/千克)	2500				2500			
维生素E/(国际单位/千克)	50				50			
维生素 K_3/(国际单位/千克)	3				3			
维生素 B_1/(毫克/千克)	2				2			
维生素 B_2/(毫克/千克)	5				5			
吡哆醇/(毫克/千克)	4				4			
泛酸/(毫克/千克)	12				12			
尼克酸/(毫克/千克)	40				40			
维生素 B_{12}/(毫克/千克)	12				12			
氯化胆碱/(毫克/千克)	500				500			
生物素/(毫克/千克)	100				100			
叶酸/(毫克/千克)	0.75				0.75			

2. 不同品系后备母鸡的特定饲养标准

见表4-5～表4-8。

表 4-5　白壳蛋品系后备母鸡饲养标准

品种	周龄	蛋白质/%	代谢能/(兆焦/千克)	钙/%	有效磷/%	钠/%	亚油酸/%	蛋氨酸/%	含硫氨基酸/%	赖氨酸/%	色氨酸/%	苏氨酸/%
雪弗	0～6	19.5	12.12	1.0	0.47	0.16	1.2	0.42	0.73	0.95	0.20	0.68
	6～12	17.5	11.7	0.95	0.47	0.16	1.0	0.38	0.66	0.86	0.18	0.62
	12～17	16.5	11.5	1.15	0.45	0.16	1.0	0.36	0.63	0.81	0.16	0.58
海兰	0～6	20.0	12.37	1.0	0.50	0.19	1.0	0.48	0.80	1.1	0.20	0.75
	6～8	18.0	12.65	1.0	0.47	0.18	1.0	0.44	0.73	0.9	0.18	0.7
	8～15	16.0	12.85	1.0	0.45	0.17	1.0	0.9	0.65	0.75	0.16	0.60
	15～19	15.5	12.7	2.75	0.4	0.18	1.0	0.36	0.60	0.75	0.15	0.55
罗曼	0～3	21.0	12.12	1.05	0.48	0.16	1.4	0.48	0.83	1.2	0.23	0.8
	3～8	19.0	11.7	1.03	0.46	0.16	1.44	0.39	0.69	1.03	0.22	0.72
	8～16	14.9	11.7	0.92	0.38	0.16	1.03	0.34	0.58	0.67	0.16	0.51
	16～18	18.0	11.7	2.05	0.46	0.16	1.03	0.37	0.70	0.87	0.21	0.62
宝万斯	0～6	20.0	12.46	1.0	0.5	0.18	1.3	0.45	0.8	1.1	0.21	0.75
	6～10	18.0	12.41	1.0	0.48	0.17	1.3	0.4	0.72	1.0	0.19	0.7
	10～15	16.0	12.37	1.0	0.45	0.17	1.3	0.36	0.65	0.88	0.17	0.60
	15～17	15.0	12.25	2.25	0.46	0.18	1.2	0.36	0.63	0.8	0.16	0.55

表 4-6　白壳蛋品系后备母鸡维生素、微量元素需要量

营养成分	雪弗	海兰	罗曼	宝万斯
维生素 A/(国际单位/千克)	12000	8000	12000	8000
维生素 D_3/(国际单位/千克)	2500	3300	2000	2500
维生素 E/(国际单位/千克)	30	66	20	10
维生素 K_3/(国际单位/千克)	3	5.5	3	3
硫胺素/(毫克/千克)	2.5	0	1	1
核黄素/(毫克/千克)	7	4.4	4	5
泛酸/(毫克/千克)	12	5.5	8	7.5
烟酸/(毫克/千克)	40	28	30	30
吡哆醇/(毫克/千克)	5	0	3	2
生物素/(微克/千克)	200	55	50	100
叶酸/(毫克/千克)	1	0.22	1	0.3
维生素 B_{12}/(微克/千克)	30	8.8	15	12
胆碱/(毫克/千克)	1000	275	200	300
铁/(毫克/千克)	80	33	25	35
铜/(毫克/千克)	10	4.4	5	7
锰/(毫克/千克)	66	66	100	70
锌/(毫克/千克)	70	66	60	70
碘/(毫克/千克)	0.4	0.9	0	1
硒/(毫克/千克)	0.3	0.3	0.2	0.25

表 4-7　褐壳蛋品系后备母鸡饲养标准

品种	周龄	蛋白质/%	代谢能/(兆焦/千克)	钙/%	有效磷/%	钠/%	亚油酸/%	蛋氨酸/%	蛋氨酸+胱氨酸/%	赖氨酸/%	色氨酸/%	苏氨酸/%
雪弗	0～4	20.5	12.33	1.07	0.47	0.16		0.52	0.86	1.16	0.21	0.78
	4～10	19.0	11.91	1.0	0.42	0.16		0.45	0.76	0.98	0.19	0.66
	10～16	16	11.5	0.95	0.36	0.16		0.33	0.60	0.74	0.16	0.50
	16～17	17.0	11.5	2.05	0.45	0.16		0.36	0.65	0.80	0.17	0.54
伊莎	0～5	20.5	12.33	1.07	0.47	0.16		0.52	0.86	1.16	0.21	0.78
	5～10	20.0	11.91	1.0	0.44	0.17		0.47	0.80	1.03	0.2	0.69
	10～16	16.8	11.5	1.0	0.38	0.17		0.35	0.63	0.78	0.17	0.53
	16～17	17.0	11.5	2.05	0.45	0.16		0.36	0.65	0.80	0.17	0.54
海兰	0～6	19.0	12.0	1.0	0.48	0.18	1.0	0.43	0.80	1.1	0.2	0.75
	6～9	16.0	12.08	1.0	0.46	0.18	1.0	0.44	0.70	0.9	0.18	0.7
	9～16	15.0	11.83	1.0	0.44	0.16	1.0	0.39	0.60	0.70	0.15	0.60
	16～18	16.5	11.75	2.75	0.44	0.19	1.0	0.35	0.60	0.75	0.17	0.55
宝万斯	0～6	20	12.46	1.0	0.5	0.18	1.3	0.45	0.8	1.1	0.21	0.75
	6～10	18	12.41	1.0	0.5	0.17	1.3	0.4	0.72	1.0	0.19	0.7
	10～15	15.5	12.37	1.0	0.45	0.17	1.2	0.35	0.63	0.85	0.16	0.60
	15～17	14.8	12.25	2.25	0.46	0.18	1.2	0.35	0.63	0.8	0.16	0.55
罗曼	0～8	18.5	11.6	1.0	0.45	0.16	1.4	0.38	0.67	1.0	0.21	0.7
	8～16	14.5	11.6	0.9	0.37	0.16	1.0	0.33	0.57	0.65	0.16	0.50
	16～18	17.5	11.3	2.0	0.45	0.16	1.0	0.36	0.68	0.85	0.20	0.60

表 4-8　褐壳蛋品系后备母鸡维生素、微量元素需要量

营养成分	雪弗	伊莎	海兰	罗曼	宝万斯
维生素 A/(国际单位/千克)	13000	13000	8800	12000	8000
维生素 D_3/(国际单位/千克)	3000	3000	3300	2000	2500
维生素 E/(国际单位/千克)	25	25	66	10～30	10
维生素 K_3/(国际单位/千克)	2	2	5.5	3	3
硫胺素/(毫克/千克)	2	2	0	1	1
核黄素/(毫克/千克)	5	5	4.4	6	5
泛酸/(毫克/千克)	15	15	5.5	8	7.5
尼克酸/(毫克/千克)	60	60	28	30	30
吡哆醇/(毫克/千克)	5	5	0	3	2
生物素/(微克/千克)	200	200	55	50	100
叶酸/(毫克/千克)	0.75	0.75	0.22	1.0	0.5
维生素 B_{12}/(微克/千克)	20	20	8.8	15.0	12
胆碱/(毫克/千克)	600	600	275	300	300
铁/(毫克/千克)	60	60	33	25	35
铜/(毫克/千克)	5	5	4.4	5	7
锰/(毫克/千克)	60	60	66	100	70
锌/(毫克/千克)	60	60	66	60	70
碘/(毫克/千克)	1	1	0.9	0.5	1
硒/(毫克/千克)	0.2	0.2	0.3	0.2	0.25

3. 蛋鸡产蛋期饲养标准

见表 4-9。

表 4-9　蛋鸡产蛋期饲养标准

营养成分	18～32 周		32～45 周		45～60 周		60～70 周	
	80 克	95 克	95 克	100 克	100 克	105 克	105 克	110 克
代谢能/(兆焦/千克)	11.12	11.12	12.02	12.02	11.91	11.91	11.71	11.71
粗蛋白/%	20.0	19.0	19.0	18.0	17.5	16.5	16.0	15.0
钙/%	4.2	4.0	4.4	4.2	4.5	4.3	4.6	4.4
非植酸磷/%	0.5	0.48	0.43	0.4	0.38	0.36	0.33	0.31
钠/%	0.18	0.17	0.17	0.16	0.16	0.15	0.16	0.16
亚油酸/%	1.8	1.7	1.6	1.4	1.3	1.2	1.2	1.1

续表

营养成分	18～32周		32～45周		45～60周		60～70周	
	80克	95克	95克	100克	100克	105克	105克	110克
蛋氨酸/%	0.45	0.43	0.41	0.39	0.39	0.37	0.34	0.32
蛋+胱氨酸/%	0.75	0.71	0.70	0.67	0.67	0.64	0.6	0.57
赖氨酸/%	0.86	0.82	0.80	0.75	0.78	0.74	0.73	0.69
苏氨酸/%	0.69	0.66	0.64	0.61	0.60	0.57	0.55	0.52
色氨酸/%	0.18	0.17	0.17	0.16	0.16	0.15	0.15	0.14
精氨酸/%	0.88+	0.84	0.82	0.78	0.77	0.73	0.74	0.70
缬氨酸/%	0.77	0.73	0.72	0.68	0.67	0.64	0.63	0.60
亮氨酸/%	0.53	0.50	0.48	0.46	0.43	0.41	0.40	0.38
异亮氨酸/%	0.68	0.65	0.63	0.60	0.58	0.55	0.53	0.50
组氨酸/%	0.17	0.16	0.15	0.14	0.13	0.12	0.12	0.11
苯丙氨酸/%	0.52	0.49	0.48	0.46	0.44	0.42	0.41	0.39
微量矿物质								
锰/(毫克/千克)	60							
铁/(毫克/千克)	30							
铜/(毫克/千克)	5							
锌/(毫克/千克)	50							
碘/(毫克/千克)	1							
硒/(毫克/千克)	0.3							
维生素								
维生素A/(国际单位/千克)	8000							
维生素D_3/(国际单位/千克)	3500							
维生素E/(国际单位/千克)	50							
维生素K_3/(国际单位/千克)	3							
维生素B_1/(毫克/千克)	2							
维生素B_2/(毫克/千克)	5							
吡哆醇/(毫克/千克)	3							
泛酸/(毫克/千克)	10							
尼克酸/(毫克/千克)	40							
维生素B_{12}/(微克/千克)	10							
氯化胆碱/(毫克/千克)	400							
生物素/(微克/千克)	100							
叶酸/(毫克/千克)	1							

（三）其他蛋鸡的饲养标准

1. 乌骨鸡的营养标准

见表 4-10。

表 4-10 乌骨鸡的营养标准

营养成分	雏鸡（0～60 日龄）	育成鸡（61～150 日龄）	种鸡产蛋率＞30％	种鸡产蛋率＜30％
代谢能/（兆焦/千克）	11.91	10.66～10.87	12.28	10.87
粗蛋白/％	19.00	14～15.00	16.00	15.00
钙/％	0.80	0.60	3.20	3.00
有效磷/％	0.50	0.40	0.50	0.50
盐/％	0.35	0.35	0.35	0.35
赖氨酸/％	0.32	0.25	0.30	0.25
蛋氨酸/％	0.80	0.50	0.60	0.50
每千克日粮含量				
锰/毫克	50.00	25.00	30.00	
锌/毫克	40.00	30.00	50.00	
铜/毫克	4.00	3.00	4.00	
铁/毫克	80.00	40.00	80.00	
碘/毫克	0.35	0.35	0.35	
硒/毫克	0.10	0.10	0.10	
每千克饲粮含量				
维生素 A/国际单位	1500	1500	4000	
维生素 D_3/国际单位	200	200	500	
维生素 E/毫克	10.00	5.00	5.00	
维生素 K_3/毫克	0.50	0.50	0.50	
维生素 B_1/毫克	1.80	1.30	0.80	
维生素 B_2/毫克	3.60	1.80	3.80	
泛酸/毫克	10.00	10.00	10.00	
烟酸/毫克	27.00	11.00	10.00	
氯化胆碱/毫克	1300	500	500	
叶酸/毫克	0.55	0.25	0.35	
维生素 B_6/毫克	3.00	3.00	4.50	
维生素 B_{12}/毫克	0.009	0.003	0.003	
生物素/毫克	0.15	0.10	0.15	

2. 蛋土鸡的饲养标准

见表 4-11。

表 4-11　土鸡的饲养标准

营养成分	后备鸡(周龄)			产蛋鸡及种鸡产蛋率/%		
	0～6周龄	7～14周龄	15～20周龄	＞80	65～80	＜65
代谢能(兆焦/千克)	11.92	11.72	11.30	11.50	11.50	11.50
粗蛋白质/%	18.00	16.00	12.00	16.50	15.00	15.00
钙/%	0.80	0.70	0.60	3.50	3.40	3.40
总磷/%	0.70	0.60	0.50	0.60	0.60	0.60
有效磷/%	0.40	0.35	0.30	0.33	0.32	0.30
赖氨酸/%	0.85	0.64	0.45	0.73	0.66	0.62
蛋氨酸/%	0.30	0.27	0.20	0.36	0.33	0.31
色氨酸/%	0.17	0.15	0.11	0.16	0.14	0.14
精氨酸/%	1.00	0.89	0.67	0.77	0.70	0.66
维生素						
维生素 A/(国际单位/千克)	1500.00	1500.00		4000.00		4000.00
维生素 D/(国际单位/千克)	200.00	200.00		500.00		500.00
维生素 E/(国际单位/千克)	10.00	5.00		5.00		10.00
维生素 K/(国际单位/千克)	0.50	0.50		0.50		0.50
硫胺素/(毫克/千克)	1.80	1.30		0.80		0.80
核黄素/(毫克/千克)	3.60	1.80		2.20		3.80
泛酸/(毫克/千克)	10.00	10.00		2.20		10.00
烟酸/(毫克/千克)	27.00	11.00		10.00		10.00
吡哆醇/(毫克/千克)	3.00	3.00		3.00		4.50
生物素/(毫克/千克)	0.15	0.10		0.10		0.15
胆碱/(毫克/千克)	1300.00	900.00		500.00		500.00
叶酸/(毫克/千克)	0.55	0.25		0.25		0.35
维生素 B_{12}/(微克/千克)	9.00	3.00		4.00		4.00
微量矿物质						
铜/(毫克/千克)	8.00	6.00		6.00		8.00
铁/(毫克/千克)	80.00	60.00		50.00		30.00
锰/(毫克/千克)	60.00	30.00		30.00		60.00
锌/(毫克/千克)	40.00	35.00		50.00		65.00
碘/(毫克/千克)	0.35	0.35		0.30		0.30
硒/(毫克/千克)	0.15	0.10		0.10		0.10

第二节　蛋鸡的常用饲料

凡是含有鸡所需要的营养物质成分而不含有害成分的物质都称为饲料。鸡的常用饲料有几十种，各有其特性，归纳起来主要可以分为五大类：能量饲料、蛋白质饲料、矿物质饲料、维生素饲料和添加剂饲料。

一、能量饲料

能量饲料是指干物质中粗纤维含量在18%以下，粗蛋白质在20%以下的饲料原料。这类饲料主要包括禾本科的谷实饲料和它们加工后的副产品、动植物油脂和糖蜜等，是鸡饲料的主要成分，占日粮的50%～80%左右，其功能主要是供给鸡所需要的能量。

（一）谷实类

1. 玉米

玉米被称为能量之王，已成为能量饲料的主要来源。消化能含量高达16.386兆焦/千克，粗纤维含量只有1.3%，无氮浸出物含量多，且主要是易消化的淀粉（消化率高达90%），适口性好。玉米价格适中。玉米蛋白质含量较低，一般为8.6%，蛋白质中的几种必需氨基酸含量少，特别是赖氨酸和色氨酸。玉米中脂肪含量高(3.5%～4.5%)，是小麦、大麦的2倍，主要是不饱和脂肪酸，因此玉米粉碎后易酸败变质。玉米中含有较多的黄色或橙色的色素，一般含大约5毫克/千克叶黄素和0.5毫克/千克胡萝卜素，有益于蛋黄和鸡的皮肤着色。

如果生长季节和贮藏的条件不适当，霉菌和霉菌毒素可能成为问题。在湿热地区生长并遭受昆虫损害的玉米经常有黄曲霉毒素污染，而且高水平霉菌毒素所造成的可怕后果是很难纠正的。有研究表明，硅酸铝可以部分地削减较高水平黄曲霉毒素的作用。如果怀疑有黄曲霉毒素问题，就应在搅拌和混合之前对玉米样本进行检查。玉米赤霉醇是玉米中经常出现的另一种霉菌毒素。由于此毒素可与维生素相结合，因此可能引起骨骼和蛋壳质量问题。当此毒素中度污染时，通过饮水给家禽以水溶性维生素D，已被证明是有效的。

【注意】玉米品质受水分、杂质含量影响较大，易发霉、虫蛀，需检测黄曲霉毒素（AFB_1）含量，且玉米中含抗烟酸因子。经过运输的玉米，不论运输时间多长，霉菌生长都可能是严重问题。玉米运输中如果湿度≥16%、温度≥25℃，经常发生霉菌污染。一个解决办法是在装运时往玉米中加有机酸，但是必须记住的是，有机酸可以杀死霉菌并预防重新感染，但对已产生的霉菌毒素是没有作用的。

玉米是鸡的主要能量饲料，在配制日粮时可根据需要不加限制，一般用量在50%～70%之间。0～4周龄用量为60%，4～18周龄70%，成年蛋鸡最高用量70%。使用时注意补充赖氨酸、色氨酸等必需氨基酸；培育的高蛋白质、高赖氨酸等饲用玉米，营养价值更高，饲喂效果更好。饲料要现配现用，可使用防霉剂。

2. 小麦

小麦含能量与玉米相近，粗蛋白质含量高（13%），且氨基酸比其他谷实类完全，氨基酸组成中较为突出的问题是赖氨酸和苏氨酸不足；B族维生素丰富，不含胡萝卜素。用量过大，会引起消化障碍，影响鸡的生产性能，因为小麦内含有较多的非淀粉多糖。

虽然小麦的蛋白质含量比玉米要高得多，供应的能量只是略少些，但是如果在日粮中的用量超过30%就可能造成一些问题，特别是对于幼龄家禽。小麦含有5%～8%的戊糖，后者可能引起消化物黏稠度问题，导致总体的日粮消化率下降和粪便湿度增大。主要的戊糖成分是阿拉伯木聚糖，它与其他的细胞壁成分相结合，能吸收比自身重量高达10倍的水分。但是，家禽不能产生足够量的木糖酶，因此这些聚合物能增加消化物的黏稠度。多数幼龄家禽（<10日龄）中所观察到的小麦代谢能下降10%～15%，这个现象很可能与它们不能消化这些戊糖有关。随着小麦贮藏时间的延长，其对消化物黏稠度的负面影响似乎会下降。通过限制小麦用量（特别是对于幼龄家禽）或使用外源的木聚糖酶，可以在一定程度上控制消化物黏稠度问题。小麦还含有淀粉酶抑制因子，制粒时的较高温度似乎可以破坏这些抑制因子。

一般在配合饲料中用量可占10%～20%。添加β-葡聚糖酶和木聚糖酶的情况下，可占30%～40%。

在小麦日粮中添加酶制剂时，要选用针对性较强的专一酶制剂，可以发挥酶的最大潜力，使小麦型日粮的利用高效而经济。当以小麦大幅度地代替黄玉米喂禽时要注意适当添加黄色素以维持禽体及蛋黄必要的颜色，因为黄玉米本身含有丰富的天然色素，而小麦则缺乏相应的色素。从营养成分来说，虽然小麦中生物素含量超过了玉米，但是它的利用率较低，当大量利用小麦日粮时如果不注意添加外源性的生物素，则会导致禽类脂肪肝综合征的大量发生。所以在实际生产过程中，当小麦占能量饲料的一半时，应考虑添加生物素的问题。

【注意】用小麦生产配合饲料时，应根据不同饲喂对象采取相应的加工处理方法，或破碎，或干压，或湿碾，或制粒，或膨化，不管如何加工，都应以提高适口性和消化率为主要目的。在生产实践中发现，不论对于哪种动物来说，小麦粉碎过细都是不明智的，因为过细的小麦（粒、粉），不但可产生糊口现象，还可能在消化道粘连成团而影响其消化。

3. 高粱

高粱主要成分是淀粉，代谢能含量低于玉米；粗蛋白质含量与玉米相近，但质量较差；脂肪含量比玉米低；含钙少，含磷多，多为植酸磷；胡萝卜素及维生素 D 的含量较少，B 族维生素含量与玉米相似，烟酸含量高。高粱的营养价值约为玉米的 95%，所以在高粱价格低于玉米 5%时就可使用高粱。

作为能量的供给源，高粱可代替部分玉米，若使用高单宁酸高粱时，可添加蛋氨酸、赖氨酸及胆碱等，以缓和单宁酸的不良影响。鸡饲料中高粱用量多时应注意维生素 A 的补充及氨基酸、热能的平衡，并考虑色素来源及必需脂肪酸是否足够。

【注意】高粱的种皮部分含有单宁，具有苦涩味，适口性差。单宁的含量因品种而异（0.2%～2%），颜色浅的单宁含量少，颜色深的含量高。高粱中含有较多的鞣酸，可使含铁制剂变性，注意增加铁的用量。在日粮中使用高粱过多时易引起便秘。

一般雏鸡料中不使用，育成鸡和产蛋鸡日粮控制在 20%以下。

4. 大麦

我国大麦的产量居世界首位。我国冬大麦主要产区分布在长江流域各省和河南省，春大麦主要分布在东北地区、内蒙古、青藏高原、山西、新疆北部。我国的大麦除一部分作人类粮食外，目前，有相当一部分用来酿啤酒，其余部分用作饲料。

大麦的粗蛋白质平均含量为11%，国产裸大麦的粗蛋白质含量较高，可高达20.0%，蛋白质中所含有的赖氨酸、色氨酸和异亮氨酸等高于玉米，有的品种含赖氨酸高达0.6%，比玉米高1倍多；粗脂肪含量为2%左右，低于玉米，其脂肪酸中一半以上是亚油酸；在裸大麦中粗纤维含量小于2%，与玉米相当，皮大麦的粗纤维含量高达5.9%，二者的无氮浸出物含量均在67%以上，且主要成分为淀粉及其他糖类；在能量方面裸大麦的有效能值高于皮大麦，仅次于玉米，B族维生素含量丰富。但由于大麦籽实种皮的粗纤维含量较高（整粒大麦为5.6%），所以一定程度上影响了大麦的营养价值。大麦一般不宜整粒饲喂动物，因为整粒饲喂会导致动物的消化率下降。

【注意】抗营养因子方面主要是单宁和β-葡聚糖，单宁可影响大麦的适口性和蛋白质的消化利用率，β-葡聚糖是影响大麦营养价值的主要因素，特别是对家禽的影响较大。裸大麦和皮大麦在能量饲料中都是蛋白质含量高而品质较好的谷实类，并且从蛋白质的质量来看，作为配合饲料原料具有独特的饲喂效果，大麦中所含有的矿物质及微量元素在该类饲料中也属含量较高的品种。因其皮壳粗硬，需破碎或发芽后少量搭配饲喂；能值较低；饲喂量过大易引起鸡的粪便黏稠。

5. 小米与碎米

小米与碎米含能量与玉米相近，粗蛋白质含量高于玉米（10%左右），核黄素（维生素B_2）含量为1.8毫克/千克，且适口性好。

碎米用于鸡料需添加色素。一般在配合饲料中用量占15%～20%为宜。

6. 稻谷和糙大米

稻谷是谷实类中产量最高的一种，主产于我国南方。稻谷的化学组成与燕麦相似，种子外壳粗硬，粗纤维含量高，约10%。代谢能值与燕麦相似，粗蛋白含量低于燕麦，为8.3%左右。稻谷的适口性较差，饲用价值不高，仅为玉米的80%～85%，在蛋鸡日粮中不宜用量太大，一般应控制在20%以内。同时要注意优质蛋白饲料的配合，补充蛋白质的不足。

稻谷去壳后为糙大米，其营养价值比稻谷高，与玉米相似。鸡的代谢能为14.13兆焦/千克，粗蛋白含量为8.8%，氨基酸的组成也与玉米相仿，但色氨酸含量高于玉米（25%），亮氨酸含量低于玉米（40%）。糙大米在家禽日粮中可以完全替代玉米，但由于目前的价格问题，糙大米应用于鸡饲料较少。

7. 燕麦

燕麦在我国西北地区种植较多。燕麦在鸡饲料中应用很少，是反刍家畜牛、羊的上等饲料。燕麦和大麦一样，也具有坚硬的外壳，外壳占整个籽实的1/5～1/3，所以燕麦的粗纤维含量大约为10%，可消化总养分比其他麦类低。燕麦的代谢能值比玉米低26%，粗蛋白含量和大麦相似，约为12%，氨基酸组成不理想，但优于玉米。饲用燕麦的主要成分为淀粉，粗脂肪含量约为6.6%。燕麦与其谷物一样，钙少磷多，但含镁丰富，有助于防治鸡胫骨短粗症。维生素中胡萝卜素、维生素D含量很少，尤其缺乏烟酸，但富含胆碱和B族维生素。

【提示】燕麦喂鸡可以防止由于玉米用量过大造成排软粪及肛门周围羽毛黏结现象，有利于雏鸡的生长发育。

在家禽日粮中燕麦可占10%～20%，一般用量不宜过高。

（二）糠麸类

1. 麦麸

包括小麦麸和大麦麸。麦麸的粗纤维含量高，为8%～9%，所以能量价值较低；B族维生素含量高，但缺乏维生素A、维生素D等，硫胺素、烟酸和胆碱的含量丰富；麦麸含磷量高，约为1.09%。小麦麸容积大，含镁盐较多，有致泻作用。麦麸脂肪含量达4%，易酸败、生虫。麦麸是良好的能量饲料原料。

麦麸的适宜量：雏鸡不超过日粮的5%，产蛋鸡不超过日粮的10%。

【注意】一是麦麸变质严重影响鸡消化机能，造成拉稀等；二是因麦麸吸水性强，饲料中太多麦麸可限制鸡采食量；三是麦麸为高磷低钙饲料，在治疗因缺钙引起的软骨病或佝偻病时，应提高钙用量。另外，磷过多影响铁吸收，治疗缺铁性贫血时应注意加大铁的补充量。

2. 次粉

次粉指面粉与麦麸间的部分，又称黑面、黄粉、下面或三等粉等，是以小麦籽实为原料磨制各种面粉后获得的副产品之一。

【注意】 粗纤维含量对次粉能值影响较大，需检测粗纤维含量。

3. 米糠

米糠也称为米皮糠、细米糠，它是精制糙米时由稻谷的皮糠层及部分胚芽构成的副产品。糠是由果皮、种皮、外胚乳和糊粉层等部分组成的，这四部分也是糙米的糠层，其中果皮和种皮称为外糠层；外胚乳和糊粉层称为内糠层。在碾米时，大多数情况下，糙米皮层及胚的部分被分离成为米糠。在初加工糙米时的副产品稻壳常称为砻糠，其产品主要成分为粗纤维，饲用价值不高，常作为动物养殖过程中的垫料。在实际生产中，常将稻壳与米糠混合，其混合物即大家常说的统糠，其营养价值随米糠的含量不同，差异较大。

米糠经过脱脂后成为脱脂米糠，其中压榨法脱脂产物称为米糠饼；而经有机溶剂脱脂产物称为米糠粕。

米糠中含有较丰富的蛋白质和赖氨酸、粗纤维、脂肪等。特别是脂肪的含量较高，以不饱和脂肪酸为主，其中亚油酸和油酸含量占79.2%左右。米糠的有效能值较高，与玉米相当。含钙量低，磷以有机磷为主，利用率低，钙、磷不平衡。微量元素以铁、锰含量较为丰富，而铜含量较低。米糠中富含B族维生素和维生素E，但是缺少维生素C和维生素D。在米糠中含有胰蛋白酶抑制剂、植酸、NSP等抗营养因子，可引起蛋白质消化障碍和雏鸡胰腺肥大，影响矿物质和其他养分的利用。

米糠不但是一种含有效能值较高的饲料，而且其适口性也较好，大多数动物都比较喜欢采食。但是米糠的用量不可过大，否则会影响动物产品的质量。

禽类对米糠的饲用效果不如猪，如果在禽类饲料中添加量过大时，可引起禽类采食量下降，体重下降，骨质质量不佳。如果发生在蛋禽，则易引起禽类的产蛋量、蛋壳厚度和蛋黄色泽等品质下降。但是由于米糠中含有较高的亚油酸，它可使禽蛋的蛋重显著提高。

总的来说，米糠是比较好的饲料原料，但是由于米糠中不但含有较高的不饱和脂肪酸，还含有较高的脂肪水解酶类，所以容易发生脂肪的氧化酸败和水解酸败，导致米糠的霉变，而引起动物严重的腹泻，甚至引起死亡，所以米糠一定要保存在阴凉干燥处，必要时可制成米糠饼、粕，再进行保存。

成鸡料中米糠用量一般限制在25%以内，颗粒料中可加到35%。

【注意】雏鸡料中一般不用米糠，因为雏鸡采食过多米糠会引起肝脏肥大。肉鸡料中也不宜使用。成鸡用量超过30%时，则饲用价值降低，并易产生软肉脂；喂米糠过多还会引起拉稀。

4. 高粱糠

粗蛋白质含量略高于玉米，B族维生素含量丰富，但含粗纤维量高、能量低，且含有较多的单宁，适口性差。一般在配合饲料中不宜超过5%。

（三）块根块茎类

块根块茎类饲料主要有马铃薯、甘薯、木薯、胡萝卜、南瓜等。种类不同，营养成分差异很大，其共同的饲用价值为：含水量高，多为75%～90%，干物质相对较低，能值低，粗蛋白含量仅1%～2%，且一半为非蛋白质含氮物，蛋白质品质较差。干物质中粗纤维含量低（2%～4%）。粗蛋白7%～15%，粗脂肪低于9%，无氮浸出物高达67.5%～88.15%，且主要是易消化的淀粉和戊聚糖。经晾晒和烘干后能值高（代谢能9.2～11.29兆焦/千克），近似于谷物类籽实饲料。有机物消化率高达85%～90%。钙、磷含量少，钾、氯含量丰富。

由于含水量高，能值低，除少数散养鸡外，使用较少。在饲料中适量添加，有利于降低饲料成本，提高生产性能和维护鸡体健康。甘薯蛋白含量低，生甘薯含生长抑制因子，通过加热可改善消化性，消除不良影响。

【注意】要求无发酵、霉变、结块、异味及异臭，无异物。

（四）油脂饲料

油脂饲料是指油脂和脂肪含量高的原料。其发热量为碳水化合物或蛋白质的2.25倍。包括动物油脂（牛油、家禽脂肪、鱼油）、植物油脂（植物油、椰仁油、棕榈油）、饭店油脂和脂肪含量高的原料，如膨化大豆、大豆磷脂等。脂肪饲料可作为脂溶性维生素的载体，还能提高日粮中的能量浓度，能减少料末飞扬和饲料浪费。添加大豆磷脂还能保护肝脏，提高肝脏的解毒功能，保护黏膜的完整性，提高免疫系统活力和抵抗力。

日粮中添加3%～5%的脂肪，可以提高雏鸡的日增重，保证蛋鸡夏季能量的摄入量和减少体增热，降低饲料消耗。

【注意】 添加脂肪的同时要相应提高其他营养素的水平，脂肪易氧化、酸败和变质。

二、蛋白质饲料

鸡的生长发育和繁殖以及维持生命都需要大量的蛋白质，通过饲料供给。蛋白质饲料是指饲料干物质中粗蛋白质含量在20%以上（含20%），粗纤维含量在18%以下（不含18%），可分为植物性蛋白质饲料、动物性蛋白质饲料和单细胞蛋白质饲料三大类。一般在日粮中占20%～40%。

（一）植物性蛋白质饲料

1. 豆科籽实

绝大多数豆科籽实（大豆、黑豆、豌豆、蚕豆）主要用作人类的食物，少量用作饲料。它们的共同营养特点是蛋白质含量丰富（20%～40%），而无氮浸出物含量较谷实类低（28%～62%）。

由于豆科籽实有机物中蛋白质含量较谷实类高，特别是大豆还含有很多油分，所以其能量值甚至超过谷实类中能量最高的玉米。豆科籽实中蛋白质品质优良，特别是赖氨酸的含量较高，但蛋氨酸的含量相对较少，这正是豆科籽实蛋白质品质不足之处。豆科籽实中的矿物质与维生素含量与谷实类大致相似，不过核黄素与硫胺素的含量较某些种类低。钙含量略高一些，但钙、磷比例仍不平衡。通常磷多于钙。

豆类饲料在生的状态下常含有一些抗营养因子和影响畜禽健康的不良成分，如抗胰蛋白酶、导致甲状腺肿大的物质、皂素与血凝集素等，均对豆类饲料的适口性、消化率与动物的一些生理过程产生不良影响。这些不良因子在高温下可被破坏，如经110℃、3分钟的热处理后便失去作用。

目前，发达国家已广泛应用膨化全脂大豆粉作禽类饲料。因大豆粉中蛋白质含量高达38%，且含油脂多，能量高，可代替豆饼（粕）和油脂两种饲料原料。膨化全脂大豆粉应用于蛋鸡饲料，可减少为提高日粮能量浓度而添加油脂的生产环节，使生产成本降低，并能克服日粮添加油脂后的不稳定性。

2. 大豆粕（饼）

含粗蛋白质40%～45%，赖氨酸含量高，适口性好。大豆粕（饼）的蛋白质和氨基酸的利用率受到加工温度和加工工艺的影响，加热不足或加热过度都会影响利用率。生的大豆中含有抗胰蛋白酶、皂角素、尿素酶等有害物质，榨油过程中，加热不良的粕（饼）中会含有这些物质，影响蛋白质利用率。

适当加工的优质大豆粕（饼）是动物的优质饲料，适口性好，营养价值高，优于其他各种粕（饼）类饲料；加热温度不足的粕（饼）或生豆粕（饼）都可降低禽类的生产性能，导致雏禽脾脏肿大，即使添加蛋氨酸也不能得到改善；而经过158℃加热严重的大豆粕（饼）可使禽的增重和饲料转化率下降，如果此时补充赖氨酸为主的添加剂时，禽类的体重和饲料转化率均可得到改善，可以达到甚至超过正常豆粕（饼）组生长水平。

一般在配合饲料中用量可占15%～25%。

【注意】 由于豆粕（饼）的蛋氨酸含量低，故与其他粕（饼）类或鱼粉等配合使用效果更好。

3. 花生饼

粗蛋白质含量略高于豆饼，为42%～48%，精氨酸和组氨酸含量高，赖氨酸含量低，适口性好于豆饼。花生饼脂肪含量高，不耐贮藏，易染上黄曲霉而产生黄曲霉毒素。赖氨酸、蛋氨酸含量及利用率低，需配合菜粕及鱼粉使用。

一般在配合饲料中用量可占15%～20%。

【注意】 由于所含精氨酸含量较高，而赖氨酸含量较低，所以与豆饼配合使用效果较好。生长黄曲霉的花生饼不能使用。

4. 棉籽粕（饼）

带壳榨油的称棉籽饼，脱壳榨油的称棉仁饼，前者含粗蛋白质17%～28%；后者含粗蛋白质39%～40%。在棉籽内，含有棉酚和环丙烯脂肪酸，对家禽有害。

普通的棉籽仁中含有色素腺体，色素腺体内含有对动物有害的棉酚，在棉籽粕（饼）中残留的油分中含有1%～2%环丙烯类脂肪酸，这种物质可以加重棉酚所引起的禽类蛋黄变稀、变硬，同时可以引起蛋白呈现出粉红色，喂前应采用脱毒措施，未经脱毒的棉籽粕（饼）喂量不能超过配合饲料的3%～5%。产蛋育成鸡饲料棉籽粕可用到9%，产卵期不超过5%。

【注意】 棉籽粕（饼）与菜籽粕（饼）搭配使用效果较好。

5. 菜籽粕（饼）

含粗蛋白质35%～40%，赖氨酸比豆粕低50%，含硫氨基酸高于豆粕14%，粗纤维含量为12%，有机质消化率为70%。可代替部分豆粕喂鸡。含芥子酸和葡萄糖苷，高聚戊糖使幼禽能值利用率低于成禽。

由于普通菜籽粕（饼）中含有致甲状腺肿素，因而应限量投喂。菜籽粕（饼）对幼鸡的使用价值较低，但对成长的鸡使用价值较高。产蛋鸡日粮中配合8%时与大豆粕无异，但12%以上蛋重变小，孵化率降低。未经脱毒处理的菜籽粕（饼）蛋鸡用量不超过5%。

【注意】 多量喂菜籽粕，褐壳蛋鸡的蛋有鱼臭味，长期多量饲喂，鸡会发生甲状腺肿大。与棉籽粕搭配使用效果较好。

6. 芝麻饼

粗蛋白质含量40%左右，蛋氨酸含量高，适当与豆饼搭配喂鸡，能提高蛋白质的利用率。蛋氨酸、色氨酸、维生素B_2、烟酸含量高，能值高于棉籽粕、菜籽粕，具有特殊香味。赖氨酸含量低，因含草酸、肌醇六磷酸抗营养因子，影响钙、磷吸收，会造成禽类脚软症，日粮中需添加植酸酶。

优质芝麻饼与豆饼有氨基酸互补作用，可在肉鸡日粮中提供蛋白质25%以下，蛋鸡日粮中提供粗蛋白质的20%以下。配合饲料中用量为5%～10%。

【注意】 用量过高时，有引起生长抑制和发生腿病的可能，故鸡饲料中用量宜低，幼雏不用。芝麻饼含脂肪多而不宜久贮，最好现粉碎现喂。

7. 亚麻或胡麻粕（饼）

蛋白质品质不如豆粕和棉粕，赖氨酸和蛋氨酸含量少，色氨酸含量高达0.45%。

含抗吡哆醇因子和能产生氢氰酸的苷，家禽适口性差，具倾泻性，能值、K、赖氨酸、蛋氨酸较低，赖氨酸与精氨酸比例失调。6周龄前日粮中不使用亚麻饼，育成鸡和母鸡日粮中可用到5%，同时将维生素B_6的用量加倍。

8. 葵花饼

优质的脱壳葵花饼含粗蛋白质40%以上、粗脂肪5%以下、粗纤维10%以下，B族维生素含量比豆饼高。成分的变化与含壳的高低相关，加热过度严重影响氨基酸品质，尤以赖氨酸影响最大。含壳少的葵花粕成分和价值与棉粕相似，含硫氨基酸高，B族维生素（特别是烟酸）含量丰富。

一般在配合饲料中用量可占10%～20%。带壳的葵花饼不宜饲喂蛋鸡。

9. 玉米蛋白粉

玉米蛋白粉与玉米麸皮不同，它是玉米脱胚芽、粉碎及水选制取淀粉后的脱水副产品，是有效能值较高的蛋白质类饲料原料，其氨基酸利用率可达到豆饼的水平。

蛋白质含量高达50%～60%。高能、高蛋白，蛋氨酸、胱氨酸、亮氨酸含量丰富，叶黄素含量高，有利于禽蛋及皮肤着色。赖氨酸、色氨酸含量低，氨基酸欠平衡，黄曲霉毒素含量高，蛋白质含量高，叶黄素含量也高。

10. 玉米胚芽粕

以玉米胚芽为原料，经压榨或浸提取油后的副产品，又称玉米脐子粕。一般在生产玉米淀粉之前先将玉米浸泡、破碎、分离胚芽，然后取油，取油后即得玉米胚芽粕。玉米胚芽粕中含粗蛋白质18%～20%，粗脂肪1%～2%，粗纤维11%～12%。其氨基酸组成与玉米蛋白饲料（或称玉米麸质饲料）相似。氨基酸较平衡，赖氨酸、色氨酸、维生素含量较高。

能值随着油量高低而变化，品质变异较大，黄曲霉毒素含量高。由于含有较多的纤维质，所以家禽的饲用量应受到限制。产蛋鸡用量不超过5%。

11. DDGS（酒糟蛋白饲料）

DDGS为含有可溶固形物的干酒糟。在以玉米为原料发酵制取乙醇过程中，其中的淀粉被转化成乙醇和二氧化碳，其他营养成分如蛋白质、脂肪、纤维素等均留在酒糟中。同时由于微生物的作用，酒糟中蛋白质、B族维生素及氨基酸含量均比玉米有所增加，并含有发酵中生成的未知促生长因子。市场上的玉米酒糟蛋白饲料产品有两种：一种为DDG（distillers dried grains），是将玉米酒精糟作简单过滤，滤渣干燥，滤清液排放掉，只对滤渣单独干燥而获得的饲料；另一种为DDGS（distillers dried grains with solubles），是将滤清液干燥浓缩后再与滤渣混合干燥而获得的饲料。后者的能量和营养物质总量均明显高于前者。蛋白质含量高（DDGS的蛋白质含量在26%以上），富含B族维生素、矿物质和未知生长因子，使皮肤发红。

DDGS是必需脂肪酸、亚油酸的优秀来源，与其他饲料配合，成为种鸡和产蛋鸡的饲料。DDGS缺乏赖氨酸，但对于家禽第一限制性氨基酸是用于生长羽毛的蛋氨酸，所有的DDGS产品都是蛋氨酸的优秀来源。因含有未知生长因子，故有利于蛋鸡和种鸡的产蛋和孵化，亦可减少脂肪肝的发生，用量不宜超过10%。

DDGS水分含量高，谷物已破损，霉菌容易生长，因此霉菌毒素含量很高，可能存在多种霉菌毒素，会引起家禽的霉菌毒素中毒症，导致免疫低下易发病，生产性能下降，所以必须用防霉剂和广谱霉菌毒素吸附剂；不饱和脂肪酸的比例高，容易发生氧化，对动物健康不利，能值下降，影响生产性能和产品质量，所以要使用抗氧化剂；DDGS米糠中的纤维含量高，单胃动物不能利用，所以使用酶制剂提高动物对纤维的利用率。另外，有些产品可能有植物凝集素、棉酚等，加工后活性大幅度降低。

12. 啤酒糟（麦芽根）

啤酒糟是啤酒工业的主要副产品，是以大麦为原料，经发酵提取籽实中可溶性碳水化合物后的残渣。啤酒糟干物质中含粗蛋白25.13%、粗脂肪7.13%、粗纤维13.81%、灰分3.64%、钙0.4%、磷0.57%；在氨基酸组成上，赖氨酸占0.95%、蛋氨酸0.51%、胱氨酸0.30%、精氨酸1.52%、异亮氨酸1.40%、亮氨酸1.67%、苯丙氨酸1.31%、酪氨酸1.15%；还含有丰富的锰、铁、铜等微量元素。啤酒糟蛋白含量中等，亚油酸含量高。麦芽根含多种消化酶，少量使用有助于消化。

【注意】啤酒糟以戊聚糖为主，营养价值低。麦芽根虽具芳香味，但含生物碱，适口性差。

13. 啤酒酵母

啤酒酵母为高级蛋白来源，富含B族维生素、氨基酸、矿物质、未知生长因子。但来源少，价格贵，不宜大量使用。

14. 饲料酵母

用作畜禽饲料的酵母菌体，包括所有用单细胞微生物生产的单细胞蛋白。呈浅黄色或褐色的粉末或颗粒，蛋白质的含量高，维生素丰富。含菌体蛋白4%～6%，B族维生素含量丰富，具顺鼻酵母香味，赖氨酸含量高。酵母的组成与菌种、培养条件有关。一般含蛋白质40%～65%，脂肪1%～8%，糖类25%～40%，灰分6%～9%，其中大约有20种氨基酸。在谷物中含量较少的赖氨酸、色氨酸，在酵母中比较丰富；特别是在添加蛋氨酸时，可利用氨约比大豆高30%。酵母的发热量相当于牛肉，又由于含有丰富的B族维生素，通常作为蛋白质和维生素的添加饲料。用于饲养猪、牛、鸡、鸭、水貂、鱼类，可以收到增强体质、减少疾病、增重快、产蛋和产奶多等良好经济效果。

酵母品质因反应底物不同而异，可通过显微镜检测酵母细胞总数判断酵母质量。因饲料酵母缺乏蛋氨酸，饲喂鸡时需要与鱼粉搭配，由于价格较高，所以无法普遍使用。

（二）动物性蛋白质饲料

1. 鱼粉

鱼粉是最理想的动物性蛋白质饲料，其蛋白质含量高达45%～60%，而且在氨基酸组成方面，赖氨酸、蛋氨酸、胱氨酸和色氨酸含量高。鱼粉中含丰富的维生素A和B族维生素，特别是维生素B_{12}。另外，鱼粉中还含有钙、磷、铁等，用它来补充植物性饲料中限制性氨基酸的不足，效果很好。

鱼粉易污染沙门氏杆菌，脂肪含量过高会造成氧化及自燃，加工、贮存不当会使鱼粉中的组胺与赖氨酸结合产生肌胃糜烂素。可通过化学测定和显微镜镜检鱼粉是否掺假。一般在配合饲料中用量可占5%～15%。

【注意】一般进口鱼粉含盐量在1%～2%，国产鱼粉含盐量变化较大，高的可达30%，使用时应避免食盐中毒。

2. 饲料用血制品

饲料用血制品主要有血粉（全血粉）、血浆蛋白粉（血浆粉）与血细胞蛋白粉（血细胞粉）3种。

（1）血粉（全血粉） 血粉是往屠宰动物的血中通入蒸汽后，凝结成块。排出水后，用蒸汽加热干燥，粉碎形成。根据工艺可分为喷雾干燥血粉、滚筒干燥血粉、蒸煮干燥血粉、发酵血粉和膨化血粉5种。喷雾干燥血粉主要工序：屠宰猪→收集血液→血液贮藏罐→贮存斗搅拌除去纤维蛋白→压送至喷雾系统→喷雾干燥→包装→低温贮存。滚筒干燥血粉主要工序：畜禽血液于热交换容器中通入60～65.5℃水蒸气使血液凝固，通过压辊粉碎包装。蒸煮干燥血粉主要工序：把新鲜血液倒入锅中，加入相当于血量1%～1.5%的生石灰，煮熟使之形成松脆的团块，捞出团块，摊放在水泥地上晒干至呈棕褐色，再用粉碎机粉碎成粉末状。发酵血粉主要工序：家畜屠宰血加入糠麸及菌种混合发酵后低温干燥粉碎。膨化血粉主要工序：畜禽血液于热交换容器中通入60～65.5℃水蒸气使血液凝固，膨化机膨化后通过压辊粉碎包装。

血粉蛋白含量高，赖氨酸、亮氨酸含量高，缬氨酸、组氨酸、苯丙氨酸、色氨酸含量丰富，喷雾干燥血粉是良好的蛋白源。含粗蛋白80%以上，赖氨酸含量为6%～7%，但蛋氨酸和异亮氨酸含量较少。

血粉氨基酸组成不平衡，蛋氨酸、胱氨酸含量低，异亮氨酸严重缺乏，利用率低，适口性差。日粮中用量过多，易引起腹泻，一般占日粮的1%～3%。

（2）血浆蛋白粉 血浆蛋白粉是将健康动物新鲜血液的温度在2小时内降至4℃，并保持4～6℃，经抗凝处理，从中分离出的血浆经喷雾干燥后得到的粉末，故又称为喷雾干燥血清粉。血浆蛋白粉的种类按血液的来源分主要有猪血浆蛋白粉（SDPP）、低灰分猪血浆蛋白粉（LAPP）、母猪血浆蛋白粉（SDSPP）和牛血浆蛋白粉（SD-BP）等。一般情况下，喷雾干燥血浆蛋白粉主要是指猪血浆蛋白粉。建议增加赖氨酸、蛋氨酸和胃蛋白酶消化率指标。

（3）血细胞蛋白粉 血细胞蛋白粉是指动物屠宰后血液在低温处理条件下，经过一定工艺分离出血浆，经喷雾干燥后得到的粉末。血细胞蛋白粉又称为喷雾干燥血细胞粉，建议增加赖氨酸、蛋氨酸和胃蛋白酶消化率指标。

3. 肉骨粉

肉骨粉赖氨酸、脯氨酸、甘氨酸含量高，维生素 B_{12}、烟酸、胆碱含量丰富，钙、磷含量高且比例合适（2∶1），是良好的钙、磷供源。粗蛋白质含量达 40%以上，蛋白质消化率高达 80%；水分含量5%～10%；粗脂肪含量为 3%～10%。氨基酸欠平衡，蛋氨酸、色氨酸含量低，品质差异较大。蛋白质主要是胶原蛋白，利用率较差，一般在配合饲料中用量在 5%左右。注意防止沙门氏杆菌和大肠杆菌污染。

【注意】 饲料用肉骨粉为黄至黄褐色油性粉状物，具肉骨粉固有气味，无腐败气味。除不可避免的少量混杂外，不应添加毛发、蹄、羽毛、血、皮革、胃肠内容物及非蛋白含氮物质。不得使用发生疫病的动物废弃组织及骨加工饲料用肉骨粉。加入抗氧化剂时应标明其名称。应符合《动物源性饲料产品安全卫生管理办法》（中华人民共和国农业部令［2004］第 40 号）的有关规定。

4. 蚕蛹粉

蚕蛹中含有一半以上的粗蛋白质和 0.25%的粗脂肪，且粗脂肪中含有较高的不饱和脂肪酸，特别是亚油酸和亚麻酸。蚕蛹中还含有一定量的几丁质，它是构成虫体外壳的成分。矿物质中钙、磷比例为 1∶(4～5)，是较好的钙、磷源饲料。同时蚕蛹中富含各种必需氨基酸，如赖氨酸、含硫氨基酸及色氨酸含量都较高。全脂蚕蛹含有的能量较高，是一种高能、高蛋白质类饲料，脱脂后的蚕蛹粉蛋白质含量较高，易保存。配合饲料中用量可占 5%～10%。

【注意】 蚕蛹粉有异臭味，使用时要注意添加量，以免影响全价料总体的适口性。

5. 水解羽毛粉

水解羽毛粉含粗蛋白质近 80%，蛋白质含量高，胱氨酸含量丰富，适量添加可补充胱氨酸不足。蛋氨酸、赖氨酸、色氨酸和组氨酸含量低，使用时要注意氨基酸平衡问题，应该与其他动物性饲料配合使用。在蛋鸡饲料中添加羽毛粉可以预防和减少啄癖。

羽毛粉氨基酸组成极不平衡，赖氨酸、蛋氨酸、色氨酸含量低。羽毛粉中的蛋白质为角蛋白，利用率低。蛋鸡饲料中羽毛粉用量大产蛋量下降，蛋重变轻。一般在配合饲料中用量为2%～3%为宜，最多不超过5%。

【注意】饲料用水解羽毛粉为家禽屠体脱毛的羽毛及做羽绒制品筛选后的毛梗，经清洗、高温高压水解处理、干燥和粉碎制成的细粉粒状物质。呈淡黄色、褐色、深褐色、黑色的干燥粉粒状，具有水解羽毛粉正常气味，无异味。

6. 皮革蛋白粉

皮革蛋白粉是鞣制皮革过程中形成的各种动物的皮革副产品制成的粉状饲料。其产品形式有两种：一种是水解鞣皮屑粉，它是“灰碱法”生产皮革时的副产品经过过滤、沉淀、蒸发及干燥后制得的皮革粉；另一种是皮革在鞣制过程中形成的下脚粉。

皮革粉中粗蛋白质含量约为80%，除赖氨酸外其他氨基酸含量较少，利用率也较低。

三、草粉及树叶粉饲料

草粉和树叶粉饲料多是由豆科牧草和豆科树叶制成。它们都含有丰富的粗蛋白质和纤维素。常用作鸡饲料的有以下几种：

（一）苜蓿草粉

苜蓿草粉是在紫花盛花期前，将其割下来，经晒干或用其他方法干燥、粉碎而制成，其营养成分随生长时期的不同而不同（表4-12）。除含有丰富的B族维生素、维生素E、维生素C、维生素K外，每千克草粉还含有高达50～80毫克的胡萝卜素。

表4-12　苜蓿干物质中成分变化

成分	现蕾前	现蕾期	盛花期
粗纤维/%	22.1	26.5	29.4
粗蛋白质/%	25.3	21.5	18.2
灰分/%	12.1	9.5	9.8
可消化蛋白质/%	21.3	17	14.5

【注意】用来饲喂散养种鸡、蛋鸡，可增加蛋黄的颜色，维持其皮肤、脚、趾的黄色。

苜蓿草粉用作鸡饲料，其配比控制在3%左右为宜。

（二）叶粉

1. 刺槐叶粉（洋槐叶粉）

刺槐叶粉是采集5～6月份的刺槐叶，经干燥、粉碎制成。刺槐叶的营养成分随产地、季节、调制方式不同而不同。一般是鲜嫩叶营养价值最高，其次为青干叶粉，青落叶和枯黄叶的营养价值最差。鲜嫩刺槐叶及叶粉的营养价值见表4-13。

表4-13　刺槐叶的营养成分

类别	干物质/%	粗蛋白/%	粗脂肪/%	粗纤维/%	灰分/%	钙/%	磷/%
鲜叶	23.7	5.3	0.6	4.1	1.8	0.23	0.04
叶粉	86.8	19.6	2.4	15.2	6.9	0.85	0.17

2. 松针粉

松针粉是将青绿色松树针叶收集起来，经干燥、粉碎而制成的粉状物。松针粉除含有丰富的胡萝卜素、维生素C、维生素E、维生素D、维生素K和维生素B_{12}外，尚含有铁、钴、锰等多种微量元素。

每天喂给母鸡8.0克松针粉，可发挥良好的抗热应激作用，提高产蛋率。土著鸡和蛋鸡喂给松针粉，可明显改善喙、皮肤、腿和爪的颜色，使之更加鲜黄美观。

松针粉作为饲料时间尚短，有关营养成分的含量，动物营养学界还没有一个统一说法。松针粉用作蛋鸡和土著鸡的饲料时，其用量一般应控制在3%左右为宜。

四、矿物质饲料

矿物质饲料是为了补充植物性和动物性饲料中某种矿物质元素的不足而利用的一类饲料。大部分饲料中都含有一定量矿物质。矿物质饲料种类及特性见表4-14。

表 4-14　矿物质饲料种类及特性

种类	特性	使用说明
骨粉或磷酸氢钙	含有大量的钙和磷，而且比例合适，主要用于磷不足的饲料	配合饲料中用量可占1.5%～2.5%
贝壳粉、石粉、蛋壳粉	属于钙质饲料。贝壳粉是最好的钙质饲料，含钙量高，又容易吸收；石粉价格便宜，含钙量高，但鸡对其吸收能力差；蛋壳粉可以自制，将各种蛋壳经水洗、煮沸和晒干后粉碎即成，吸收率也较好	配合饲料中用量：育雏及育成阶段1%～2%；产蛋阶段6%～7%。使用蛋壳粉严防传播疾病
食盐	食盐主要用于补充鸡体内的钠和氯，保证鸡体正常新陈代谢，还可以增进鸡的食欲	用量可占日粮的3%～3.5%
沙砾	有助于肌胃中饲料的研磨，起到“牙齿”的作用。沙砾要不溶于盐酸	舍饲鸡或笼养鸡要注意补给。据研究，鸡吃不到沙砾，饲料消化率会降低20%～30%
沸石	一种含水的硅酸盐矿物，在自然界中多达40多种。沸石中含有磷、铁、铜、钠、钾、镁、钙、银、钡等20多种矿物质元素，是一种质优价廉的矿物质饲料	配合饲料中用量可占1%～3%。可以降低鸡舍内有害气体含量，保持舍内干燥。苏联称之为“卫生石”

五、维生素饲料

在鸡的日粮中主要提供各种维生素的饲料叫维生素饲料，包括青菜类、块茎类、青绿多汁饲料和草粉等。常用的有白菜、胡萝卜、野菜类和干草粉（苜蓿草粉、槐叶粉和松针粉）等。在规模化饲养条件下，使用维生素饲料不方便，多利用人工合成的维生素添加剂（见饲料添加剂）来代替。

六、饲料添加剂

为了满足鸡的营养需要，完善日粮的全价性，需要在饲料中添加原来含量不足或不含有的营养物质和非营养物质，以提高饲料利用率，促进鸡生长发育，防治某些疾病，减少饲料贮藏期间营养物质的损失或改进产品品质等，这类物质称为饲料添加剂。

饲料添加剂是指为强化基础日粮的营养价值，促进动物生长，保证动物健康，提高动物生产性能，而加入饲料的微量物质。它可分为营养性添加剂和非营养性添加剂两大类。

（一）营养性添加剂

营养性添加剂包括微量元素添加剂、维生素添加剂、工业合成的各种氨基酸添加剂等。

1. 微量元素添加剂

微量元素添加剂一般可分为无机微量元素添加剂、有机微量元素添加剂和生物微量元素添加剂三大类。无机微量元素添加剂一般有硫酸盐类、碳酸盐类、氧化物和氯化物等；有机微量元素添加剂一般为金属氨基酸络合物、金属氨基酸螯合物、金属多糖络合物和金属蛋白盐；生物微量元素添加剂有酵母铁、酵母锌、酵母铜、酵母硒、酵母铬和酵母锰等。目前，我国经常使用的微量元素添加剂主要是无机微量元素添加剂。最好使用硫酸盐作微量元素添加剂原料，因为硫酸盐可使蛋氨酸增效10%左右，而蛋氨酸价格昂贵。微量元素添加剂的载体应选择不和矿物质元素发生化学作用，并且性质较稳定、不易变质的物质，如石粉（或碳酸钙）、白陶土等。

微量元素添加剂品质的优劣和成本的高低，不仅取决于添加剂的配方和加工工艺，还取决于能否使用安全、有害杂质多少和生物利用率的高低。作为饲用微量元素添加剂的原料，必须满足以下几项基本要求：一要具较高的生物效价，即能被动物消化、吸收和利用；二要含杂质少，所含有毒、有害物质在允许范围内，饲喂安全；三要物理和化学稳定性良好，方便加工、贮藏和使用；四要货源稳定可靠，价格低，以保证生产、供应和降低成本。

2. 氨基酸添加剂

蛋白质营养的核心是氨基酸，而氨基酸营养的核心是氨基酸的平衡。植物性蛋白质的氨基酸几乎都不太平衡，即使是由不同配比天然饲料构成的全价日粮，是依据氨基酸平衡的原则设计配合，但它们的各种氨基酸含量、合格氨基酸之间的比例仍然是各式各样的。因而，需要氨基酸添加剂来平衡或补充饲料中某些氨基酸的不足，使其他氨基酸得到充分吸收利用。

目前，人工合成的氨基酸有蛋氨酸、赖氨酸、色氨酸、苏氨酸和甘氨酸等，生产中最常用的是蛋氨酸和赖氨酸两种。

(1) 蛋氨酸

① DL-蛋氨酸　蛋氨酸又称甲硫氨酸，分子式为 $C_5H_{11}NO_2S$。蛋氨酸是具有旋光性的化合物，分L型和D型。L-蛋氨酸容易被动物吸收；D-蛋氨酸可经过酶的转化成为L型而被吸收利用，故两种类型的蛋氨酸具有相同的生物活性。市售的DL-蛋氨酸，即为D型和L型的混合物。

市售日本生产的饲料用DL-蛋氨酸，为白色至淡黄色的结晶粉末，具有蛋氨酸的特殊臭味，溶解状态时，呈无色或淡黄色溶液。蛋氨酸在饲料中的添加，一般是按配方算后补差定量供应。一般情况下，按全价饲料计，鸡饲料约需外加0.05%～0.1%。

② 羟基蛋氨酸钙 (MHA-Ca)　羟基蛋氨酸钙分子式为 $(C_5H_9NO_3S)_2Ca$；相对分子质量为149.16。羟基蛋氨酸钙虽然没有氨基，但它具有可以转化为蛋氨酸所需的碳架，故具有蛋氨酸的生物学活性，但是其生物学活性只相当于蛋氨酸的70%～80%。

蛋氨酸的检验：

一是感官检查。真蛋氨酸为纯白或微带黄色，为有光泽结晶，尝有甜味；假蛋氨酸为黄色或灰色，闪光结晶极少，有怪味、涩感。

二是灼烧。取瓷质坩埚1个，加入1克蛋氨酸，在电炉上炭化，然后在55℃马弗炉上灼烧1小时，真蛋氨酸残渣在1.5%以下，假蛋氨酸在98%以上。

三是溶解。取1个250毫升烧杯，加入50毫升蒸馏水，再加入1克蛋氨酸，轻轻搅拌，假蛋氨酸不溶于水，而真蛋氨酸几乎全溶于水。

(2) L-赖氨酸盐酸盐　简称L-赖氨酸，分子式为 $C_6H_{14}N_2O_2 \cdot HCl$，相对分子质量182.65。外观为白色粉末状，易溶于水。赖氨酸与蛋氨酸一样也有D型和L型两种，但只有L-赖氨酸有营养作用；D-赖氨酸在动物体内不能直接被利用，也不能转化为有营养作用的L型。因此，作为饲料添加剂只能使用L-赖氨酸。

饲料中添加赖氨酸，一般是以纯L-赖氨酸的重量来表示的。常用的是L-赖氨酸盐酸盐，标明的含量为98.5%，扣除盐酸的重量后，L-赖氨酸的含量只有78.84%。因此，在使用时应进行计算。

例如，1000千克配合饲料中需添加L-赖氨酸1200克，那么添加纯度为 98.5% 的 L-赖氨酸盐酸盐的数量应为：1200 ÷ 78.84% = 1522.08 克。

（3）色氨酸　色氨酸也是较为缺乏的限制性氨基酸，它是近些年才开始在饲料中使用的，作为饲料添加剂的色氨酸有化学合成的 DL-色氨酸和发酵法生产的 L-色氨酸。二者均为无色至微黄色晶体，有特异性气味。

（4）苏氨酸　目前作为饲料添加剂的主要是发酵生产的 L-苏氨酸。此外，部分来自由蛋白质水解物分离的 L-苏氨酸。L-苏氨酸为无色至微黄色结晶性粉末，有极弱的特异性气味。

苏氨酸通常是第三、第四限制性氨基酸，在大麦、小麦为主的饲料中，苏氨酸经常缺乏，尤其在低蛋白的大麦（或小麦）-豆饼型日粮中，苏氨酸常是第二限制性氨基酸，故在植物性低蛋白日粮中，添加苏氨酸效果显著，特别是补充了蛋氨酸、赖氨酸的日粮，同时再添加色氨酸、苏氨酸可得到最佳效果。

由于氨基酸添加剂在饲料中添加量较大，一般在日粮中以百分含量计。同时，氨基酸的添加量是以整个日粮内氨基酸平衡为基础的，而饲料原料中的氨基酸含量和利用率相差甚大，所以氨基酸一般不加入添加剂预混料中，而是直接加入配合饲料或浓缩蛋白饲料中。

3. 维生素添加剂

维生素又称维他命，是维持动物生命活动，促进其新陈代谢、生长发育，发挥生产性能，所必不可少的营养要素之一。在集约化饲养条件下若不注意，极易造成动物维生素的不足或缺乏。生产中，因严重缺乏某种维生素而引起特征性缺乏症是很少见的，经常遇到的则是因维生素不足引起的非特异性证候群，例如皮肤粗糙、生长缓慢、生产水平下降、抗病力减弱等等。因此，在现代化畜牧业中，使用维生素不再仅仅是用来治疗某种维生素缺乏症的手段，而是作为饲料添加剂成分，补充饲料中含量不足，满足动物生长发育和生产性能的需要，增强抗病和抗各种应激的能力，提高产品质量和增加产品数量。现在已经发现的维生素有 23 种，其中有 16 种为家禽所需要。目前，我国常用作饲料添加剂的有 13 种。根据维生素溶解性，可分为脂溶性维生素（包括维生素 A、维生素 D、维生素 E、维生素 K）和水溶性维生素（包括 B 族维生素、维生素 C 和生物素等）两大类。

（二）非营养性添加剂

非营养性添加剂包括生长促进剂（如抗生素和合成抗菌药物、酶制剂等）、驱虫保健剂（如抗球虫药等）、饲料保存剂（如抗氧化剂）等。这类添加剂虽不是饲料中的固有营养成分，本身也没有营养价值，但具有抑菌、抗病、维持机体健康、提高适口性、促进生长、避免饲料变质和提高饲料报酬的作用。

1. 抗生素饲料添加剂

凡能抑制微生物生长或杀灭微生物，包括微生物代谢产物、动植物体内的代谢产物或用化学合成、半合成法制造的相同或类似的物质，以及这些来源的驱虫物质，都可称为抗生素。

饲用抗生素是在药用抗生素的基础上发展起来的。使用抗生素添加剂可以预防鸡的某些细菌性疾病，或可以消除逆境、环境卫生条件差等不良影响。如用金霉素、土霉素作饲料添加剂还可提高母鸡产蛋量。但饲用抗生素的应用也存在一些争议：

首先是耐药问题。由于长期使用抗生素会使一些细菌产生耐药性，而这些细菌又可能会把耐药性传递给病原微生物，进而可能会影响人、畜、禽疾病的防治。

其次是抗生素在畜禽产品中的残留问题，残留有抗生素的肉类等畜禽产品，在食品烹调过程中不能完全使其“钝化”，可能影响人类健康。

另外，有些抗生素有致突变、致畸胎和致癌作用。

所以，许多国家禁止饲用抗生素。目前，人们正在筛选研制无残留、无毒副作用、无耐药性的专用饲用抗生素或其替代品。在使用抗生素饲料添加剂时，要注意下列事项：

第一，最好选用动物专用的，能较好吸收和残留少的不产生耐药性的品种。

第二，严格控制使用剂量，保证使用效果，防止不良副作用。

第三，抗生素的作用期限要作具体规定；严格执行休药期。大多数抗生素消失时间需3～5天，故一般规定在屠宰前7天停止添加。

2. 中草药饲料添加剂

中草药作为饲料添加剂，毒副作用小，不易在产品中残留，且具有多种营养成分和生物活性物质，兼具有营养和防病的双重作用。其具有天然、多能、营养的特点，可起到增强免疫作用、激素样作用、维生素样作用、抗应激作用、抗微生物作用等，具有广阔的使用前景。

3. 抗球虫保健添加剂

这类添加剂种类很多，但一般毒性较大，只能在疾病爆发时短期内使用，使用时还要认真选择品种、用量和使用期限。常用的抗球虫保健添加剂有莫能菌素、盐霉素、拉沙洛西钠、地克珠利、二硝托胺、氯苯胍、常山酮磺胺喹沙啉、磺胺二甲嘧啶等。

4. 饲料酶添加剂

酶是动物、植物机体合成、具有特殊功能的蛋白质。酶可促进蛋白质、脂肪、碳水化合物消化，并参与体内各种代谢过程的生化反应。在鸡饲料中添加酶制剂，可以提高营养物质的消化率。商品饲料酶添加剂出现于1975年，而较广泛地应用则是在1990年以后。饲料酶添加剂的优越性在于可最大限度地提高饲料原料的利用，促进营养素的消化吸收，减少动物体内矿物质的排泄量，从而减轻对环境的污染。

常用的饲料酶添加剂有单一酶制剂和复合酶制剂。单一酶制剂，如α-淀粉酶、β-葡聚糖酶、脂肪酶、蛋白酶、纤维素酶和植酸酶等；复合酶制剂是由一种或几种单一酶制剂为主体，加上其他单一酶制剂混合而成，或者由一种或几种微生物发酵获得。复合酶制剂可以同时降解饲料中多种需要降解的底物（多种抗营养因子和多种养分），可最大限度地提高饲料的营养价值。国内外饲料酶制剂产品主要是复合酶制剂，如以蛋白酶、淀粉酶为主的饲用复合酶。

酶制剂主要用于补充动物内源酶的不足；以葡聚糖酶为主的饲用复合酶制剂主要用于以大麦、燕麦为主原料的饲料；以纤维素酶、果胶酶为主的饲用复合酶主要作用是破坏植物细胞壁，使细胞中的营养物质释放出来，易于被消化酶作用，促进消化吸收，并能消除饲料中的抗营养因子，降低胃肠道内容物的黏稠度，促进动物的消化吸收；以纤维素酶、蛋白酶、淀粉酶、糖化酶、葡聚糖酶、果胶酶为主的饲用复合酶可以综合以上各酶的共同作用，具有更强的助消化作用。

酶制剂的用量视酶活性的大小而定。所谓酶的活性，是指在一定条件下1分钟分解有关物质的能力。不同的酶制剂，其活性不同；并且补充酶制剂的效果还与动物的年龄有关。

由于现代化养殖业、饲料工业最缺乏的常量矿物质营养元素是磷，但豆粕、棉籽粕、菜籽粕和玉米、麸皮等作物籽实里的磷却有70%为植酸磷而不能被鸡利用，白白地随粪便排出体外。这不仅造成资源的浪费，污染环境，并且植酸在动物消化道内以抗营养因子存在而影响钙、镁、钾、铁等阳离子和蛋白质、淀粉、脂肪、维生素的吸收。植酸酶则能将植酸（六磷酸肌醇）水解，释放出可被吸收的有效磷，这不但消除了抗营养因子，增加了有效磷，而且还提高了被拮抗的其他营养素的吸收利用率。

5. 微生态制剂

微生态制剂也称有益菌制剂或益生素，是将动物体内的有益微生物经过人工筛选培育，再经过现代生物工程工厂化生产，专门用于动物营养保健的活菌制剂。其内含有十几种甚至几十种畜禽胃肠道有益菌，如加藤菌、EM、益生素等，也有单一菌制剂，如乳酸菌制剂。不过，在养殖业中除一些特殊的需要外，都用多种菌的复合制剂。它除了以饲料添加剂和饮水剂饲用外，还可以用来发酵秸秆、鸡粪制成生物发酵饲料，既提高粗饲料的消化吸收率，又变废为宝，减少污染。微生态制剂进入消化道后，首先建立并恢复其内的优势菌群和微生态平衡，并产生一些消化菌、类抗生素物质和生物活性物质，从而提高饲料的消化吸收率，降低饲料成本；抑制大肠杆菌等有害菌感染，增强机体的抗病力和免疫力，可少用或不用抗菌类药物；明显改善饲养环境，使鸡舍内的氨、硫化氢等臭味减少70%以上。

6. 酸制（化）剂

用以增加胃酸，激活消化酶，促进营养物质吸收，降低肠道pH，抑制有害菌感染。目前，国内外应用的酸化剂包括有机酸化剂、无机酸化剂和复合酸化剂两大类。

（1）有机酸化剂　在以往的生产实践中，人们往往偏好有机酸，这主要源于有机酸具有良好的风味，并可直接进入体内三羧酸循环。有机酸化剂主要有柠檬酸、延胡索酸、乳酸、丙酸、苹果酸、山梨酸、甲酸（蚁酸）、乙酸（醋酸）。不同的有机酸各有其特点，但使用最广泛的而且效果较好的是柠檬酸、延胡索酸。

（2）无机酸化剂　无机酸包括强酸，如盐酸、硫酸，也包括弱酸，如磷酸。其中磷酸具有双重作用：既可作日粮酸化剂，又可作为磷源。无机酸和有机酸相比，具有较强的酸性，且成本较低。

（3）复合酸化剂　复合酸化剂是利用几种特定的有机酸和无机酸复合而成，能迅速降低 pH，保持良好的生物性能及最佳添加成本。最优化的复合体系将是饲料酸化剂发展的一种趋势。

7. 寡聚糖（低聚糖）

寡聚糖是由 2～10 个单糖通过糖苷键连接成直链或支链的小聚合物的总称。其种类很多，如异麦芽糖低聚糖、异麦芽酮糖、大豆低聚糖、低聚半乳糖、低聚果糖等。它们不仅具有低热、稳定、安全、无毒等良好的理化特性，而且由于其分子结构的特殊性，饲喂后不能被人和单胃动物消化道的酶消化利用，也不会被病原菌利用，而直接进入肠道被乳酸菌、双歧杆菌等有益菌分解成单糖，再按糖酵解的途径被利用，促进有益菌增殖和消化道的微生态平衡，对大肠杆菌、沙门氏菌等病原菌产生抑制作用。因此，寡聚糖亦被称为化学微生态制剂。它与微生态制剂的不同点在于：它主要是促进并维持动物体内已建立的正常微生态平衡；而微生态制剂则是外源性的有益菌群，在消化道可重建、恢复有益菌群并维持其微生态平衡。

8. 糖萜素

糖萜素是从油茶饼（粕）和菜籽饼（粕）中提取的，由 30%的糖类、30%的萜皂素和有机酸组成的天然生物活性物质。它可促进畜禽生长，提高日增重和饲料转化率，增强鸡体的抗病力和免疫力，并有抗氧化、抗应激作用，降低畜禽产品中锡、铅、汞、砷等有害元素的含量，改善并提高畜禽产品色泽和品质。

9. 大蒜素

大蒜是餐桌上常备之物，有悠久的调味、刺激食欲和抗菌历史。用于饲料添加剂的有大蒜粉和大蒜素，有诱食、杀菌、促生长、提高饲料利用率和畜禽产品品质的作用。

10. 饲料保存剂　饲料保存剂包括抗氧化剂和防霉剂两类。

（1）抗氧化剂　饲料中的某些成分，如鱼粉和肉粉中的脂肪及添加的脂溶性维生素（维生素 A、维生素 D、维生素 E 等），可因与空气中的氧、饲料中的过氧化物及不饱和脂肪酸等的接触而发生氧化变质或酸败。为了防止这种氧化作用，可加入一定量的抗氧化剂。常用的抗氧化剂见表 4-15。

表 4-15 常用的抗氧化剂

名称	特性	用量用法	注意
乙氧基喹啉（又称乙氧喹，商品名为山道喹）	一种黏滞的黄褐色或褐色、稍有异味的液体。极易溶于丙酮、氯仿等有机溶剂，不溶于水。一旦接触空气或受光线照射便慢慢氧化而着色，是目前饲料中应用最广泛、效果好而又经济的抗氧化剂	饲用油脂，夏天500～700克/吨，冬天250～500克/吨；动物副产品，夏天750克/吨，冬天500克/吨；鱼粉750～1000克/吨；苜蓿及其他干草150～200克/吨；各种动物配合饲料62～125克/吨；维生素预混料0.25%～5.5%。乙氧基喹啉在最终配合日粮中的总量不得超过150克/吨	由于液体乙氧基喹啉黏滞性高，低浓度添加于粉料中很难混匀，一般将其以蛭石、氢化黑云母粉等作为吸附剂制成含量为10%～70%的乙氧基喹啉干粉剂，可均匀地混入干粉料中，且使用方便
二丁基羟基甲苯（简称BHT）	白色结晶或结晶性粉末，无味或稍有特殊气味。不溶于水和甘油，易溶于酒精、丙酮和动植物油。对热稳定，与金属离子作用不会着色，是常用的油脂抗氧化剂。可用于长期保存的油脂和含油脂较高的食品及饲料中和维生素添加剂中	油脂为100～200克/吨，不得超过200克/吨；各种动物配合饲料为150克/吨。	与丁基羟基茴香醚并用有相乘作用，二者总量不得超过200克/吨
丁基羟基茴香醚（简称BHA）	白色或微黄褐色结晶或结晶性粉末，有特异的酚类刺激性气味。不溶于水，易溶于丙 二醇、丙酮、乙醇和猪油、植物油等，对热稳定，是目前广泛使用的油脂抗氧化剂。除抗氧化作用外，还有较强的抗菌力。250毫克/千克BHA可以完全抑制黄曲霉毒素的产生，200毫克/千克BHA可完全抑制饲料中青霉、黑曲霉等的孢子生长	BHA可用作食用油脂、饲用油脂、黄油、人造黄油和维生素等的抗氧化剂。与BHA、柠檬酸、维生素C等合用有相乘作用。其添加量：油脂，100～200克/吨，不得超过200克/吨；饲料添加剂，250～500克/吨	

注：由于各种抗氧化剂之间存在“增效作用”，当前的趋势是常将多种抗氧化剂混合使用，同时还要辅助地加入一些表面活性物质等，以提高其效果。

（2）防霉剂 饲料中常含有大量微生物，在高温、高湿条件下，微生物易于繁殖而使饲料发生霉变，不但影响适口性，而且还可产生毒素（如黄曲霉素等）引起动物中毒。因此，在多雨季节，应向日粮中添加防霉剂。常用的防霉剂有丙酸钠、丙酸钙、山梨酸钾和苯甲酸等，见表 4-16。

表 4-16 常用的防霉剂

名称	特性	用量用法
丙酸及其盐类	主要包括丙酸钠、丙酸钙。丙酸为具有强刺激性气味的无色透明液体，对皮肤有刺激性，对容器加工设备有腐蚀性。丙酸主要作为青贮饲料的防腐剂，因其有强烈的臭味，影响饲料的适口性，所以，一般不用作配合饲料的防腐剂。丙酸钙、丙酸钠均为白色结晶或颗粒状或粉末，无臭或稍有特异气味，溶于水，流动性好，使用方便，对普通钢材没有腐蚀作用，对皮肤也无刺激性，因此逐渐代替丙酸而用于饲料	在饲料中的添加量以丙酸计，一般为 0.3%左右。实际添加量往往视具体情况而定。① 直接喷洒或混入饲料中；② 液体的丙酸可以蛭石等为载体制成吸附型粉剂，再混入到饲料中去，这种制剂因丙酸的蒸发作用可由吸附剂缓慢释放，作用时间长，效果较前者好；③ 与其他防霉剂混合使用可扩大抗菌谱，增强作用效果
富马酸和富马酸二甲酯	富马酸又称延胡索酸，为无色结晶或粉末，具水果酸香味。在饲料工业中，主要用作酸化剂，同时对饲料也有防霉防腐作用。富马酸二甲酯（DMF）为白色结晶或粉末，对微生物有广泛、高效的抑菌和杀菌作用，其特点是抗菌作用不受 pH 的影响，并兼有杀虫活性。DMF 的 pH 适用范围为 3～8	在饲料中的添加量一般为 0.025%～0.08%。可先溶于有机溶剂（如异丙醇、乙醇），再加入少量水及乳化剂使其完全溶解，然后用水稀释，加热除去溶剂，恢复到应稀释的体积，混于饲料中或喷洒于饲料表面。也可用载体制成预混剂
"万保香"（霉敌粉剂）	一种含有天然香味的饲料及谷物防霉剂。其主要成分有：丙酸、丙酸铵及其他丙酸盐（丙酸总量不少于 25.2%），其他还含有乙酸、苯甲酸、山梨酸、富马酸。因有香味，除防霉外，还可增加饲料香味，增进食欲	其添加量为 100～500 克/吨，特殊情况下可添加1000～2000 克/吨

第三节 鸡的日粮配制

一、饲料配制的原则

（一）营养原则

1. 饲养标准是依据

配制日粮时，必须以鸡的饲养标准为依据，合理应用饲养标准来配制营养完善的全价日粮，才能保证鸡群健康并很好地发挥生产性能，提高饲料利用率，降低饲养成本，获得较好的经济效益。但鸡的营养需要是个极其复杂的问题，饲料的品种、产地、保存好坏会影响饲料的营养含量，鸡的品种、类型、饲养管理条件等也能影响营养的实际需要量，温度、湿度、有害气体、应激因素、饲料加工调制方法等也会影响营养的需要和消化吸收。因此，在生产中原则上既要按饲养标准配制日粮，也要根据实际情况作适当的调整。另外，饲养标准多是以玉米-豆饼型饲料为基础进行研究得到的结果。因此，在使用其他消化率较低的饼粕类饲料时，就应以豆饼为基准进行校正，即乘以一个校正系数，再以此为氨基酸的标准进行配制，以便符合实际。

2. 饲料原料多样化

配制日粮时，应注意饲料原料的多样化，尽量多用几种饲料进行配制，这样有利于充分发挥各种饲料中营养的互补作用，提高日粮的消化率和营养物质的利用率。特别是蛋白质饲料，选用2～3种，通过合理的搭配以及氨基酸、矿物质、维生素的添加，可以减少鱼粉、豆粕等价格较高的饲料原料用量，既能满足鸡的全部营养需要，又能降低饲料价格。

3. 优先考虑能量和蛋白质

配制日粮时，首先满足鸡的能量需要，然后再考虑蛋白质，最后调整矿物质和维生素营养。能量是鸡生活和生产最迫切需要的，鸡按日粮含能量的多少调节采食量，如果日粮中能量不足或过多，都会影响其他养分的利用；日粮中所占数量最多的是提供能量的饲料，如果首先满足了鸡对能量的需要，其他营养物质，如矿物质、维生素的量不足，不需费很大的事，只需增加少量富含这类营养的饲料，便可得到调整。如果先考虑其他营养的需要，一旦能量不能满足鸡的需要量，则需对日粮构成进行较大的调整，事倍功半。

（二）生理原则

1. 多种饲料原料合理搭配

配制日粮时，必须根据各类鸡的不同生理特点，选择适宜的饲料进行搭配。如雏鸡，消化道容积小，消化酶含量少，消化能力弱，应当不用或少用不易消化吸收的杂粕和其他非常规饲料原料；育成鸡的采食增大，消化能力增强，可以提高麸皮用量，也可使用一些杂粕来降低饲料成本。鸡对粗纤维的消化能力很差，要注意控制日粮中粗纤维的含量，使之不超过5%为宜。高产鸡和肉鸡需要的饲料营养多，易受应激，要选用优质的饲料原料配制饲粮。

2. 日粮具有良好的适口性

所用的饲料应质地良好，保证日粮无毒、无害、不苦、不涩、不霉、不污染。对某些含有毒有害物质或抗营养因子的饲料最好进行处理或限量使用。

3. 饲料种类相对稳定

配制日粮所用的饲料种类力求保持相对稳定，如需改变饲料种类和配合比例，应逐渐变化，给鸡一个适应过程。如果频繁地变动，会使鸡消化不良，引起应激，影响正常的生产。

（三）经济原则

养鸡生产中，饲料费用一般要占养鸡成本的70%～80%。因此，配制日粮时，应充分利用饲料的替代性，就地取材，选用营养丰富、价格低廉的饲料原料来配制日粮，以降低饲料成本，提高经济效益。

（四）安全性原则

饲料安全关系到食品安全和人民健康，关系到鸡群健康。所以，饲料中含有的物质、品种和数量必须控制在安全允许的范围内。

二、不同类型鸡饲料配方设计的要点

（一）蛋用雏鸡饲料配方设计

蛋鸡育雏期和育成期的营养状况，与产蛋鸡的性成熟、产蛋期产蛋率、蛋重和经济效益密切相关。育雏期（1～42日龄）生长强度大，是生产性能的奠基时期，而其消化系统尚未发育完善，胃容积小且研磨饲料的能力很差，同时消化道内缺乏一些消化酶，所以消化能力差。因此，设计的配合饲料要求品质好、养分含量高、易消化、粗纤维含量低。

1. 营养水平高且平衡

雏鸡生长速度快，对营养缺乏敏感，所以，设计的配方营养水平高而平衡，这点虽在制定饲养标准时已有考虑到，设计配方时还需重视。

2. 饲料易消化且无毒素

易消化且无毒素，这一点在饲养标准上无明确规定。因此，棉籽饼、菜籽饼、亚麻（即胡麻）饼等有毒原料，羽毛粉、皮革粉、蹄角粉等不易消化的原料以及粗饲料、麸皮等大体积的原料，都应限制在配方中的用量，一般不要超过2%，粗饲料一般不用。

3. 选用优质饲料原料

雏鸡饲料一般选用优质饲料原料，例如玉米、豆粕、优质鱼粉、小麦麸等营养浓度高且易消化的原料。可按照各种饲料所含养分和适口性多样配合。

4. 注意钙的含量

生产中常见雏鸡和育成鸡饲料中钙含量超过其营养需要，使其钙摄入量过大，这会严重影响鸡的生长发育，甚至影响日后产蛋性能；钙含量超标严重还会导致代谢紊乱甚至发病，而这种疾病无法用药物治愈。

5. 适宜体格发育

饲养蛋用雏鸡和青年鸡的目的是体格和体质（而不仅是体重）的良好发育，所以，配制的日粮要有利于雏鸡健康生长发育、羽被覆盖良好、维生素A和维生素D等养分储存充分，以获得较高产蛋潜力。当然，雏鸡产蛋潜力不仅取决于日粮，而且还在很大程度上取决于光照、疾病防治措施和饲养管理措施。

（二）青年蛋鸡饲料配方设计要点

青年鸡（7～10周龄和11～18周龄）生长迅速，发育旺盛，各器官发育已健全，对外界适应能力增强，采食量增多。

1. 维生素和微量元素充足供给

青年阶段，是骨骼和肌肉生长发育较快的时期，应喂给可增强骨骼、肌肉、内脏发育的饲料，为延长成年鸡的产蛋时间和提高产蛋率打下良好的基础。增加维生素和微量元素的供给量，增加青饲料、糠麸类和块根块茎类饲料的供给量。

2. 适量钙质

青年阶段采食量增加，生长速度减慢，且体内脂肪沉积也随日龄增加而逐渐积累，生殖系统发育也逐渐成熟。产蛋前期，母鸡体重增加 400～500 克。骨骼增重 15～20 克，其中 4～5 克为钙的沉积。大约从 16 周龄起小母鸡逐渐进入性成熟阶段，此时成熟卵细胞不断释放雌激素，雌激素和雄激素相互作用诱发髓骨在骨腔中的形成。尤其在开产前 14 天内，大量钙沉积到长骨中。因此钙的摄入量增加，应注意供给钙。髓骨约占性成熟小母鸡全部骨重的 72％。髓骨的生理功能是作为一种容易抽调的钙源，供母鸡产蛋时利用。蛋壳形成时约有 25％的钙来自髓骨，其余 75％由日粮提供。

3. 合理使用非常规饲料原料

青年鸡日粮蛋白质含量应随体重增加而减少，但应保证氨基酸的供给和平衡，特别注意钙的供给；应控制采食量，控制生长，抑制性成熟，防止脂肪积累，使育成鸡有良好体况并保持鸡群体重均匀。若喂给高蛋白质、高能量口粮，会使蛋鸡性成熟提前，脂肪积累太多，体重过大，产蛋量低，蛋小并影响终身产蛋量，所以蛋鸡育成根据体重情况进行适当限制饲喂。一般认为，育成期采用限制饲养，使鸡体重降低 7％～11％，耗料降低 16％～18％，而对死亡率和产蛋性能无不良影响。一般在 9～20 周龄期间，在保证股长和体重生长达到正常标准的前提下，尽量用较差的饲料原料。这不仅可充分利用饲料资源，降低饲料成本，且可适当锻炼鸡的消化能力，有利于此后产蛋。例如适当增加日粮体积以增加其消化道容积；降低能量含量以减少脂肪沉积，刺激生殖系统发育。

在设计饲料配方时，棉籽饼、菜籽饼、亚麻（胡麻）饼等有毒饲料，一般在蛋用青年鸡饲料配方中可用到 6％；羽毛粉、皮革粉等不易消化的原料可用到 3％；粗饲料、麸皮等大体积原料，都可在配方中用到最大允许用量。用石粉作钙源而不用贝壳粉。

（三）开产前蛋鸡饲料配方设计

从开产前2～3周至开产后1周，母鸡体重增加340～450克，其后体重增加特别慢。研究表明，产蛋早期（开产后的前2～3个月）适当增加营养即能量和蛋白质摄入量，对尽快达到产蛋高峰很重要。能量摄入量与第一枚蛋重的关系比蛋白质更重要，能量摄入量严重影响产蛋量。因此开产后前2～3周到产蛋高峰期这段时间的能量需要，对产蛋鸡生产性能的发挥至关重要。

在产蛋初期饲粮中添加1.5%～2.0%的脂肪非常有效，不仅能提高日粮能量水平，而且能改善日粮适口性，提高采食量。日量蛋白质、氨基酸含量影响产蛋期的产蛋量和蛋重，但对产蛋初期的蛋重无明显影响。

蛋鸡开产前应提高日粮营养浓度，为今后产蛋作好准备，因为它们既要产蛋还要生长发育。然而有报道说，开产前2周应降低营养浓度。一般在蛋鸡开产前维持青年鸡日粮的营养浓度，也不用优质饲料原料，只是钙和磷的浓度分别提高到2%和3.5%，仍用石粉作钙源；直到产蛋率达5%时才开始逐渐换用高峰期蛋鸡饲料。

（四）开产后蛋鸡饲料配方设计要点

青年母鸡开产是其一生中最关键的阶段。开产后的8～10周内，母鸡必须摄取足够养分以使其产蛋率增加到90%左右，并且使体重增加25%。产蛋高峰期蛋鸡新陈代谢旺盛，应增加投入，尽量给予品质优良的配合饲料，既满足相应品种的饲养标准，营养浓度高而平衡，又易消化吸收，这是获得持续高产的关键。褐壳蛋鸡采食量较大，体型也大，饲养标准一般也比白亮蛋鸡高。产蛋期前8～10周的日粮能量不低于11.6兆焦/千克，粗蛋白质含量不低于18%（含有足量氨基酸），钙含量为3.55%，且为粗颗粒钙。可添加2.0%～2.5%的脂肪，至少含2.0%的亚油酸，使用粗粉料。

三、饲料配方设计方法

配制日粮首先要设计日粮配方，有了配方，然后“照方抓药”。如果饲料配方设计不合理，即使多么精心制作，也生产不出合格的饲料。蛋鸡日粮配方的设计方法很多，如试差法、四角形法、线性规划法、计算机法等。下面重点介绍试差法。

所谓试差法就是根据经验和饲料营养含量，先大致确定一下各类饲料在日粮中所占的比例，然后通过计算看与饲养标准还差多少再进行调整。这种方法简单易学，但计算量大、烦琐，不易筛选出最佳配方，现举例说明。

【例 1】 用玉米、豆粕、棉粕、菜粕、食盐、蛋氨酸、赖氨酸、骨粉、石粉、维生素和微量元素添加剂设计产蛋率大于85%的褐壳蛋鸡全价配合日粮的配方。

第一步，根据饲养对象、生理阶段和生产水平，选择饲养标准，见表 4-17。

表 4-17 褐壳蛋鸡营养标准

营养素	含量	营养素	含量
代谢能/(兆焦/千克)	11.7	蛋氨酸/%	0.39
粗蛋白/%	17.5	赖氨酸/%	0.85
钙/%	3.5	蛋氨酸+胱氨酸/%	0.72
磷/%	0.6	食盐/%	0.37

第二步，根据饲料原料成分表查出所用各种饲料的养分含量，见表 4-18。

表 4-18 各种饲料的养分含量

饲料名称	代谢能/(兆焦/千克)	粗蛋白/%	钙/%	磷/%	蛋氨酸/%	赖氨酸/%	蛋氨酸+胱氨酸/%
玉米	14.06	8.6	0.04	0.21	0.13	0.27	0.31
豆粕	11.05	43	0.32	1.50	0.48	2.54	1.08
棉粕	8.16	33.8	0.31	0.64	0.36	1.29	0.74
菜粕	8.46	36.4	0.73	0.95	0.61	1.23	1.48
骨粉			36.4	16.4			
石粉			35.0				

第三步，初拟配方。根据饲养经验，初步拟定一个配合比例，然后计算能量、蛋白质等营养物质含量。鸡饲料中，能量饲料占50%～

70%，蛋白质饲料占25%～30%，矿物质饲料占3%～10%，添加剂饲料占0～3%。根据各类饲料的占用比例和饲料价格，初拟的配方和计算结果如表4-19。

表4-19　初拟配方及配方中能量蛋白质含量

饲料比例/%	代谢能/(兆焦/千克)	粗蛋白/%
玉米60	8.436	5.16
豆粕26	2.873	11.18
棉粕2	0.163	0.676
菜粕2	0.169	0.728
合计	11.641	17.744
标准	11.7	17.5

第四步，调整配方，使能量和蛋白质符合营养标准。从表中可以算出能量比标准少0.059兆焦/千克，蛋白质多0.244%。用能量较高的玉米代替菜粕，每代替1%可以增加能量0.056兆焦［(14.06－8.46)×1%］，减少蛋白质0.278［(36.4－8.6)×1%］。1%的玉米替代1%的菜粕后，能量为11.697兆焦/千克，蛋白质为17.466%，与标准接近。

第五步：计算矿物质和氨基酸的含量，如表4-20。

表4-20　矿物质和氨基酸含量

饲料比例/%	钙/%	磷/%	蛋氨酸/%	赖氨酸/%	蛋氨酸＋胱氨酸/%
玉米61	0.024	0.128	0.079	0.165	0.189
豆粕26	0.083	0.390	0.155	0.660	0.281
棉粕2	0.006	0.013	0.007	0.026	0.015
菜粕1	0.008	0.010	0.006	0.013	0.015
合计	0.121	0.541	0.247	0.864	0.500
标准	3.5	0.6	0.39	0.85	0.72

根据上述配方计算得知，饲粮中钙比标准低3.379%，磷低0.059%。因骨粉中含有钙和磷，所以先用骨粉满足钙和磷。增加0.059%的磷需要添加骨粉0.36%［(0.059÷16.4%)］；0.36%的骨

粉可以提供0.131%的钙，饲粮中还差3.248%的钙，用石粉来补充，需要添加石粉9.28%。赖氨酸含量高于标准，可以满足需要。蛋氨酸与标准差0.39%－0.247%＝0.143%，蛋氨酸＋胱氨酸与标准差0.22%，用蛋氨酸补充，添加0.22%蛋氨酸即可。维生素和微量元素预混剂添加0.25%，食盐添加0.37%，则配方的总百分比是100.48%，多出0.48%，可以在玉米中减去。一般能量饲料调整不大于1%的情况下，日粮中的能量、蛋白质指标引起的变化不大，可以忽略。

第六步：列出配方和主要营养指标。

饲料配方：玉米60.52%、豆粕26%、棉粕2%、菜粕1%、骨粉0.36%、石粉9.28%、食盐0.37%、蛋氨酸0.22%、维生素和微量元素添加剂0.25%，合计100%。

营养水平：代谢能11.697兆焦/千克、粗蛋白17.466%、钙3.5%、磷0.6%、蛋氨酸＋胱氨酸0.72%、赖氨酸0.864%。

第四节　蛋鸡的饲料配方举例

一、育雏育成鸡饲料配方

见表4-21～表4-24。

表4-21　0～6周龄生长蛋鸡饲料配方一　　单位：%

原料组成	配方1	配方2	配方3	配方4	配方5	配方6	配方7
黄玉米(粗蛋白8.7%)	63.4	62.30	64.0	65.05	64.00	58.00	62.70
小米		6.0				7.00	6.00
小麦麸	9.00	8.45	6.40	7.10	7.40	8.75	8.55
大豆粕(粗蛋白47.9%)	15.00	8.50	14.00	21.00	13.00	12.00	8.50
鱼粉(进口)	9.50	9.00	9.0		9.00	9.00	9.00
苜蓿粉		3.00	3.50	4.0	3.50	2.50	2.50
骨粉	2.00	1.50	2.00	1.30	2.00	1.50	1.50
食盐	0.10	0.25	0.10	0.20	0.10	0.25	0.25

续表

原料组成	配方1	配方2	配方3	配方4	配方5	配方6	配方7
蛋氨酸				0.15			
赖氨酸				0.20			
1%雏鸡预混料	1	1	1	1	1	1	1
合计	100	100	100	100	100	100	100

表4-22 0～6周龄生长蛋鸡饲料配方二 单位:%

原料组成	配方1	配方2	配方3	配方4	配方5	配方6	配方7
黄玉米(粗蛋白8.7%)	50.50	61.50	58.50	60.0	64.00	57.00	
玉米胚饼	8.00	8.00					61.16
小米	10.50						
高粱			5.50				10.00
大麦			2.00			2.8	5.00
小麦麸	3.00	1.50	4.40	14.46	6.50	11.50	
大豆粕	17.55	17.0	16.80	10.0	14.00	20.70	15.00
鱼粉(进口)	7.00			10.00	9.00	5.00	3.00
鱼粉(国产)		9.00	10.00				
苜蓿粉					3.50		3.50
槐叶粉				4.00		2.00	
骨粉	1.50	2.00	1.50		2.00		1.00
石粉	0.50		0.30	0.30			
磷酸氢钙				0.04			
食盐	0.30			0.20			0.25
蛋氨酸	0.15						0.03
赖氨酸							0.06
1%雏鸡预混料	1.0	1.0	1.0	1.0	1.0	1.0	1.0
合计	100	100	100	100	100	100	100

表 4-23　9～18 周龄生长蛋鸡饲料配方一　单位：%

原料组成	配方 1	配方 2	配方 3	配方 4	配方 5	配方 6	配方 7
玉米	41.00	37.90	40.03	38.90	30.00	69.02	67.21
大麦(裸)					8.00		
糙米/%	27.14	31.00	31.00	30.00	35.00		
小麦麸/%	5.00	9.00	7.00	10.07		7.60	7.69
大豆粕(47.9%粗蛋白)		10.00	10.00		11.00	12.00	14.00
花生仁粕		3.00			4.00	1.00	2.00
大豆饼	14.00			3.00			
米糠粕	3.00			9.00			
棉籽饼		3.00	3.00				2.00
菜籽粕	3.00			3.00			
向日葵仁粕(33.5%粗蛋白)						5.00	
苜蓿草粉(17.2%粗蛋白)			3.00			1.00	
玉米 DDGS					5.00	0.09	2.00
鱼粉(60.2%粗蛋白)	2.80	3.00	3.00	3.00	2.00	1.00	2.00
磷酸氢钙(无水)	0.54	0.51	0.52	0.56	0.97	0.82	0.84
石粉	2.00	1.29	1.07	1.21	2.00	1.18	1.00
食盐	0.52	0.25	0.25	0.25	1.00	0.26	0.22
蛋氨酸		0.05	0.07		0.03	0.01	
赖氨酸			0.06	0.01		0.02	0.04
1%生长鸡预混料	1.00	1.00	1.00	1.00	1.00	1.00	1.00
总计	100	100	100	100	100	100	100

表 4-24　9～18 周龄生长蛋鸡饲料配方二　单位：%

原料组成	配方 1	配方 2	配方 3	配方 4	配方 5	配方 6	配方 7
玉米	68.21	69.23	70.10	71.66	68.81	70.01	69.18
小麦麸	7.27	7.53	8.00	2.19	5.59	3.47	3.24
大豆粕	9.00	2.00		14.00	13.00	13.00	13.00
米糠粕	3.00				3.00		

续表

原料组成	配方 1	配方 2	配方 3	配方 4	配方 5	配方 6	配方 7
花生仁粕							3.00
大豆饼		14.00	10.50				
棉籽饼				3.66			
菜籽粕	3.00						
玉米蛋白粉			2.00		3.00		
玉米胚芽饼		2.00				3.00	3.00
玉米 DDGS							3.00
向日葵仁粕	4.00			5.00	3.00	3.00	
苜蓿草粉						2.00	
麦芽根			2.00				2.00
蚕豆粉浆蛋白粉	0.38		2.00			2.06	
鱼粉(60.2%粗蛋白)	2.00	2.00	2.00				
磷酸氢钙(无水)	0.69	0.78	1.00	0.99	1.23	0.99	0.94
石粉	1.19	1.15	1.00	1.18	1.00	1.13	1.25
食盐	0.24	0.27	0.27	0.29	0.30	0.30	0.25
蛋氨酸		0.04	0.03	0.01		0.04	0.04
赖氨酸	0.02		0.10	0.02	0.07		0.10
1%生长鸡预混料	1.00	1.00	1.00	1.00	1.00	1.00	1.00
总计	100.00	100.00	100.00	100.00	100.00	100.00	100.00

二、产蛋期饲料配方举例

见表 4-25～表 4-28。

表 4-25　蛋鸡 19（或 20）周龄至开产的饲料配方一　单位：%

原料组成	配方 1	配方 2	配方 3	配方 4	配方 5	配方 6	配方 7
黄玉米	66.00	67.50	72.00	65.00	65.80	66.00	66.00
小麦麸	2.80	4.80	5.30	6.40	3.60	5.00	5.00
大豆粕	10.00			8.00	9.30	5.30	5.30

续表

原料组成	配方 1	配方 2	配方 3	配方 4	配方 5	配方 6	配方 7
亚麻粕	9.50	9.50	7.00		10.00		6.50
鱼粉(进口)		6.50	3.00	6.50		6.50	
苜蓿粉	2.00	2.00	3.00	4.90	2.00	7.40	7.40
骨粉	1.00	1.00	1.00	1.00	1.00	1.50	1.50
石粉	7.50	7.50	7.50	7.00	7.00	7.00	7.00
食盐	0.20	0.20	0.20	0.20	0.30	0.30	0.30
1%生长鸡预混料	1.0	1.0	1.0	1.0	1.0	1.0	1.0
合计	100	100	100	100	100	100	100

表 4-26　蛋鸡 19（或 20）周龄至开产的饲料配方二　单位：%

原料组成	配方 1	配方 2	配方 3	配方 4	配方 5	配方 6	配方 7
黄玉米	66.00	60.00	62.25	71.00	66.50	62.00	71.50
高粱		3.00					
小麦麸	8.80	2.75	3.00	3.90	13.15	4.00	8.45
大豆粕	7.50	7.00	8.00		3.50	18.00	5.00
菜籽粕		6.00	4.00			4.00	5.00
棉仁粕		7.00	4.00			3.00	
亚麻粕				12.00			
鱼粉(进口)	5.00	2.00	6.00		5.00		0.60
苜蓿粉	3.00	3.00	1.50	3.00	2.50		
槐叶粉		4.00	3.00				
骨粉	1.00	2.00	2.00	1.50	1.00	1.70	1.00
石粉	7.50	2.00	5.00	7.00	7.00		7.00
食盐	0.20	0.25	0.25	0.30	0.35	6.00	0.30
蛋氨酸				0.13		0.25	0.09
赖氨酸				0.17		0.05	0.06
1%生长鸡预混料	1.0	1.0	1.0	1.0	1.0	1.0	1.0
合计	100	100	100	100	100	100	100

表 4-27　开产至产蛋高峰饲料配方一　　单位：%

原料组成	配方 1	配方 2	配方 3	配方 4	配方 5	配方 6	配方 7	配方 8
玉米	64.40	62.20	64.59	64.86	64.67	60.82	61.67	67.0
小麦麸	0.55	0.40		0.70	0.37	6.15	6.0	1.6
米糠饼		5.00				6.00		
大豆粕	12.00	15.00	18.00	13.89	16.00	2.99	15.0	11.22
菜籽粕	3.00				3.00	4.00		3.00
麦芽根			1.28					
花生仁粕		3.00				3.00		3.00
向日葵仁粕	3.00							
玉米胚芽饼			1.65					
玉米 DDGS				3.00				
啤酒酵母				4.00				
玉米蛋白粉	3.00				3.00			
鱼粉(60.2%粗蛋白)	3.62	4.00	4.00	3.00	2.24	7.00	6.0	5.00
磷酸氢钙(无水)	1.13	1.08	1.09	1.31	1.39		2.50	0.96
石粉	8.00	8.00	8.00	8.00	8.00	8.81	7.00	6.75
食盐	0.19	0.19	0.20	0.15	0.24	0.13	0.30	0.37
砂砾							0.50	
蛋氨酸	0.06	0.10	0.09	0.09	0.07	0.10	0.03	0.10
赖氨酸	0.05	0.03	0.10		0.02			
1%蛋鸡预混料	1.00	1.00	1.00	1.00	1.00	1.0	1.0	1.0
总计	100	100	100	100	100	100	100	100

表 4-28　开产至产蛋高峰饲料配方二　　单位：%

原料组成	配方 1	配方 2	配方 3	配方 4	配方 5	配方 6	配方 7
玉米	33.72	32.95	33.27	31.38			
高粱					5.72	4.07	3.96
糙米	30.00	30.00	30.00	30.00	56.00	58.00	58.00

续表

原料组成	配方 1	配方 2	配方 3	配方 4	配方 5	配方 6	配方 7
小麦麸	2.56	4.36	1.30	4.42	4.75	5.00	2.40
米糠饼							4.00
蚕豆粉浆蛋白粉						3.00	
大豆粕	16.00	16.00	17.00	17.00	13.98	14.00	15.00
玉米蛋白粉				5.00	3.00		
花生粕		3.00					
向日葵仁粕			5.00				
菜籽粕	3.00				3.00		
国产鱼粉	4.00	3.00	2.83	1.18	3.00	3.00	3.00
玉米 DDGS							3.00
苜蓿草粉						2.43	
磷酸氢钙(无水)	1.00	1.26	1.29	1.62	1.21	1.16	1.26
石粉	8.00	8.00	8.00	8.00	8.00	8.00	8.00
食盐	0.52	0.23	0.22	0.29	0.24	0.24	0.18
蛋氨酸	0.10	0.10	0.09	0.09	0.10	0.10	0.10
赖氨酸	0.10	0.10		0.02			0.10
1%蛋鸡预混料	1.00	1.00	1.00	1.00	1.00	1.00	1.00
总计	100	100	100	100	100	100	100

三、不同类型和生产期的饲料配方举例

见表 4-29～表 4-32。

表 4-29 通用蛋鸡饲料配方 单位:%

原料组成	0～6周龄	7～18周龄		19周龄至5%产蛋率		产蛋前期料		产蛋后期		蛋用种鸡
		配方 1	配方 2	配方 1	配方 2	配方 1	配方 2	配方 1	配方 2	
玉米	63.1	62.83	61.22	59.3	59.29	60	59.8	61.12	65.64	61.1

续表

原料组成	0～6周龄	7～18周龄		19周龄至5%产蛋率		产蛋前期料		产蛋后期		蛋用种鸡
		配方1	配方2	配方1	配方2	配方1	配方2	配方1	配方2	
麦麸	2.6	13	13	10	10					3
豆粕	30.2	11.4	11	16	15	19	18.4	17.8	13.2	25.2
棉粕		9	8	8	7	7	6	7	6	
菜粕			3		2	3.05	5.02	3	4	
石粉	1.33	1.8	1.8	4.6	4.6	8.7	8.5	9.0	9.0	8.7
磷酸氢钙	2	1.2	1.2	1.3	1.3	1.5	1.5	1.4	1.45	1.3
食盐	0.4	0.36	0.36	0.36	0.36	0.36	0.36	0.36	0.36	0.36
胆碱	0.13	0.1	0.1	0.1	0.1	0.1	0.1	0.1	0.1	0.1
微量元素	0.1	0.1	0.1	0.1	0.1	0.1	0.1	0.1	0.1	0.1
蛋氨酸	0.1	0.076	0.08	0.1	0.11	0.1	0.1	0.08	0.09	0.11
赖氨酸	0.02	0.114	0.12	0.12	0.12	0.07	0.1	0.02	0.04	0.01
维生素	0.02	0.02	0.02	0.02	0.02	0.02	0.02	0.02	0.02	0.02
合计	100	100	100	100	100	100	100	100	100	100

表 4-30　白壳蛋鸡饲料配方　　单位：%

原料组成	0～8周龄	9～20周龄	产蛋率≤80%	产蛋率80%～90%	高峰料≥90%
黄玉米	65.0	62.5	62.9	62.5	60.0
麦麸		8.5			
豆粕	25	20.5	26	23	21
棉粕		3.4			
鱼粉	3.0	2.0		2.0	3.0
肉骨粉				2.0	2.0
花生饼					3.0
酵母	3.5		1.19		

续表

原料组成	0～8 周龄	9～20 周龄	产蛋率≤80%	产蛋率80%～90%	高峰料≥90%
骨粉	2.4	2.0	1.8	2.02	2.07
石粉			4.7	4.0	4.0
贝壳粉	0.75	0.8	3.0	4.0	4.5
食盐	0.3	0.3	0.35	0.3	0.3
蛋氨酸	0.05		0.06	0.13	0.08
赖氨酸				0.05	0.05
合计	100	100	100	100	100

注:维生素和微量元素按使用说明添加。

表 4-31 褐壳蛋鸡饲料配方 单位:%

原料组成	0～8 周龄	9～20 周龄	产蛋率前期(19～36 周龄)	产蛋后期(37～75 周龄)
黄玉米	52.3	42.5	63.65	61.0
小(大)麦		2.0	2.0	4.31
四号粉	13.14	25	2.5	2.5
麦麸		10.32		
豆粕	25	12.2	17.4	19.0
菜粕	3.0	2.0		
鱼粉	1.65	1.0	3.5	1.3
骨粉	2.4	2.0	1.2	1.6
贝壳粉	0.9	1.6	8.35	8.8
食盐	0.33	0.35	0.27	0.36
蛋氨酸	0.17	0.03	0.13	0.13
赖氨酸	0.11			
预混剂	1.0	1.0	1.0	1.0
合计	100	100	100	100

表 4-32 种用或蛋用土鸡的饲料配方 单位：%

原料组成	0～6周龄			7～14周龄			15～20周龄			土鸡产蛋期		
	配方1	配方2	配方3	配方1	配方2	配方3	配方1	配方2	配方3	配方1	配方2	配方3
玉米	65	63	63	65	65	65	71.4	68	66.5	65.6	65.0	63.0
麦麸		2	1.9	8	9.3	8	14	14.4	14.0	1	1.6	1
米糠				1	1	1	2	5	8			
豆粕	22	21.9	23	16.3	14	13	6			15	15	14
菜籽粕	2		2	4	4	2	2	6	5		2	
棉籽粕	2	2	2	3		2	2	2	2			
花生粕	2	6	2.6		3	6				4	4	8
芝麻粕	2							2	2	2	1	2.7
鱼粉	2	2	2		1					3.1	2	2
石粉	1.22	1.2	1.2	1.2	1.2	1.2	1.1	1.1	1.1	8	8	8
磷酸氢钙	1.3	1.4	1.8	1.2	1.2	1.5	1.2	1.2	1.1	1	1.1	1.0
微量元素添加剂	0.1	0.1	0.1									
复合多维	0.04	0.04	0.04									
食盐	0.26	0.3	0.3	0.3	0.3	0.3	0.3	0.3	0.3	0.3	0.3	0.3
杆菌肽锌	0.02	0.02	0.02									
氯化胆碱	0.06	0.04	0.04									
合计	100	100	100	100	100	100	100	100	100	100	100	100

第五章

蛋鸡的饲养管理

核心提示

鸡的生长阶段不同，对饲料、环境等条件要求不同，饲养管理方法也有较大差异。只有根据不同生长阶段鸡的要求进行科学的饲养管理，提供适宜的环境条件，满足鸡的各种需要，才能获得较好的饲养效果。

第一节　育雏期的饲养管理

一、雏鸡生理特点

了解并掌握雏鸡（0～6周龄）生理特点，可以为雏鸡提供适宜的条件，满足雏鸡的各种需要，为育好雏打下良好基础。

（一）生长发育迅速

蛋用商品雏的正常出壳重在40克左右，6周龄末体重可达到440克左右，42天雏鸡增重10倍，可见雏鸡代谢旺盛，生长发育迅速。就单位体重计，雏鸡的耗氧量和废气排出量也大大高于成年鸡。雏鸡对各种营养物质的吸收利用也相应地超过成年鸡。育雏期日粮营养物质的含量要全面、充足和平衡，以满足其生长发育需要。

（二）体温调节机能弱

初生的幼雏体小娇嫩，大脑的体温调节机能还没有发育完善（如刚出壳雏鸡体温低于成年鸡1～3℃，待3周龄左右才达到成年体温），热调节能力弱。雏鸡体重愈小，表面积相对愈大，散热面积大于成年鸡。加之雏鸡绒毛稀而短（刚出壳无羽毛，在4～5周龄、7～8周龄、12～13周龄、18～20周龄分别脱换4次羽毛，直到产蛋结束再进行换羽），机体保温能力差。所以对外界环境的适应能力很差，需要人工控制，为雏鸡创造温暖、干燥、卫生、安全的环境条件。

（三）消化机能尚未健全

雏鸡代谢旺盛，生长发育快，但是消化器官容积小，消化功能差，因此，雏鸡的日粮不仅要求营养浓度高，而且要易于消化吸收。要选择容易消化的饲料配制日粮，对棉籽粕、菜籽粕等一些非动物性蛋白饲料，雏鸡难以消化，适口性差，利用率较低，要适当控制添加比例。饲喂时要注意少喂勤添。

（四）抗病能力差

雏鸡体小质弱，对疾病抵抗力很弱，易感染疾病，如鸡白痢、大肠杆菌病、法氏囊病、球虫病、慢性呼吸道病等。育雏阶段要严格控制环境卫生，切实做好防疫隔离。

（五）胆小，群居性强

雏鸡比较敏感，胆小怕惊吓。雏鸡生活环境一定要保持安静，避免有噪声或突然的惊吓。非工作人员应避免进入育雏舍。在雏鸡舍和运动场上应增加防护设备，以防鼠、蛇、猫、狗、老鹰等的袭击和侵害。雏鸡喜欢群居，便于大群饲养管理，有利于节省人力、物力和设备。

二、优质雏鸡的选择和运输

初生雏鸡（鸡苗）的质量优劣不仅影响到鸡群的生长发育和成活率，而且也影响以后生产性能的发挥。如果雏鸡质量不良，会导致生产性能低、抗病力差、易发病死亡，生产效益受到影响。所以，生产中不能贪图方便或一时便宜而购买劣质初生雏鸡，应选购优质雏鸡。

（一）优质初生雏鸡的鉴定标准

初生雏鸡质量包括两个方面：内在质量和外在质量。

1. 内在质量

（1）品种是否优良纯正　品种是否优良纯正反映了雏鸡内在品质的优劣，反映了雏鸡是否具有高产的潜力。品种优良是指品种适应市场需求和高产。如果放养进行绿色或有机产品生产，要选择能满足市场要求、产品均一并具有较高生产潜力的地方品种；如果是进行商品蛋生产一定要选择利用现代育种技术培育或选育的专门化品系然后进行品系杂交、配合力测定后配套组合而成的高产配套杂交品种，这样的雏鸡具有高产的潜力。纯正是指各级繁育场能够按照合法途径引进各个品系的种鸡，并按照不同品系要求进行严格的选育，按照杂交配套组合模式进行杂交制种，保证优良品种鸡的质量。否则，不是正常途径引种，不进行严格的选育，不按配套模式要求的品系杂交，生产出的雏鸡品种就不优良纯正，这样的雏鸡就是劣质鸡。

（2）雏体是否洁净　优质的初生雏鸡应该洁净，未被沙门氏菌、霉形体等特定病原和大肠杆菌、铜绿假单胞菌、葡萄球菌、霉菌等污染。病原污染也会严重影响初生雏鸡的质量，使雏鸡成为劣质雏鸡。

（3）雏鸡体内抗体情况　种鸡体内抗体可以循环到种蛋内，通过种蛋再传递给雏鸡，这种抗体称作母源抗体，母源抗体可以防止雏鸡在出壳的前 1～2 周内发生传染病。优质初生雏鸡体内母源抗体水平应该符合要求并且抗体水平均匀整齐。另外，雏鸡出壳后孵化场都要对雏鸡进行马立克氏病的疫苗接种，免疫接种时，疫苗质量良好，接种方法得当，接种剂量准确，避免或减少马立克氏病的发生。

2. 外在质量

（1）雏鸡体质是否健壮　优质初生雏鸡应该按时出壳（一般在 20～21.5 天），绒毛长短适中，洁净有光泽；精神活泼，反应灵敏，叫声清脆；抓起后雏鸡挣扎有力，触摸腹部，大小适中，柔软有弹性；脐部愈合良好，无钉脐；腿站立行走稳健；初生雏鸡处理要得当，避免用福尔马林熏蒸引起眼结膜炎或角膜炎；无畸形。劣质鸡出壳时间要么推迟，要么提前；绒毛恶乱，蛋黄吸收不良，腹部硬大，呈绿色；脐部潮湿带血污，愈合不良，有的有钉脐；雏鸡站立不稳，常两腿或一腿叉开，两眼时开时闭，精神不振，叫声无力或尖叫，呈痛苦状；对光、声反应迟钝；体型臃肿或干瘪。

（2）雏鸡体重是否均匀一致　优质初生雏鸡体重应在 35 克以上，

或为原蛋重的65%。孵出的同批雏鸡大小要一致，均匀整齐。

（二）优质雏鸡的选择

1. 选择高产配套杂交鸡种

高产配套杂交鸡种具有高产潜力，只要提供适宜的环境，就能表现出较高的生产水平。有的养殖户购买的雏鸡不是优良的高产配套杂交鸡种，而是随意杂交，胡杂乱配，甚至有的利用商品代母鸡再生产雏鸡，这样的雏鸡不仅没有杂交优势，没有高产潜力，有时会适得其反，产生劣势。所以要选择高产配套杂交鸡种，因为高产配套杂交鸡种是通过选育出专门化的高产品系进行品系杂交、测定配合力后固定下来的配套组合，具有明显的杂交优势。选择高产配套杂交鸡种，应该按照饲养鸡的性质到相应的种鸡场订购雏鸡。如果是A、B、C、D四系配套，商品场到父母代场购买的雏鸡或种蛋应是ABCD四系杂交鸡，父母代场到祖代场购买雏鸡或种蛋应是AB系（父系）的公雏和CD系（母系）的母雏，并且按一定比例配套，千万不能搞错代次，代次搞错就失去了其优良的品种特性。

2. 到规范化的种鸡场订购雏鸡

即使是同一鸡种，由于引种渠道、种鸡场的环境（如场址选择、规划布局、鸡舍条件、设施设备等）、种鸡群的管理（如健康状况、免疫接种、日粮营养、日龄、环境、卫生、饲养技术和应激情况等）、孵化（孵化条件、孵化技术、雏鸡处理等）和售后服务（如运输）等不同，初生雏鸡（鸡苗）的质量也有很大的差异。种鸡场引种渠道正常，设备设施完善，饲养管理严格，孵化技术水平高，生产的雏鸡内在质量高。而有的种鸡场引种渠道不正常，环境条件差（特别是父母代场，场址选择不当、规划布局不合理、种鸡舍保温性能差、隔离防疫设施不完善、环境控制能力弱而造成温热环境不稳定、病原污染严重），管理不严格（卫生防疫制度不健全，饲养管理制度和种蛋雏鸡生产程序不规范，或不能严格按照制度和规程来执行，管理混乱，种鸡和种蛋、雏鸡的质量难以保证），净化不力（种鸡场应该对沙门氏菌、支原体等特定病原进行严格净化，淘汰阳性鸡，并维持鸡群阴性，农业部畜牧兽医局严格规定了切实有效净化养鸡场沙门氏菌的综合措施，但少数种鸡场不认真执行国家规定，不进行或不严格进行鸡的沙门氏菌检验，也不淘汰沙门氏菌检验阳性的母鸡，致使种蛋带菌，并呈现从祖代—父母代—商品代愈来愈多的放大现象，使商品雏鸡污染严重；鸡支原体病已成为危害生产的重要疾病，我国商品鸡群支原体感染率较高与种鸡场的污染密不可分，严重影响了商品鸡群生产潜力的发挥，极大增加了养鸡业的成本），孵化场卫生条件差等，生产的雏鸡质量差。现在许多小的种鸡场和孵化场生产的雏鸡是不符合要求的，鸡场和孵化场环境条件极差，管理水平极低，有的甚至就没有登记注册，没有种禽种蛋经营许可证，所以千万不能贪图小便宜购买质量差的、价格低的雏鸡。订购雏鸡时要通过了解、咨询来选择种鸡场和孵化场，减少盲目性。要到大型的，有种禽种蛋经营许可证的，饲养管理规范和信誉度高的种鸡场，他们出售的雏鸡质量较高，售后服务也好。虽然其价格高一些，但以后产蛋期产蛋多，因疾病死亡少，饲料转化率高，增加的收入要远远多于购买雏鸡的投入。

订购初生雏鸡要签订购销合同，来规范购销双方的责任、权利和义务，特别对购买方更有必要，有利于以后出现问题时及时和妥善解决，避免和减少损失。购销合同应显示的主要内容有：雏鸡的品种、数量、价格、路耗、提鸡时间、付款地点和方式、预交定金、运输情况；雏鸡的质量，如健雏率（98%）、马立克氏病疫苗免疫率（100%）和发生率（双方商榷）、母源抗体水平、沙门氏菌净化率等；违约责任及处理方法等。

3. 选择健壮的雏鸡

选择健壮雏鸡一般是按照前面介绍的外在质量标准来进行。选择方法是先了解，然后通过“看”“听”“摸”可以确定雏鸡的健壮程度（应该注重群体健壮情况）。了解雏鸡的出壳时间、出壳情况，正常应在20天半到21天半全部出齐，而且有明显的出雏高峰（俗称“出得脆”）；“看”是看雏鸡的行为表现，健康的雏鸡精神活泼，反应灵敏，绒毛长短适中，有光泽，雏鸡站立稳健；“听”是听声音，用手轻敲雏鸡盒的边缘，发出响动，健雏会发出清脆悦耳的叫声；“摸”是用手触摸雏鸡，健雏挣扎有力，腹部柔软有弹性，脐部平整光滑无钉手感觉。另外，有的孵化场对出壳雏鸡用福尔马林熏蒸消毒，能使雏鸡绒毛颜色好看，但熏蒸过度易引起雏鸡的眼部损伤，发生结膜炎、角膜炎，严重影响雏鸡的生长发育和育成质量。

（三）雏鸡的运输

雏鸡的运输是一项技术性强的工作，运输要迅速及时，使雏鸡安全舒适到达目的地。

1. 接雏时间

应在雏鸡羽毛干燥后开始，至出壳36小时结束，如果远距离运输，也不能超过48小时，以减少途中脱水和死亡。如果有可能，最好在出壳后24小时内就开始饲喂。

2. 装运工具

运雏时最好选用专门的运雏箱（如塑料箱、木箱等），规格一般长60厘米、宽45厘米、高20厘米，内分2个或4个格，箱壁四周适当设通气孔，箱底要平而且柔软，箱体不得变形。在运雏前要注意运雏箱的冲洗和消毒，根据季节不同每箱可装80～100只雏鸡。运输工具可选用车、船、飞机等。

3. 装车运输

主要考虑防止缺氧闷热造成窒息死亡或寒冷冻死，防止感冒拉稀。装车时箱与箱之间要留有空隙，确保通风。夏季运雏要注意通风防暑，避开中午运输，防止烈日曝晒发生中暑死亡。冬季运输要注意防寒保温，防止感冒及冻死，同时也要注意通风换气，不能包裹过严，防止出汗或窒息死亡。春、秋季节运输气候比较适宜。春、夏、秋季节运雏要备好防雨用具。如果天气不适而又必须运雏时，就要加强防护，在途中还要勤检查，观察雏鸡的精神状态是否正常，以便及早发现问题及时采取措施。无论采用哪种运雏工具，要做到迅速、平稳，尽量避免剧烈震动，防止急刹车，尽量缩短运输时间，以便及时开食、饮水。

4. 雏鸡的安置

雏鸡运到目的地后，将全部装雏盒移至育雏舍内，分放在每个育雏器附近，保持盒与盒之间的空气流通，把雏鸡取出放入指定的育雏器内，再把所有的盒移出舍外。对一次用的纸盒要烧掉；对重复使用的塑料盒、木箱等应清除箱底的垫料并将其烧毁，下次使用前对装雏盒进行彻底清洗和消毒。

三、育雏条件

环境条件影响雏鸡的生长发育和健康，只有根据雏鸡生理和行为特点提供适宜的环境条件，才能保证雏鸡正常的生长发育。

（一）温度

温度是培育的首要条件，温度不仅影响雏鸡的体温调节、运动、采食、饮水及饲料营养消化吸收、休息等生理环节，还影响机体的代谢、抗体产生、体质状况等。只有适宜的温度才有利于雏鸡的生长发育和成活率的提高。

1. 温度要求

育雏期给予的适宜温度见表 5-1。在生产具体应用上，可根据幼雏的体质、时间、群体任务给予调整，使温度适宜均衡，变化小。一般出壳到 2 日龄温度稍高，以后每周降低 2℃，直至 20℃左右。白天雏鸡活动时，温度可稍低，夜晚雏鸡休息时，温度可稍高；周初比周末温度可稍高；健雏稍低，病弱雏稍高；大群稍低，小群稍高；晴朗天稍低，阴雨天稍高。

表 5-1　适宜的育雏温度

鸡龄	1～2 天	1 周	2 周	3 周	4 周	5 周	6 周	7～20 周
温度/℃	35～33	33～30	30～28	28～26	26～24	24～21	21～18	18～16

温度适宜时，雏鸡在育雏舍内分布均匀，食欲良好，饮水适度，采食量每日增加。精神活泼，行动自如，叫声轻快，羽毛光洁整齐。粪便正常。饱食后休息时均匀地分布在保姆伞周围或地面、网面上，头颈伸直，睡姿安详。

2. 温度不适宜时雏鸡的表现和危害

（1）高温　幼雏远离热源，两翅和嘴张开，呼吸加深加快，发出吱吱鸣叫声，采食量减少，饮水量增加，精神差。若幼雏长时间处于高温环境，采食量下降，饮水频繁，鸡群体质减弱，生长缓慢，易患呼吸道疾病和啄癖。炎热的夏季育雏育成时容易发生。幼雏鸡对高温的适应能力相对较强。但过高温度也会危害雏鸡的健康。温度过高容易出现在炎热季节，由于育雏舍的隔热能力差，缺乏降温设施以及育雏人员缺乏育雏知识，盲目地升高育雏温度或责任心不强，对供温设备管理不善等原因引起。温度过高，雏鸡食欲减退，饮水增多，体质软弱，发育缓慢，易发生感冒、呼吸道病和啄癖，体重轻，均匀度差，羽毛生长不良。雏鸡对高温的适应能力强于低温，但在高温高湿和通风不良的情况下，雏鸡的代谢受到严重阻碍，难以适应，伸颈扬头或伏地频频喘气，瘫软不动，衰竭死亡。

（2）低温　雏鸡对低温比较敏感，生产中由于低温而影响雏鸡生长发育和引起死亡的较为常见。低温时表现：温度低的情况下，雏鸡拥挤叠堆，向热源靠近。行动迟缓，缩颈弓背，羽毛蓬松，不愿采食和饮水，发出尖而短的叫声。休息时不是头颈伸直、睡姿安详，而是站立，雏体萎缩，眼睛半开半闭，休息不安静。低温时，雏鸡不愿采食和运动，拥挤叠堆，相互挤压引起窒息死亡；雏鸡受冻下痢，易发生感冒；消化吸收发生障碍，卵黄吸收不良，腹部硬；雏鸡不能很好地休息，体质衰弱，甚至死亡。育雏温度的骤然下降会使雏鸡发生严重的血管反应，循环衰竭，窒息死亡。低温或温度忽高忽低时，雏鸡生理代谢失调，并能使卵黄周围的血管收缩，从而阻碍了雏鸡获取抗体，严重影响雏鸡抗体水平和抵抗力，开产后易发生马立克氏病；温度过低，鸡白痢的感染率和发生率会有较大的提高。雏鸡对低温的适应能力较弱，7～8日龄的雏鸡10～13℃的低温加上较高的湿度影响，经几个小时就会死亡。即使30日龄的雏鸡遇到15℃以下的低温也会引起大批死亡。低温时，雏鸡生长发育受阻，鸡体重不能达标，生长发育参差不齐，整齐度差，影响育成新母鸡质量和以后生产性能的提高。

（3）忽高忽低　育雏期间温度忽高忽低，不稳定，对雏鸡的生理活动影响很大。育雏温度的骤然下降会使雏鸡发生严重的血管反应，循环衰竭，窒息死亡；育雏温度的骤然升高，雏鸡体表血管充血，加强散热消耗大量的能量，抵抗力明显降低。忽冷忽热，雏鸡很难适应，不仅影响生长发育，而且影响抗体水平，抵抗力差，易发生疾病，后期马立克氏病的发生率较高。

3. 温度的测定

育雏温度的测定用普通温度计即可，育雏前对温度计进行校正，作上记号；温度计的位置直接影响到育雏温度的准确性，温度计位置过高测得的温度比要求的育雏温度低而影响育雏效果的情况生产中常有出现。使用保姆伞育雏，温度计挂在距伞边缘15厘米、高度与鸡背相平（大约距地面5厘米）处。暖房式加温，温度计挂在距地面、网面或笼底面5厘米高处。育雏期不仅要保证适宜的育雏温度，还要保证适宜的舍内温度。

4. 适时脱温

育雏结束后要脱温。过去在春季育雏的情况下，雏鸡6周龄可以脱温（因为外界气温较高，雏鸡可以适应）。但现在一年四季都可育雏，育雏季节不同，脱温时间就有很大差异（温度高的季节脱温早，冬季脱温晚）。脱温要慎重，根据育雏季节和雏鸡的体质确定脱温时间，并逐渐脱温，使鸡有一个适应的过程。同时还要注意晚上和寒流突然袭击对雏鸡的不良影响，随时作好保温的准备。

（二）湿度

湿度适宜雏鸡感到舒适，有利于健康和生长发育。育雏舍内过于干燥，雏鸡体内水分随着呼吸而大量散发，则腹腔内的剩余卵黄吸收困难，同时由于干燥饮水过多，易引起拉稀，脚爪发干，羽毛生长缓慢，体质瘦弱；育雏舍内过于潮湿，由于育雏温度较高，且育雏舍内水源多，容易造成高温高湿环境，在此环境中，雏鸡闷热不适，呼吸困难，羽毛凌乱污秽，易患呼吸道疾病，增加死亡率。一般育雏前期为防止雏鸡脱水，相对湿度较高，为75%～70%，可以用在舍内火炉上放置水壶、在舍内喷热水等方法提高湿度；10～20天，相对湿度降到65%左右；20日龄以后，由于雏鸡采食量、饮水量、排泄量增加，育雏舍易潮湿，所以要加强通风，更换潮湿的垫料和清理粪便，以保证舍内相对湿度在55%～40%。育成舍内容易潮湿，要注意适量通风，保持舍内干燥，湿度以55%～60%为宜。

（三）通风换气

新鲜的空气有利于雏鸡的生长发育和健康。鸡的体温高，呼吸快，代谢旺盛，呼出二氧化碳多。雏鸡日粮营养丰富，消化吸收率低，粪便中含有大量的有机物，有机物发酵分解产生的氨气（NH_3）和硫化氢（H_2S）多。加之人工供温燃料不完全燃烧产生的一氧化碳（CO），都会使舍内空气污浊，有害气体含量超标，危害鸡体健康，影响生长发育。加强通风换气可以驱除舍内污浊气体，换进新鲜空气。同时，通风换气还可以减少舍内的水汽、尘埃和微生物，调节舍内温度。

育雏舍既要保温，又要通风换气，保温与通气是一对矛盾，应在保持温度的前提下，进行适量通风换气。通风换气的方法有自然通风和机械通风两种，自然通风的具体做法是：在育雏室设通风窗，气温高时，尽量打开通风窗（或通气孔），气温低时把它关好；机械通风多用于规模较大的养鸡场，可根据育雏舍的面积和所饲养雏鸡数量，选购和安装风机。育雏舍内空气以人进入舍内不刺激鼻、眼，不觉胸闷为适宜。通风时要切忌间隙风，以免雏鸡着凉感冒。

育成鸡采食量和排泄量大，产生的有害气体多，但育成鸡对环境温度适应能力强，可以加大通风换气量。尤其是在冬季和早春鸡舍密封的情况下，若不注意通风换气，容易发生呼吸道病，影响生长发育。

（四）饲养密度

饲养密度过大，雏鸡发育不均匀，易发生疾病，死亡率高。饲养密度过大是我国普遍存在的问题，虽然建筑成本降低了，但培育的新母鸡质量差造成的损失会更大，所以保持适宜饲养密度是必要的。育雏育成期饲养密度要求如表 5-2。

表 5-2　育雏育成期不同饲养方式的饲养密度

周龄	地面平养/(只/米^2)	网上平养/(只/米^2)	立体笼养/(只/米^2 笼底面积)
1～2	40～35	50～40	60
3～4	35～25	40～30	40
5～6	25～20	25	35
7～8	20～15	20	30

（五）光照

光照是影响鸡体生长发育和生殖系统发育的最重要因素，12 周龄以后的光照时数对育成鸡性成熟的影响比较明显。10 周龄以前可保持较长光照时数，使鸡体采食较多饲料，获得充足的营养而更好生长。12周龄以后光照时数要恒定或渐减。

1. 密闭舍

密闭舍不受外界光照影响，育成期光照时数一般恒定为8～10小时。光照方案见表5-3。

表5-3　密闭舍光照参考方案

鸡龄	光照时数/小时	光照强度/勒克斯
1～3天	23	20～30
4～7天	22	20～30
2周	20	10～15
3～4周	18	10～15
5～6周	16	5～8
7～8周	14	5～8
9～10周	12	5～8
11～18周	8～10	5～8
19周	11	5～8
20周	12	5～8
21周龄以后	每周增加0.5,直至15.5恒定	10左右

2. 开放舍或有窗舍

开放舍或有窗舍由于受外界自然光照影响，需要根据外界自然光照变化制定光照方案。光照方案制定方法有渐减法和恒定法，其具体方法如下：

（1）渐减法　查出本批出壳雏鸡20周龄时的自然光照时数（A），再加上7小时，作为第1周光照时数，以后每周减少20分钟，20周龄以后，每周增加0.5小时，直至15.5～16小时恒定。方案：1～3天，23小时；4～7天（$A+7$）小时；以后每周减少20分钟，20周光照时数为A；20周后每周增光20～30分钟直至达到16小时恒定。

（2）恒定法　查出该批雏鸡20周龄内最长的自然光照时数（B），作为育雏育成期光照时数，20周龄以后，每周增加20～30分钟，直至15.5～16小时恒定。方案：1～3天，23小时；4～7天22

小时；8～14 天，20 小时；15～21 天，18 小时；22～28 天，16 小时；以后保持 B 直至 20 周龄；20 周后每周增光 20～30 分钟直至 16 小时为止。

（六）卫生

雏鸡体小质弱，对环境的适应力和抗病力都很差，容易发病，特别是传染病。所以入舍前要加强对育雏舍和育成舍的消毒，加强环境和出入人员、用具设备消毒，经常带鸡消毒，并封闭育雏育成舍，做好隔离，减少污染和感染。

四、育雏方式

（一）平面育雏

平面育雏方式包括更换垫料育雏、厚垫料育雏和网上育雏。

1. 更换垫料育雏

将鸡饲养在铺有约 3～5 厘米厚垫料的地面上，垫料经常更换。育雏前期可在垫料上铺黄纸，有利于饲喂和雏鸡活动。换上料槽后可去掉黄纸，根据垫料的潮湿程度更换或部分更换。垫料可重复利用。对垫料的要求是：重量轻，吸湿性好，易干燥，柔软有弹性，廉价，适于作肥料。常用的垫料有：稻壳、花生壳、松木刨花、锯屑、玉米芯、秸秆等。这种方式的优点是简单易行，农户容易做到；但缺点也较突出：雏鸡经常与粪便接触，容易感染疾病，饲养密度小，占地面积大，管理不够方便，劳动强度大。

2. 厚垫料育雏

将雏鸡饲养在铺上 10～15 厘米厚垫料的地面上，以后经常用新鲜的垫料覆盖于原有垫料上，到育雏结束才一次清理垫料和废弃物。这种方式的优点是劳动强度小，雏鸡感到舒适（由于原料本身能发热，雏鸡腹部受热良好），并能为雏鸡提供某些维生素（厚垫料中微生物的活动可以产生维生素 B_{12}，有利于促进雏鸡的食欲和新陈代谢，提高蛋白质利用率）。

3. 网上育雏

将雏鸡饲养在离地面 80～100 厘米高的网上，目前生产中常用。网面的构成材料种类较多，有钢制的（钢板网、钢编网）、木制的和竹制的。现在常用的是竹制的，将多个竹片串起来，制成竹片间距为1.2～1.5厘米的竹排，将多个竹排组合形成育雏网面，育雏前期再在上面铺上塑料网，可以避免别断雏鸡脚趾，雏鸡感到舒适。网上育雏的优点是粪便直接落入网下，雏鸡不与粪便接触，减少了病原感染的机会，尤其是大大减少了球虫病爆发的危险。同时，由于养在网上，提高了饲养密度，减少了鸡舍建筑面积，可减少投资，提高经济效益。

（二）立体饲养

立体饲养也是笼养。就是把雏鸡养在多层笼内，这样可以增加饲养密度，减少建筑面积和占用土地面积，便于机械化饲养，管理定额高，适合于规模化饲养。育雏笼由笼架、笼体、料槽、水槽和托粪盘构成。重叠式一般笼架长100厘米，宽60～80厘米，高150厘米。从离地30厘米起，每40厘米为一层，可设三层或四层，笼底与托粪盘相距10厘米；阶梯式一般由6个单笼和阶梯式笼架组合而成，每个单笼长190厘米，宽80厘米，分为2格。上层笼中的粪便直接落入笼下方的粪沟内，既可以育雏也可以育成。

五、育雏准备

准备工作的好坏，关系到育雏期的成活率和新母鸡质量，直接影响培育效果。

（一）鸡舍准备

1. 鸡舍的类型和要求

（1）鸡舍的类型　按照鸡舍的密封程度来划分，可以分为密闭舍、开放舍和半开放舍。目前我国的鸡舍多是开放舍或半开放舍，即鸡舍有窗户和通风口，进行采光和通风，必要时可以把窗户封闭；按照鸡舍的用途可以分为专用育雏舍、专用育成舍和育雏育成舍。规模化蛋鸡场一般是育雏期和育成期分开饲养，而小型鸡场和专业户多是育雏育成期都在一栋舍内饲养。

（2）鸡舍的要求　鸡舍直接影响到舍内温热环境的维护和卫生防疫，对鸡舍的要求如下：

① 较好的保温隔热能力　鸡舍的保温隔热能力影响舍内温热环

境，特别是温度。保温隔热能力好，有利于冬天的保温和夏季的隔热，有利于舍内适宜温度的维持和稳定。专用育雏舍，由于雏鸡需要较高的环境温度，育雏期需要人工加温，所以，对保温性能要求更高些。鸡舍的维护结构设计要合理，具有一定的厚度，设置天花板，精细施工。为减少散热和保温，可以缩小窗户面积（每间可留两个1×1的窗户）和降低育雏舍的高度（高度一般为2.5～2.8米）；育雏育成舍，不仅要考虑保温，还要考虑通风和隔热。设置的窗户面积可以大一些，育雏期封闭，育成期可以根据温度情况打开。设置活动式天花板，育雏期封闭，育成期根据温度情况撩开。适当提高鸡舍房檐高度（3～3.2米），并设置通风换气系统。

② 良好的卫生条件　鸡舍的地面要硬化，墙体要粉刷光滑，有利于冲洗和清洁消毒。

③ 适宜的鸡舍面积　面积大小关系到饲养密度，影响培育效果，必须有适宜的鸡舍面积。培育方式不同、鸡的种类不同，饲养阶段不同，需要的面积不同，鸡舍面积根据培育方式、种类、数量来确定。

（3）鸡舍规格　根据场地形状、大小、笼具规格和饲养数量确定长宽，高度一般为3～3.5米。

2. 鸡舍的消毒

进鸡前对鸡舍进行彻底的清洁消毒，清洁消毒的方法和步骤如下：

（1）清理、清扫、清洗　先清理鸡舍内的设备、用具和一切杂物，然后清扫鸡舍。清扫前在舍内喷洒消毒液，可以防止尘埃飞扬。把舍内墙壁、天花板、地面的角角落落清理清扫得干干净净。清扫后用高压水冲洗机清洗育雏舍。不能移动的设备、用具也要清扫消毒。

（2）墙壁、地面消毒　育雏舍的墙壁可用10%石灰乳+5%火碱溶液抹白，新建育雏舍可用5%火碱溶液或5%福尔马林溶液喷洒。地面用5%火碱溶液喷洒。

（3）设备、用具消毒　把移出的设备、用具（如料盘、料桶、饮水器等）清洗干净，然后用5%福尔马林溶液喷洒或在消毒池内浸泡3～5小时，移入育雏舍。

（4）熏蒸消毒　把育雏使用的设备、用具移入舍内后，封闭门窗进行熏蒸消毒。常用的药品是福尔马林和高锰酸钾。根据育雏舍的污浊程度，选用不同的熏蒸浓度，见表5-4。熏蒸方法如下：

表5-4　不同熏蒸浓度的药物使用量

药品名称	Ⅰ级浓度	Ⅱ级浓度	Ⅲ级浓度
福尔马林(毫升/米^{3}空间)	14	28	42
高锰酸钾(克/米^{3}空间)	7	14	21

① 封闭育雏舍的窗和所有缝隙。根据育雏舍的空间分别计算好福尔马林和高锰酸钾的用量。

② 把高锰酸钾放入陶瓷或瓦制的容器内（育雏舍面积大时可以多放几个容器），将福尔马林溶液缓缓倒入，迅速撤离，封闭门窗。

③ 熏蒸效果最佳的环境温度是24℃以上，相对湿度75%～80%，熏蒸时间24～48小时。熏蒸后打开门窗通风换气1～2天，使其中的甲醛气体逸出。不立即使用的可以不打开门窗，待用前再打开门窗通风。

④ 熏蒸时，两种药物反应剧烈，因此盛装药品的容器尽量大一些；熏蒸后可以检查药物反应情况。若残渣是一些微湿的褐色粉末，则表明反应良好；若残渣呈紫色，则表明福尔马林量不足或药效降低；若残渣太湿，则表明高锰酸钾量不足或药效降低。

（5）育雏舍周围环境消毒　用10%甲醛或5%～8%火碱溶液喷洒育雏舍周围和道路。

（二）设备用具准备

1. 供温设备

幼雏需人工供温，较实用的供温设备有以下几种：

（1）煤炉供温　指在育雏室内设置煤炉和排烟通道，燃料用炭块、煤球、煤块均可，保温良好的房舍，每20～30米^{2}设置一个炉即可。为了防止舍内空气污染，可以紧挨墙砌煤炉，把煤炉的进风口和掏灰口设置在墙外。这种方法优点是省燃料，温度易上升；缺点是费人力，温度不稳定。适用于专业户、小规模鸡场的各种育雏方式。

（2）保姆伞供温　形状像伞，撑开吊起，伞内侧安装有加温和控温装置（如电热丝、电热管、温度控制器等），伞下一定区域温度升高，达到育雏温度。雏鸡在伞下活动、采食和饮水。伞的直径大小不同，饲养的雏鸡数量不等。现在伞的材料多是耐高温的尼龙，可以折叠，使用比较方便。其优点是育雏数量多，雏鸡可以在伞下选择适宜的温度带，换气良好；不足是育雏舍内还需要保持一定的温度（需要保持 24℃）。适用于地面平养、网上平养。

（3）烟道供温　根据烟道的设置，可分为地下烟道育雏和地上烟道育雏两种形式。

① 地下烟道育雏　在育雏室，顺着房的后墙地下修建两个直通火道，烟道面与地面平，火门留在育雏室中央，烟道最后从育雏室墙上用烟囱通往室外。为了保温在烟道上设有护板，并靠墙挖一斜坡，护板下半部是活动的，可以支起来，便于打扫。这种地下烟道，可以使用当地任何燃料，经济实用，根据舍内温度，昼夜烧火。这是一种经济、简便、有效的供温设备，可广泛采用。

② 地上烟道育雏　烟道设在育雏室的地面上，雏鸡活动在烟道下。这种烟道可使用任何燃料，也根据舍温调整烧火次数，以保证适宜的舍温需要。

（4）热水热气供温　大型鸡场育雏数量较多，可在育雏舍内安装散热片和管道，利用锅炉产生的热气或热水使育雏舍内温度升高。此法育雏舍清洁卫生，育雏温度稳定，但投入较大。

（5）热风炉供温　将热风炉产生的热风引入育雏舍内，使舍内温度升高。

2. 用具

（1）饲喂饮水用具　育雏期的饲喂用具有开食盘（每 100 只鸡 1 个）、长形料槽（每只鸡 5 厘米）或料桶（每 15 只鸡 1 个）。育成期大号料桶（每 10 只鸡 1 个）或长形料槽（每只鸡 10 厘米）；饮水用具有壶式饮水器（育雏期每 50 只鸡 1 个小号或中号饮水器；育成期可用中号或大号饮水器）、乳头饮水器或勺式饮水器。

（2）防疫消毒用具　防疫用具有滴管、连续注射器、气雾机等；消毒用具有喷雾器。

（3）断喙用具　自动断喙器。

（4）称重用具　专用称鸡的秤或天平或台秤（误差小于 20 克），

游标卡尺。

3. 药品准备

准备的药品包括：疫苗等生物制品；防治白痢、球虫的药物（如球痢灵、杜球、三字球虫粉等）；抗应激剂（如维生素C、速溶多维）；营养剂（如糖、奶粉、多维电解质等）；消毒药（酸类、醛类、氯制剂等，准备3～5种消毒药交替使用）。

4. 人员准备

提前对饲养人员进行培训，以便掌握基本的饲养管理知识和技术。育雏人员在育雏前1周左右到位并着手工作。

5. 饲料准备

不同的饲养阶段需要不同的饲料。育雏料在雏鸡入舍前1天进入育雏舍。每次配制的饲料不要太多，能够饲喂5～7天即可，太多则存放时间长，饲料容易变质或营养损失。

6. 温度调试

安装好供温设备后要调试，观察温度能否上升到要求的温度，需要多长时间才能上升到。如果达不到要求，要采取措施尽早解决。育雏前2天，要使温度上升到育雏温度且保持稳定。根据供温设备情况提前升温，避免雏鸡入舍时温度达不到要求影响育雏效果。

六、育雏期饲养管理

（一）饲养

1. 饮水

水在鸡体内占有很高的比例，且是重要的营养素。鸡的消化吸收、废弃物的排泄、体温调节等都需要水，如果饮水不良，必然会影响生长发育。所以，育雏期必须保证供应充足的饮水。

（1）开食前饮水　据研究，雏鸡出壳后24小时消耗体内水分的8%，48小时消耗15%。加之运输、入舍等，体内水分容易消耗，所以，一般应在出壳24～48小时内让雏鸡饮到水。雏鸡入舍后先饮水，可以缓解运输途中给雏鸡造成的脱水和路途疲劳，提高雏鸡的适应力。出壳过久饮不到水会引起雏鸡脱水和虚弱，而脱水和虚弱又直接影响到雏鸡能否尽快学会饮水和采食。

为保证雏鸡入舍就能饮到水，在雏鸡入舍前1～3小时将灌有水的饮水器放入舍内。为减轻路途疲劳和脱水，可让雏鸡饮营养水。即水中加入5%～8%的糖（白糖、红糖或葡萄糖等），或2%～3%的奶粉，或多维电解质营养液；为缓解应激，可在水中加入维生素C或其他抗应激剂。

如果雏鸡不知道或不愿意饮水，应采用人工诱导或驱赶的方法（把雏鸡的喙浸入水中几次，雏鸡知道水源后会饮水，其他雏鸡也会学着饮水）使雏鸡尽早学会饮水，对个别不饮水的雏鸡可以用滴管滴服。

（2）饮水器及饮用的水　小型鸡用小号饮水器，中型或大型鸡用中号饮水器。保姆伞育雏，饮水器放在育雏伞的边缘外的垫料上；暖房式育雏（整个育雏舍内温度达到育雏温度），饮水器放在网面上、地面上或育雏笼的底网上。饮水器边缘高度与鸡背相平。

0～3日龄雏鸡饮用温开水，水温为16～20℃，以后可饮洁净的自来水或深井水。

（3）饮水注意事项

① 将饮水器均匀放在育雏舍光亮温暖、靠近料盘的地方，有利于雏鸡学会饮水。保证饮水器中经常有水，发现饮水器中无水，立即加水，不要待所有饮水器无水时再加水（雏鸡有定位饮水习惯），避免鸡群缺水后的暴饮。

② 注意观察雏鸡是否都能饮到水，发现饮不到水的要查找原因，立即解决。若饮水器少，要增加饮水器数量；若光线暗或不均匀，要增加光线强度；若温度不适宜，要调整温度。

③ 饮水器要经常刷洗消毒，一般应在每次加水前清洗消毒，保持饮水器洁净卫生。

④ 饮水免疫的前后2天，饮用水和饮水器不能含有消毒剂，水中一般不要添加药物，否则会降低疫苗效果，甚至使疫苗失效。

⑤ 为预防和治疗疾病饮用药水时要现用现配，以免失效，掌握准确药量，防止过高或过低，过高易引起中毒，过低无疗效。

⑥ 过去有些鸡场或饲养户在开食前不让雏鸡饮水，害怕饮水引起雏鸡拉稀的做法是没有科学道理的。拉稀并不是饮水引起的，不让鸡饮水反而容易引起脱水或影响雏鸡早期生长。

（4）雏鸡的饮水量　如表5-5。

表 5-5　雏鸡的正常饮水量　单位：毫升/(日・只)

周龄	饮水量	周龄	饮水量
1～2	自由饮水	7	75～85
3	40～50	8	85～90
4	45～55	9	90～100
5	55～65	10～20	100～200
6	65～75		

2. 饲喂

(1) 雏鸡的开食　雏鸡首次喂料叫开食。一般是幼雏进入育雏舍，休息后就可开食饮水，雏鸡出壳后要尽早开食饮水。最重要的是保证雏鸡出壳后尽快学会采食，学会采食时间越早，采食的饲料越多，越有利于早期生长和体重达标。

开食最合适的饲喂用具是大而扁平的容器或料盘。因其面积大，雏鸡容易接触到饲料和采食饲料，易学会采食。每个规格为 40 厘米×60 厘米的开食盘可容纳 100 只雏鸡采食。有的鸡场在地面或网面上铺上厚实、粗糙并有高度吸湿性的黄纸。开食料过去常用小米、玉米，南方也有用大米。如将小米煮至七成熟后，控水即可。现在常用配合饲料，将全价配合饲料用温水拌湿（手握成块，一松即散），撒在开食盘或黄纸上面让鸡采食。湿拌料可以提高适口性，又能保证雏鸡采食的营养物质全面。因许多微量物质都是粉状，雏鸡不愿采食或不易采食，拌湿后，粉可以粘在粒料上，雏鸡一并采食。对不采食的雏鸡群要人工诱导其采食，即用食指轻敲纸面或食盘，发出小鸡啄食的声响，诱导雏鸡跟着手指啄食，有一部分小鸡啄食，很快会带动全群采食。

开食后，第一天喂料要少撒勤添，每 1～2 小时添料一次，添料的过程也是诱导雏鸡采食的一种措施。开食后要注意观察雏鸡的采食情况，保证每只雏鸡都吃到饲料，尽早学会采食。开食几小时后，雏鸡的嗉囊应是饱的，若不饱应检查其原因（如光线太弱或不均匀、食盘太少或撒料不匀、温度不适宜、体质弱或其他情况）并加以解决和纠正。开食好的鸡采食积极、速度快，采食量逐日增加。

(2) 饲喂

① 饲喂次数　在前 2 周每天喂 6 次，其中早晨 5 点和晚上 10 点

各一次；3～4 周每天喂 5 次；5 周以后每天喂 4 次。育成期一般每天饲喂 1～2 次。

② 饲喂方法　进雏前 3～5 天，饲料撒在黄纸或料盘上，让雏鸡采食，以后改用料桶或料槽。前 2 周每次饲喂不宜过饱。幼雏贪吃，容易采食过量，引起消化不良，一般每次采食九成饱即可，采食时间约 45 分钟。3 周以后可以自由采食，每天参考喂料量如表 5-6。生产中要根据鸡的采食情况灵活掌握喂料量，下次添料时余料多或吃的不净，说明上次喂料量较多，可以适当减少一些；否则，应适当增加喂料量。既要保证雏鸡吃好，获得充足营养，又要避免饲料的浪费。

③ 喂料量　根据雏鸡的采食情况增加和减少喂料量，育雏期自由采食，保证雏鸡吃饱吃好。参考标准如表 5-6。

表 5-6　不同品种鸡育雏育成期的参考喂料量

周龄	白壳蛋鸡(海兰 W-36)		褐壳蛋鸡(新红褐)	
	喂料量/[克/(天・只)]	体重范围/克	喂料量/[克/(天・只)]	体重范围/克
1	10	50～70	11	50～80
2	16	100～140	19	100～140
3	19	160～200	25	180～220
4	29	220～280	31	260～320
5	38	290～350	37	360～400
6	41	350～430	43	440～540
7	43	430～510	49	540～600
8	46	510～590	53	620～710
9	48	590～680	57	720～810
10	51	690～780	61	810～890
11	53	780～870	65	900～980
12	54	870～960	69	1000～1100
13	56	960～1040	73	1130～1230
14	57	1040～1110	76	1230～1310
15	59	1110～1160	79	1330～1420
16	61	1160～1220	82	1500～1620
17	62	1220～1270	85	1650～1710
18	64	1270～1300	88	1710～1790

④ 料中加入药物　为了预防沙门氏菌病、球虫病的发生，可以在饲料中加入药物。料中加药时，剂量要准确，拌料要均匀，以防药物中毒。生产中，痢特灵、球虫药中毒等情况时有发生。

⑤ 定期饲喂沙砾　鸡无牙齿，食物靠肌胃蠕动和胃内沙砾研磨。4 周龄时，每 100 只鸡喂 250 克中等大小的不溶性沙砾（指不溶于盐酸，可以将沙砾放入盛有盐酸的烧杯中，如果有气泡说明是可溶性的）。8 周龄后，垫料平养每 100 只鸡每周补充 450～500 克，网上平养和笼养每 100 只鸡每 4～6 周补充 450～500 克不溶性沙砾，粒径为 3～4 毫米，一天用完。

（二）育雏期的管理

1. 保持适宜的环境条件

控制好温度、湿度、通风、光照、密度、营养等环境条件，特别要做好保温和脱温工作。

2. 让雏鸡尽快熟悉环境

育雏伞育雏时，伞内要安装一个小的白光灯或红光灯，以调教雏鸡熟悉环境，2～3 天雏鸡熟悉热源后方可去掉。育雏器周围最好加上护栏（冬季用板材，夏季用金属网），以防雏鸡远离热源，随着日龄增加，逐渐扩大护栏面积或移去护栏。

暖房式（整个舍内温度达到育雏温度）加温的育雏舍，在育雏前期可以把雏鸡固定在一个较小的范围内，这样可以提高饲槽和饮水器的密度，有利于雏鸡学会采食和饮水。同时，育雏空间较小，有利于保持育雏温度和节约燃料。

笼养时，育雏的前 2 周内笼底要铺上厚实粗糙并有良好吸湿性的纸张，这样笼底平整，易于保持育雏温度，雏鸡活动舒适。

3. 垫料管理

地面平养一般要使用垫料，开始垫料厚度为 5 厘米，3 周内保持垫料稍微潮湿，不能过于干燥，否则易引起脱水，以后保持垫料干燥，其湿度为 25%。加强靠近热源垫料的管理，因鸡只常逗留于此，易污浊潮湿，垫料污浊潮湿要及时更换，可以减少霉菌感染，未发生传染病的情况下，潮湿的垫料在阳光下干燥曝晒（最好消毒）后可以重复利用。

4. 分群、稀群和转群

随着日龄的增加，鸡群会出现大小、强弱差异，公雏的第二性征也会明显，所以要利用防疫、转群、饲喂等机会进行大小分群、强弱分群和公母分群，有利于鸡群生长发育整齐和减少死亡。鸡群不要过大，一般每群以1000～2000只为宜。育雏后期和育成期及时淘汰体重过小、瘦弱、残疾、畸形等无饲养价值的鸡，降低育成鸡的培育费用。随着日龄的增加，鸡的体型增大，需要不断扩大饲养面积，疏散鸡群。根据不同日龄和不同饲养方式的密度要求合理地扩大饲养面积，避免鸡群拥挤，影响生长发育和均匀整齐。

育雏结束，需要转入育成舍或部分转入育成舍。转群时，抓鸡要抓鸡脚，提鸡腿。抓鸡和放鸡的动作要柔和，避免动作粗暴引起损伤和严重应激。转群前要在料槽和水槽中放上料和水，保持鸡舍明亮，在饲料和饮水中加入多种维生素，以减少应激。

5. 加强对弱雏的管理

随着日龄增加，雏鸡群内会出现体质瘦弱的个体。注意及时挑出小鸡、弱鸡和病鸡，隔离饲养，可在饲料中添加糖、奶粉等营养剂，或加入VC或速溶多维等抗应激剂，必要时可使用土霉素、链霉素、呋喃唑酮等抗菌药物，并精心管理，以期跟上整个鸡群的发育。

6. 断喙

鸡的饲养管理过程中，由于种种原因，如饲养密度大，光照强，通气不良，饲料不全价及机体自身因素等会引起鸡群之间相互叨啄，形成啄癖，包括啄羽、啄肛、啄翅、啄趾等，轻则伤残，重者造成死亡，所以生产中要对雏鸡进行断喙。同时，断喙可节省饲料，减少饲料浪费，使鸡群发育整齐。

（1）断喙的时间　蛋用雏鸡一般在8～10日龄断喙，可在以后转群或上笼时补断。断喙时间晚，喙质硬，不好断；断喙过早，雏鸡体质弱，适应能力差，会引起较严重的应激反应。

（2）断喙的用具　较好的用具是自动断喙器。在农村，可采用500瓦的电烙铁固定在椅子上代用，但以烙代切，会对雏鸡造成较大的应激。

（3）断喙的方法　用拇指捏住鸡头后部，食指捏住下喙咽喉部，将上下喙合拢，放入断喙器的小孔内，借助于灼热的刀片，切除鸡上下喙的一部分，灼烧组织可防止出血。断去上喙长度的1/2，下喙长度的1/3。

（4）断喙注意事项

① 断过的喙应上短下长才合要求。断喙不可过长，一则易出血不易止血，二则影响以后的采食，引起生长缓慢。

② 准确掌握断喙温度，在650～750℃为适宜（断喙器刀片成暗红色）。温度太高，会将喙烫软变形；温度低，起不到断喙作用，即使断去喙，也会引起出血、感染。

③ 断喙对鸡是一大应激，鸡群发病期间不能断喙，待病痊愈后再断喙。在免疫期间最好不进行断喙，避免影响抗体生成，有的鸡场为了减少抓鸡次数，在断喙时同时免疫接种，应在饮水或饲料中添加足量的抗应激剂。

④ 断喙后食槽应有1～2厘米厚度的饲料，以避免雏鸡采食时与槽底接触引起喙痛影响以后采食。

⑤ 防止断喙后出血，在断喙前后3天，料内加维生素K，每千克饲料中加5毫克。

⑥ 断喙器保持清洁，以防断喙时交叉感染（多场共用一个断喙器时，在断喙前要进行熏蒸消毒）。

7. 注意观察鸡群

观察鸡群能及时发现问题，把疾患消灭于萌芽状态。所以每天都要细致地观察鸡群。观察从以下几个方面进行：

（1）采食情况　正常的鸡群采食积极，食欲旺盛，触摸嗉囊饱满。个别鸡不食或采食不积极应隔离观察。有较多的鸡不食或不积极，应该引起高度重视，找出原因。其原因一般有：

① 突然更换饲料，如两种饲料的品质或饲料原料差异很大，突然更换，鸡只没有适应引起不食或少食。

② 饲料的腐败变质，如酸败、霉变等。

③ 环境条件不适宜，如育雏期温度过低或过高、温度不稳定，育成期温度过高等。

④ 疾病，如鸡群发生较为严重的疾病。

（2）精神状态　健康的鸡活泼好动；不健康的鸡会呆立一边或离群独卧，低头垂翅等。

（3）呼吸系统情况　观察有无咳嗽、流鼻、呼吸困难等症状。在晚上夜深人静时，蹲在鸡舍内静听雏鸡的呼吸音，正常应该是安静，听不到异常声音；如有异常声音，应引起高度重视，做进一步的检查。

（4）粪便检查　粪便可以反映鸡群的健康状态，正常的粪便多为不干不湿黑色圆锥状，顶端有少量尿酸盐沉着。发生疾病时粪便会有不同的表现：如鸡白痢排出的是白色带泡状的稀薄粪便；球虫病排出的是带血或肉状粪便；法氏囊病排出的是稀薄的白色水样粪便等。粪便观察可以在早上开灯后进行，因为晚上鸡只卧在笼内或网上排粪，不容易观察。

8. 卫生防疫

（1）隔离卫生　育雏期间进行封闭育雏，避免闲杂人员入内。饲养管理人员进入要进行严格的消毒，设备、用具、饲料等进入也要消毒；保持育雏和育成舍清洁卫生，垃圾和污物放在指定地点，不要随意乱倒；定期清理粪便，饲养人员保持个人卫生；保持饲喂用具、饮水用具卫生。

（2）消毒　除了进入的人员、设备及用具严格消毒外，还要定期进行鸡舍和环境消毒。育雏期每周带鸡消毒 2～3 次，育成期每周 1～2 次；鸡舍周围环境每周消毒一次。饲喂用具每周消毒 1 次，饮水用具每周消毒 2～3 次，同时对水源也要定期进行消毒。

（3）制定严格的免疫接种程序并进行确切的操作。

9. 记录和统计计算

（1）记录　作好记录有利于了解鸡群状况和发育情况，有利于经济核算和降低饲养成本，有利于总结经验和吸取教训，提高饲养管理和技术水平。

每日记录：记录的内容主要包括雏鸡的日龄、周龄、鸡数变动情况、喂料量、温度、湿度、通风换气、外界气候变化、鸡群精神状态。

用药记录：药品名称、产地、含量、失效期、剂量、用药途径及用药效果。

防疫记录：防疫时间、疫病种类、疫苗名称、来源、失效期、防疫方法。

其他记录：各种消耗、支出以及收入等。

（2）统计计算　根据记录情况，进行统计计算，可以了解育雏成本。育雏成本计算公式：

$$每只雏鸡成本=\frac{雏鸡的饲养费用-副产品价值}{育雏期末成活的雏鸡数}$$

第二节　育成期的饲养管理

新育成的母鸡质量直接影响到产蛋期的产蛋性能，培育优质育成新母鸡是提高蛋鸡产蛋量的基础。培育的新母鸡质量差，转入蛋鸡舍后会有较高的死亡率、较低的产蛋率和较少的产蛋量。生产中由于人们缺乏培育优质新母鸡的意识和相关知识，培育的新母鸡质量差，这是直接影响产蛋量提高的一个重要因素。

实际生产中，将鸡的培育过程（出壳～20 周龄）分为育雏期和育成期两个阶段，过去一般是按周龄划分的，0～6 周龄称为育雏期，7～20 周龄称为育成期。现在主张按体重划分，即体重达标的周龄是分界线，雏鸡体重达标，就可以进入育成期，更换育成期的饲料。

一、育成鸡的生理特点

（一）对外界适应能力增强

育成阶段鸡羽毛已经丰满，经换羽长出成羽，体温调节能力健全，对外界适应能力强。但要注意育雏结束时要根据育雏时间和外界温度确定适宜的脱温时间，否则也可能造成较多的死亡。

（二）生长迅速，脂肪和钙、磷沉积能力强

育成鸡生长迅速、发育旺盛，机体各系统的机能基本发育健全。消化能力日趋健全，食欲旺盛，脂肪的沉积能力逐渐增强，所以鸡体容易过肥；钙、磷的吸收能力不断提高，骨骼发育处于旺盛时期，此时肌肉生长最快。体重增长速度随日龄的增加而逐渐下降，但育成期仍然增重幅度最大。此阶段宜适当降低饲粮的蛋白质水平，保持微量元素和维生素的供给，育成后期增加钙的补充。

(三) 性器官发育快

小母鸡从第11周龄起，卵巢滤泡逐渐积累营养物质，滤泡渐渐增大；小公鸡12周龄后睾丸及副性腺发育加快，精子细胞开始出现。18周龄以后性器官发育更为迅速，卵巢重量可达1.8～2.3克，即将开产的母鸡卵巢内出现成熟滤泡，使卵巢重量达到44～57克。由于12周龄以后公、母鸡的性器官发育很快，对光照时间长短的反应非常敏感，不限制光照，将会出现过早产蛋等情况，应注意控制光照。

二、育成期的培育目标

育成鸡的培育目标是通过育雏育成期精心的饲养管理，培育出优质的育成新母鸡（育成新母鸡是指培育到18～20周龄时的育成鸡）。具体来说，就是要培育出个体质量和群体质量都优良的育成新母鸡。

(一) 个体质量

个体质量即单个鸡的质量，每一只鸡都要健康。确定方法是观察鸡群外貌和触摸品质。

1. 精神状态

活蹦乱跳，反应灵敏是健康鸡；无精打采，行动迟缓，对外来刺激无反应或过分强烈是不健康鸡。食欲旺盛，采食有力是健康鸡；采食无力，食欲不强是不健康鸡。体型良好，羽毛紧凑光洁是健康鸡；羽毛蓬松污乱是不健康鸡。

2. 鸡体各部状态

鸡冠、脸、肉髯颜色鲜红，眼睛突出，鼻孔洁净是健康鸡；否则是不健康鸡。肛门羽毛清洁，粪便正常是健康鸡；肛门羽毛粘有污物，粪便异常是不健康鸡。

3. 触诊

触摸鸡体，挣扎有力，胸骨平直，肌肉和脂肪配比良好是健康鸡；否则是不健康鸡。

通过以上检查，一般可确定鸡的体表是否健康。如怀疑鸡群发生隐性感染，可进行实验室检查。

（二）群体质量

群体质量就是整个鸡群质量。其标准包括以下几方面：

1. 品种质量

保证品种纯正优良。商品蛋鸡场应选择高产配套杂交鸡种；种鸡场应选择优质纯正不混杂的种蛋和种鸡。雏鸡应来源于持有生产许可证的场家，以避免鸡种混杂，保证鸡种质量。若外购育成鸡，则应从外表细致观察来判定其品种。

2. 体型及其均匀度

鸡的体型发育情况是由体重和骨骼两个方面共同决定的。只有体重和骨骼发育良好、协调一致的育成鸡，才有良好的表现。同时，鸡的饲养是群体饲养，必须保证每只鸡体型都好，也就是鸡群高度均匀一致。

（1）体重及体重均匀性　鸡的体重随鸡种而异，不同的鸡种有不同的体重要求，育种场家提供了某鸡种的标准体重，育成鸡群的平均体重应与标准相符。平均体重是测定值的总和除以测定次数，即从鸡群中随意捕捉100只，测定每只体重，求其平均值。平均体重大于或小于标准体重，成鸡阶段产蛋数量会减少。育成鸡（20周）体重对产蛋性能的影响见表5-7。

表5-7　育成鸡体重对产蛋性能的影响

20周体重	母鸡日产蛋率/%	入舍母鸡产蛋率/%	死亡率/%	料耗量/[克/(只·天)]	平均蛋重/克	扣除饲料费收益次序
特轻	55.1	49	18.5	94.3	58.5	4
轻	64.6	61.6	9.6	114.7	60.1	3
平均	64.6	62.2	7.3	116.5	60.4	1
重	64.0	62.4	5.7	118.8	63.0	2
特重	62.5	59.0	9.9	127.0	63.7	5

平均体重符合标准，并不一定鸡群中每只鸡都符合标准。还要了解鸡群体重均匀性，要求体重均匀性好。体重均匀状况常用体重均匀度表示，即平均体重±10%范围内鸡的只数占鸡群总只数的百分比。均匀度愈高，体重愈均匀一致。一般将均匀度在80%以上的鸡群视

为均匀一致鸡群。平均体重符合要求，均匀度不同，其产蛋量也不同，如表5-8。

表5-8　性成熟体重均匀度变化对产蛋影响

成熟体重在平均体重±10%范围内母鸡数	每只鸡在一个产蛋周期内多产蛋数/枚
91%以上	10.0
84%～90%	7
77%～83%	4
70%～76%	0
63%～69%	−4
56%～62%	−8
55%以下	−12

（2）胫长及其均匀性　体重指标是衡量鸡群发育状况的较好指标，但单纯用体重指标衡量育成鸡的质量也有一些缺陷。比如，骨架大的瘦鸡和骨架小的肥鸡，其体重指标都可能接近甚至完全符合体重标准，但二者均不是理想的蛋用或种用鸡的体型。因为鸡的体型是由骨骼发育状况和鸡的肥瘦度这两个参数共同决定的，因此育种公司在制订体重指标时也给出骨骼发育标准。胫长（跗关节至爪垫部的垂直长度）与骨骼的发育状况有强相关性，且测量（结合称重同时测定）起来方便简单，因此，常用胫长来表示骨骼发育状况。常用胫长均匀度表示骨骼发育的均匀状况，即平均胫长±5%范围内的鸡数占鸡群总只数的百分比。胫长均匀度大于90%的鸡群视为骨骼发育均匀鸡群。

3. 抗体检测

鸡群抗体水平的高低反映鸡群对疾病的抵抗力和健康状况，所以育成鸡（18～20周）抗体检测结果是鉴定其质量优劣的重要指标之一。若育成鸡群的抗体结果符合安全指标，又无特定病原（如慢呼、淋巴性白血病、白痢等）感染，其质量就优；否则质量就差，这样的育成鸡群在成鸡阶段就很可能发生疾病，影响生产性能发挥。自己培育雏鸡时要结合本地区和本鸡群实际情况，制定并实施正确的免疫接种程序，以使鸡体内保持较高的抗体水平；并严格卫生、消毒、隔离制度，避免特定病原的感染，保证鸡群健康安全。如果是购入的育成鸡，应了解卖方的免疫程序及抗体检测结果，必要时可抽查检测，以确切了解鸡群的抗体情况。

三、育成期饲养管理

（一）饲养

1. 营养要求

育成阶段的营养需要与育雏期有很大的不同，主要区别是日粮蛋白质必须大大减少，这样不仅能满足需要，而且能最大限度地节约蛋白质饲料消耗。因为育成期蛋白质需要量相对稳定，而采食量不断增加，如果日粮蛋白质含量不降低，育成鸡每天可能摄入过量的蛋白质而早熟，同时大大增加培育成本。但育成阶段正是骨骼和肌肉的发育阶段，必须要保证维生素和矿物质需要，特别是Ca、P、Mn、Zn等含量以及Ca、P比例合理。

2. 限制饲养

育成阶段应控制鸡的发育，避免鸡体过肥，使体成熟和性成熟趋于一致，在适宜的周龄和体重开产，可以适当限制饲养。如果体重超标，可进行适当的限制饲养；体重符合标准，自由采食；体重不达标，应加强饲喂。为保证每只鸡都获得需要的采食量（见表5-6），饲喂用具要充足。

3. 补充沙砾

8周后，垫料平养450～500克/100只每周一天用完；网上平养，450～500克/100只每4～6周一天用完，其粒度为3～4毫米。也可在舍内设置沙盘，或在运动场设置沙池，让鸡自由采食。

4. 饲料更换

育雏期鸡的消化道容积小，消化能力弱，需要营养平衡、全面、浓度高且易于消化吸收的雏鸡料。进入育成期后，鸡胃肠容积增大，消化能力增强，采食量与日俱增，其蛋白质需要量相对稳定，所以应使用蛋白质含量较低的育成料，这样能以尽可能低的成本生产出优质的新母鸡。否则，会导致新母鸡早熟，增加培育费用，甚至会引起痛风等疾病。但由雏鸡料到育成料，应该注意不能按周龄来确定（传统饲养是按周龄确定的），而是按体重确定，即何时雏鸡体重达标，何时更换育成料。

育成料蛋白质含量降低，可以适当增加粗饲料和青饲料，保证维生素和矿物质需要及平衡。对于生长中的育成鸡，钙的含量要适宜，如果饲料中钙质不足，会导致鸡群生长发育缓慢，骨骼发育不良，轻者骨脆易折、变形弯曲，发生软骨病，严重者发展成佝偻病。如果钙含量过高，则易造成钙盐在肾脏中的沉积，危害肾脏的正常发育，影响肾脏的正常功能，阻碍尿酸的排出，引起鸡的痛风病。育成料中适宜的含钙量为0.6%～0.9%。接近产蛋，鸡的钙沉积能力大大增强，可以将大量的钙质沉积在骨骼内，为以后产蛋提供钙质。所以，育成到17周龄左右，应换成钙含量较高（饲料中的钙含量由0.9%增加至2.5%～3%，一般在产蛋的前2周内鸡储存钙质能力较强）的预产期饲料。

【注意】饲料的更换一般应有5～7天的过渡期。

5. 饮水

育成阶段一般不限水，特别是炎热季节。水质要良好，保证饮水和饮水用具清洁卫生。

（二）育成鸡的管理

1. 育成舍的准备

如果是育雏育成舍，只需要疏散鸡群，换上育成设备即可；如果是专用育成舍，要进行很好的整修和清洁。育成舍既要考虑保温需要，特别是冬季育成时，由于舍外温度低，也应该具有一定的保温隔热性能和设置保温设施；还要考虑通风要求，因为大雏鸡的呼吸量和排泄量大，需要较大的通风量，因此窗户面积要大［(1.2～1.5)米×1.8米］，同时设置必要的通风换气口。

2. 保证适宜的环境条件

育成舍内温度控制在16～18℃最适宜。育成鸡对温度有一定的适应能力，春季和秋季较为适宜育成鸡的生长发育；冬季应注意保温，但要避免舍内空气污浊。夏季育成，舍内温度容易过高，特别是过于简陋、隔热性能差的育成舍，舍内温度更高，影响育成鸡的采食量，影响生长，体重不易达标，必须采取降温措施，如安装风机或在舍内喷水等来控制舍内温度；育成舍内适宜的湿度为50%～70%，湿度过小，不利于羽毛生长，舍内微粒多；鸡育成阶段代谢旺盛，采食量、呼吸量和排泄量大，要加强通风换气，保证鸡舍空气清新；保持适宜的光照强度，避免光线过强而引起的啄癖；饲养密度要适宜（见表5-9）。

表5-9　育成期不同饲养方式的饲养密度　单位：只/米^2

品种	地面平养	网上平养	网上-地面结合平养	笼养
白壳蛋鸡	8.5	11.5	9.5	30
褐壳蛋鸡	6.5	9.5	8.5	25
轻型蛋种鸡	5.5	9	7.5	20
中型蛋种鸡	4.5	7	6.0	15

3. 体型控制

体重指标反映了鸡的体重增加情况，胫长指标反映了鸡的骨骼发育情况，体重指标和胫长指标综合构成了鸡的体型指标，可以全面准确地反映鸡的发育情况。体型良好的鸡群，即体重和胫长指标都符合标准的鸡，骨骼和体重协调增长，内部器官发育充分，以后才会有很好的生产性能。所以育成期应该重点控制鸡的体型，尽量使每只鸡的体型都符合要求，这样的鸡群不仅生长发育良好，而且均匀整齐。

标准体重和胫长是育种场家在育种过程中得出的能产生最佳生物学指标和经济效益而获得的体重和胫长指标。各育种者不仅为其培育的品系规定了18～20周龄的体重和胫长标准，而且也规定了整个育雏育成期内各周龄应该达到的标准。这一点非常重要，养鸡者可以利用这些标准来控制鸡体的生长发育，使每周的体重和胫长与标准吻合；否则，等到后期发现鸡体发育出现问题时再来调整，已为时过晚，必然会影响到育成新母鸡的质量，从而影响以后的生产性能。所以育成鸡的体型控制需要在整个育成期内通过称测体重和胫长、计算、调整来完成的。

（1）体重和胫长标准　如伊莎褐壳蛋鸡的体重和胫骨长度标准如表5-10。

（2）测定方法　一般可以从3～4周龄开始称测体重和胫长，每周或每两周称测一次。称测时间安排在相应周龄的同一时间进行，隔日限食的在停喂日的下午称重（要求空腹）。称测的样品鸡要达到一定数量，大群饲养应抽测2%～5%的鸡，群小时不得少于100只，在分隔栏内饲养的鸡群，每个栏抽测 50 只鸡。选取样品要随机，一般是在鸡栏的对角线上任取两点，随机将鸡围起，所围的数量应接近抽测的鸡数，不要太多，也不要太少，然后用准确性好的秤逐只称重。称重后用游标卡尺测定脚垫部到跗关节顶部的直线距离（胫长），并编号记录体重和胫长。

表 5-10　伊莎褐壳母鸡体重、胫骨长度

周龄	体重/克	胫长/毫米	周龄	体重/克	胫长/毫米
1	70		12	935	94
2	114		14	1105	98
4	280		16	1280	100
6	360		18	1450	101
8	620	72	20	1450	101
10	810	85	22	1620	101

（3）计算　计算平均体重、平均胫长和体重、胫长均匀度。计算公式：

$$平均体重=\frac{所称鸡数总体重}{所称鸡只数}$$

$$平均胫长=\frac{所称鸡数总胫长}{所称鸡只数}$$

$$体重均匀度=\frac{平均体重\pm10\%范围内鸡只数}{鸡群总只数}\times100\%$$

$$胫长均匀度=\frac{平均胫长\pm5\%范围内鸡只数}{鸡群总只数}\times100\%$$

如果平均体重和平均胫长与标准相符，体重均匀度≥80%，胫长均匀度≥90%，说明鸡群生长发育良好，以后必有较好的生产性能。

（4）调整　如果称测后与标准不符，要着手进行调整。

① 体重、胫长调整　胫长达标情况下，如果体重超出标准，下周不增加喂料量，直至与标准相符再恢复原本的喂料量；如果体重低于标准，下周增加喂料量，平均体重与标准相差多少克，增加多少克饲料，并在 2～3 周内添完。胫长不达标，说明骨骼发育落后于体重增加，增加饲料的幅度可以缓慢一些，同时适当提高饲料中维生素、

微量元素和矿物质含量。胫长超标，鸡群只是较瘦，可以大幅度地增加喂料量，必要时提高日粮中能量水平。如果多次调整后体重仍不达标，则应检查日粮的营养水平，可能是日粮质量太差。

② 均匀度调整 评价鸡群质量更重要的标准应是均匀度，即整齐度。如体重均匀度≥85%，鸡群极好；体重均匀度80%～85%，很好；体重均匀度75%～80%，好；体重均匀度70%～75%，一般；体重均匀度70%以下，差。如果体重均匀度低于80%，要寻找原因，着手解决，若找不到原因，就要整群。把鸡群内的鸡分为超标、达标和不达标三个小群隔开饲养，分别进行不同的饲养管理，其饲养管理方法如表5-11。整群对所有鸡群都具有意义，虽然增加了工作的强度和难度，但可以提高鸡群的整齐度，使以后产蛋率上升快，高峰上得高。

表5-11 不同鸡群的饲养管理方法

类别	饲料	饮水	密度
超标	限制饲养	限制饮水	正常
达标	正常饲养	正常饮水	正常
不达标	提高饲料中营养含量或使用抗生素、助消化剂，增加饲喂次数；适当延长采食时间	正常饮水，水中可以添加营养剂和抗应激剂等	降低饲养密度

4. 一般管理

(1) 脱温 育雏结束，进入育成阶段要脱温。一要注意脱温的时间，现在一年四季都在育雏，由于育雏季节不同，外界环境温度变化差异较大，所以要根据外界环境温度来确定脱温时间，如冬季育雏时脱温时间可能推迟到8～9周龄，甚至是10周龄；二要注意脱温要有过渡期，不能立刻撤掉所有的热源，使温度骤然下降很多，应逐渐进行，必要时白天脱温，晚上加温；三要注意育成鸡的防寒，特别是在寒冷季节，脱温后一定要准备防寒设备，了解天气变化，作好防寒准备，避免突然的寒冷引起育成鸡的死亡。

(2) 转群 育成阶段进行多次转群，如育雏舍转入育成舍，再转入蛋鸡舍，转群过程中尽量减少应激。

(3) 饲养管理程序稳定 严格执行饲养管理操作规程，保证人员稳定、饲养程序和管理程序稳定。

（4）卫生管理　每天清理清扫舍内的污物，保持舍内环境卫生；定时清粪；每周鸡舍消毒 2～3 次，周围环境每周消毒 1 次。

（5）细致观察鸡群　每天都要细致观察鸡群的精神状态、采食情况、粪便形态和其他异常，及时发现问题并采取措施解决。

5. 记录和分析

记录的内容与育雏期相同，根据记录情况每天填写育雏育成鸡周报表，见表 5-12。每周根据周报表对育成鸡的体重、胫长和采食情况进行分析，找出问题，制定下一步改进措施。育成结束计算育成期成活率和育成成本。

表 5-12　育雏育成鸡周报表

周龄＿1＿　批次＿＿＿＿　品种＿＿＿＿　数量＿＿＿＿　鸡舍栋号＿＿＿＿

日期	日龄	鸡数	死淘数	喂料量	温度	湿度	通风	光照	其他
	1								
	2								
	3								
	4								
	5								
	6								
	7								

标准体重＿＿＿＿　平均体重＿＿＿＿　平均体重均匀度＿＿＿＿

标准胫长＿＿＿＿　平均胫长＿＿＿＿　平均胫长均匀度＿＿＿＿

填表人：＿＿＿＿

第三节　产蛋期的饲养管理

产蛋期的饲养管理直接影响蛋鸡的产蛋性能。有了培育的优质新母鸡，加上产蛋期科学的饲养管理，才能保证蛋鸡有较高的产蛋量。

一、蛋鸡的饲养方式

产蛋鸡的饲养方式有笼养、平养和放牧饲养三种。

（一）笼养

笼养就是将鸡饲养在一定规格的笼内。由于笼养具有一定的优点，所以我国绝大部分蛋鸡都采用笼养。

1. 鸡笼配置

目前我国各地所使用的蛋鸡笼，由底网、后网、前上网、侧网构成，每个鸡笼长约 190～195 厘米，由侧网分为 4 个小格。每小格内可容纳白壳系蛋鸡 4 只，褐壳系蛋鸡 3～4 只。鸡笼的规格一般是：

① 笼宽　以每只鸡所占食槽的宽度而定，一般每只鸡采食时需占食槽宽度为 10～12.5 厘米。

② 笼高　要求鸡在笼内任何位置都能自然站立，前高后低，前侧高度为 45 厘米，后侧高度不低于 35 厘米。

③ 笼深　要求 37～40 厘米，白壳系蛋鸡浅一些，褐壳系蛋鸡深一些。

④ 笼底坡度　使鸡蛋能顺利滚落蛋槽，要求滚蛋的坡度不能太大，太大易使蛋破损；也不能太小，太小蛋不易滚入蛋槽，一般为 8°～10°。

2. 笼的组装形式

笼的组装形式多种多样，常见组装形式见图 5-1。

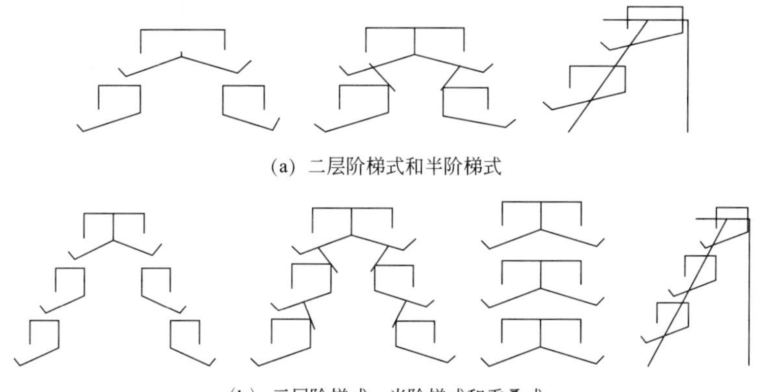

(a) 二层阶梯式和半阶梯式

(b) 三层阶梯式、半阶梯式和重叠式

图 5-1　蛋鸡笼的组装形式

3. 鸡舍内笼的摆放形式

一般根据鸡舍的跨度灵活摆放。专用鸡舍是专门根据笼的规格而设计的，可以根据设计要求进行摆放。笼的组装形式多为阶梯式、半阶梯式和重叠式。摆放形式有双列二走道式、三走道式或三列三走道式、四走道式，机械化程度低的多采用三层（见图 5-2）笼养，机械化程度高的采用多层笼养（见图 5-3）。如果利用旧房作为鸡舍，由于房舍跨度不是按照鸡笼的规格设计的，为提高鸡舍利用率，可采用混合摆放。如跨度稍小的房舍，摆放不下两整列三层阶梯式笼，可以通过摆放一列或半列二层笼来减小摆放宽度（如图 5-4）。

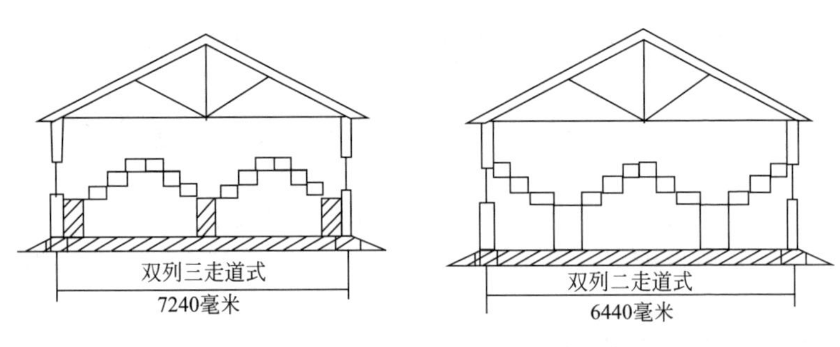

图 5-2　高床三层双列鸡笼摆放形式

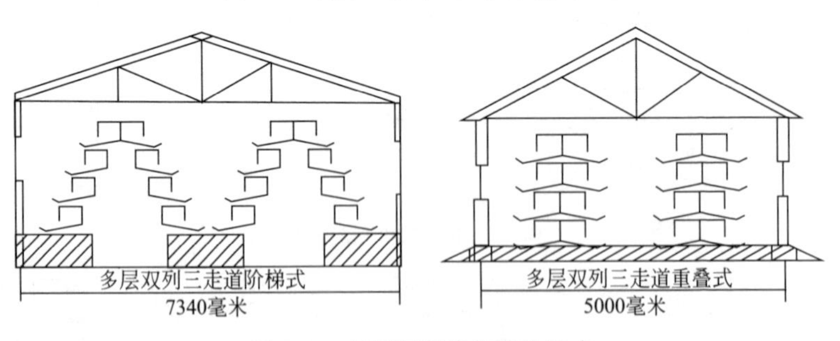

图 5-3　多层双列鸡笼摆放形式

（二）平养

平养又可分为地面平养、网上平养和地网混合平养三种方式。平养饲养密度小，占地面积大，基建投入大，不利于饲养管理，不利于机械化作业，劳动效率低，目前生产中较少采用。

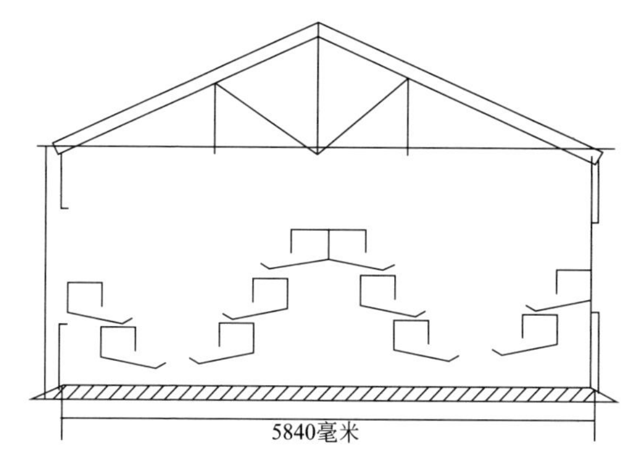

图 5-4　旧房内笼的混合摆放

两边分别放置半组二层笼，中间为一整列笼

（三）放牧饲养

因为蛋鸡笼养已遭到欧洲许多国家动物权利保护组织或动物福利组织及有关人士的反对，国外许多国家已禁止或逐渐禁止传统笼养蛋鸡，甚至许多人拒绝消费笼养鸡蛋。我国对笼养鸡虽没有向国外那样限制，也没有人拒绝消费笼养鸡蛋，但笼养鸡产的蛋在我国许多地方价格低于放养鸡产的蛋；特别是现在提倡绿色消费，这种差异更大。我国有大片的林地、荒山、草坡、果园等，可以利用这些资源，选择适宜的品种进行放牧饲养。放牧饲养，鸡饲养密度小，活动空间大，空气环境好，鸡的行为特性能够充分表达，体质健壮，抵抗力强；在补充全价饲料的同时，鸡可以自由采食野生的饲料资源，增加蛋黄颜色，生产的鸡蛋更自然、更绿色、更优质，其品质也易得到消费者认可。这里的放牧饲养与过去传统的农户庭院散养有本质不同，是利用广阔的林地、坡地、果园和其他开阔地带等土地资源，远离村庄、农户和居民点，选择适宜的品种，合理设置鸡舍和配置设备，让鸡自由地活动、觅食或补充饲喂，同时要形成一定的规模，进行科学的饲养管理。传统的农户庭院散放饲养数量少，生产零星分散，人、畜、禽混杂，隔离卫生条件极差，防疫与用药不规范，不利于环境卫生，不利于防疫和疫病控制，是应该限制和逐渐取缔的。放牧饲养还能抑制市场蛋品数量，如果全国有 50％的蛋鸡饲养量能变笼养为围养散养，全国的鸡蛋产量将减少 25％左右，总产量虽减少了，但蛋品的质量高了，价格高了，甚至淘汰鸡也可以作为优质鸡上市，生产效益必然提高，对生产者有利，消费者满意。如许多地方放养的矮小型高产蛋鸡，采食量比笼养减少 15%，鸡蛋的品质和口味非常自然化，成本降低，价格却比普通蛋高出 1 倍，市场需求量大，效益较好。

二、蛋鸡舍的适宜环境

创造一个良好的、稳定的饲养环境，对鸡群健康和产蛋量的提高至关重要，特别是密集的笼养鸡群。

（一）温度

鸡是恒温动物，环境温度过高或过低会影响鸡体的热调节，从而影响鸡体的健康、产蛋量和饲料转化率。一般成年鸡要求的环境温度为 5～27℃，母鸡产蛋最适宜的温度是 13～20℃，其中 13～16℃产蛋率最高，15.5～20℃料蛋比最好；如果气温超过 30℃，产蛋率就会明显下降，蛋重减小，破蛋率提高；气温高于 37.8℃，就会造成鸡只死亡。鸡群对低温耐受性较高，也就是说，鸡较耐寒怕热，－2～－9℃时，鸡才感到不适；低于－9～－15℃时，鸡活动迟缓，鸡冠受冻。因此，只要能够保证充足的营养供给，低温对鸡群的影响不大。

（二）空气湿度

空气湿度作为单一因子对鸡的影响不大，常与温度、气流等因素一起对鸡体产生一定影响。蛋鸡群的适宜湿度为 55%～65%，最高不超过 72%，最低不能低于 40%。

（三）气流

鸡的粪便中含有大量的有机物，有机物分解可以产生较多有害气体。有害气体刺激呼吸道黏膜，使黏膜纤毛溶解，破坏纤毛的逆震动功能，引起黏膜损伤，削弱鸡的抵抗力，导致呼吸道病的发生，降低产蛋量和饲料转化率。特别是多层笼养，饲养密度大，呼吸量和排泄量大，尤其在寒冷的冬季，鸡舍封闭严密，舍内空气容易污浊而影响鸡群健康和生产。所以，鸡舍内维持一定的气流速度，可以驱除舍内污浊的空气，换进舍外的新鲜空气，保证舍内空气新鲜。冬季鸡舍气流速度为 0.1～0.2 米/秒；夏季 0.3～0.5 米/秒。

寒冷季节，鸡舍温度低，增加气流速度能增加鸡体散热，冷应激更严重。冷风直吹鸡体，使鸡伤风着凉，特别是"贼风"，危害更大。鸡舍温度高，如果舍内气流不均匀，存在死角，部分鸡只（特别是笼养）会遭受更严重的热应激；炎热季节，加大气流速度可增加蛋鸡的采食量，缓解热应激，提高生产性能。

密闭鸡舍，通过合理安装风机和设计进气口，以保证舍内适宜的气流速度和气流均匀。开放鸡舍，除夏季需要安装风机加大气流速度来缓解热应激外，一般可以通过自然通风换气系统的设计和利用，保证适宜的空气流动。

（四）光照

光照是构成鸡舍环境的一个重要因素。保持舍内适宜光照有利于维护鸡体健康和提高产蛋性能。可以通过自然光照和人工照明来实现鸡舍内的光照。

三、产蛋期的饲养管理

产蛋期饲养管理不仅影响产蛋性能的发挥，而且影响死亡淘汰率。

（一）做好转群上笼前的准备工作

1. 检修鸡舍和设备

转群上笼前对鸡舍进行全面检查和修理。认真检查喂料系统、饮水系统、供电照明系统、通风排水系统和笼具、笼架等设备，如有异常立即维修，保证鸡入笼时可以正常使用。

2. 清洁消毒

淘汰鸡后或上笼前2周对蛋鸡舍进行全面清洁消毒。其清洁消毒步骤是：

先清扫。清扫干净鸡舍地面、屋顶、墙壁上的粪便和灰尘，清扫干净设备上的垃圾和灰尘。

再冲洗。用高压水枪把地面、墙壁、屋顶和设备冲洗干净，特别是地面、墙壁和设备上的粪便。

最后彻底消毒。如鸡舍能密封，可用福尔马林和高锰酸钾熏蒸消毒；如果鸡舍不能密封，用5%～8%火碱溶液喷洒地面、墙壁，用5%甲醛溶液喷洒屋顶和设备；对料库和值班室也要熏蒸消毒，用

5%～8%火碱溶液喷洒距鸡舍周围5米以内的环境和道路。

3. 物品用具准备

所需的各种用具、必需的药品、器械、记录表格和饲料要在入笼前准备好，进行消毒；饲养人员安排好，定人定鸡。

（二）转群上笼

1. 入笼日龄

现代高产配套杂交蛋鸡开产日龄提前，因此，生产中必须在17～18周龄转群上笼。提前入笼使新母鸡在开产前有一段时间熟悉环境，适应环境，互相熟悉，形成和睦的群体，并留有充足时间进行免疫接种和其他工作。如果上笼太晚，会推迟开产时间，影响产蛋率上升，已开产的母鸡由于受到抓、运等强烈应激也可能停产，甚至造成卵黄性腹膜炎，增加产蛋期死淘数。

2. 选留淘汰

现代高产配套杂交蛋鸡，要求生长发育良好，均匀整齐，健康无病，否则会影响群体生产性能。入笼时要按品种要求剔除过小鸡、瘦弱鸡和无饲养价值的残鸡，选留精神活泼、体质健壮、体重适宜的优质鸡。

3. 分类入笼

即使育雏育成期饲养管理良好，由于受遗传因素和其他因素影响，鸡群里仍会有一些较小鸡和较大鸡，如果都淘汰掉，成本必然增加，蛋鸡舍内笼位也会空余，造成设备浪费。所以上笼时，把较小的鸡和较大鸡分别装在不同层次的笼内，采取特殊管理措施。如过小鸡装在温度较高、阳光充足的南侧中层笼内，适当提高日粮营养浓度或增加喂料量，促进其生长发育；过大鸡进行适当限制饲养。为避免先入笼的欺负后入笼的鸡，每个笼格内要一次入够。入笼时检查喙是否标准，必要时补断。

4. 减少应激

转群上笼、免疫接种等工作时间最好安排在晚上，捉鸡、提鸡、上笼的动作要轻柔，切忌过于粗暴。上笼前在料槽内放上料，水槽中放上水，并保持适宜光照，使鸡入笼后立即能饮到水，吃到料，有利于其尽快熟悉环境，减小应激。饲料更换有过渡期，即将70%前段饲料与30%后段饲料混合饲喂2天，再50%前段饲料与50%后段饲料混合饲喂2天，然后30%前段饲料与70%后段饲料混合饲喂2天，之后全部使用后段饲料，避免突然更换饲料引起应激。舍内环境安静，工作程序相对固定，光照制度稳定。开产前后应激因素多，可在饲料或饮水中加入抗应激剂。开产前后每千克饲料添加维生素 C 25～50毫克或加倍添加多种维生素；上笼、防疫前后 2 天在饲料中加入氯丙嗪，剂量为每千克体重 30 毫克，或前后 3 天内在饲料中加入延胡索酸，剂量为每千克体重 30 毫克，或前后 3 天内在饮水中加入速补-14、速补-18 等抗应激剂。

（三）开产前后的管理要点

1. 卫生防疫

（1）免疫接种　开产前要进行最后一次免疫接种，这次免疫接种对预防产蛋期疫病发生有重大关系，要按免疫程序进行。疫苗来源可靠，质量保证保存良好，接种途径适当，接种量准确，接种确切，接种后最好检测抗体水平，检查接种效果，保证鸡体有足够抗体水平来防御疫病发生。

（2）驱虫　开产前做好驱虫工作。100～120 日龄，每千克体重左旋咪唑 20～40 毫克或驱蛔灵 200～300 毫克拌料，每天一次，连用 2 天驱蛔虫；每千克体重硫双二氯酚 100～120 毫克拌料，每天一次，连用 2 天驱绦虫；球虫污染严重时，上笼后连用抗球虫药 5～7 天。

（3）卫生　上笼后，鸡对环境不熟悉，加之一系列生产程序，对鸡造成极大应激。随产蛋率上升，机体代谢旺盛，抵抗力差，极易受到病原侵袭，所以必须注意开产前后新母鸡的隔离、卫生和消毒，杜绝外来人员进入饲养区和鸡舍，饲养人员出入要消毒，保持鸡舍环境、饮水和饲料卫生，定期带鸡消毒，减少或消灭传染源，切断传播途径。生产中开产前后易发生霉形体病和大肠杆菌病，应加强防治。开产前后在饲料中定期添加“克呼散”和“清瘟败毒散”来预防，可收到较好效果。

2. 光照管理

光照对鸡的繁殖机能影响很大，增加光照能刺激性激素分泌而促进产蛋，此外，光照可调节青年鸡的性成熟和使母鸡开产整齐，所以开产前后光照控制非常关键。体重符合标准或稍大于标准体重的鸡群可在 16～17 周龄将光照时数增至 13 小时，以后每周增加 20～30 分钟直至 16 小时；体重小于标准的鸡群在 18～20 周开始光照刺激。光照时数逐渐增加，如果突然增加易引起脱肛。光照强度要适宜，不宜过强或过弱，过强易发生啄癖，过弱起不到刺激产蛋的作用。密封舍育成的新母鸡由于育成期光照强度较弱，开产前后光照强度以10～15勒克斯为宜；开放舍育成的新母鸡，育成期受自然光照影响，光线强，开产前后光照强度要加强，一般保持在 10～20 勒克斯范围内。

3. 加强对开产前后新母鸡的观察

新母鸡开产后，由于生理变化剧烈，急躁不安，易引起挂颈、别脖、扎翅等现象，发现不及时易引起死亡；产蛋鸡易发生脱肛、啄肛，应加强对开产前后新母鸡的巡视，及时发现，及时处理。白壳蛋鸡开产初期啄肛发生率较高，造成较多死亡，所以在产蛋率上升到高峰之前这一段时间要加强管理，经常巡视鸡群，发现有啄癖的或被啄的鸡及时挑出隔离饲养。注意细致观察采食、粪便和产蛋率情况，以便尽早发现问题，尽早解决，防患于未然，保证生产性能正常发挥。

4. 保证产蛋前期适宜体重

产蛋前期（20～32 周龄）的体重及其一致性在很大程度上影响鸡的产蛋性能和死亡率。此阶段随着产蛋率的上升，体重应有适当增加，如伊莎白壳蛋鸡体重增加要求是：产蛋率 10%体重为 1360 克；产蛋率 40%体重为 1450 克；产蛋率 70%体重为 1500 克；产蛋率 90%体重为 1560 克。潘建平试验也表明罗曼蛋鸡 20～32 周龄增重率小于 10%，其全期产蛋性能最差（平均产蛋 268 枚，总蛋重 17.5 千克）；增重率在 10%～20%和 20%～30%，其前期平均产蛋数、全期平均产蛋数和产蛋量较高（平均产蛋数 284 枚，总蛋重 18.4 千克左右）；增重率若大于 30%，其产蛋性能表现尚好，但耗料量增加，提高了饲养成本。因此，蛋鸡从开产至 32 周龄的增重率控制在 10%～30%之间，产蛋潜力能充分发挥，饲料报酬也好，死亡淘汰率降低。生产中增重率过大较为少见，也易于控制；增重率小的较为常见，严重影响鸡群生产性能和死亡淘汰率。

（1）影响产蛋前期体增重率的因素

① 营养　20～32 周龄产蛋率上升迅速，蛋重不断增加，鸡体仍在发育，需要大量的营养物质供给，否则就会影响鸡体增重。营养问题的表现：

一是饲料质量差。一方面设计的配方营养浓度低不能满足鸡体需要，另一方面市场上优质原料如豆粕、鱼粉短缺，价高，饲料厂家为了争夺市场，降低饲料价格，大量选用杂粕和药渣、角质蛋白粉等劣质原料配制饲粮，蛋白质质量差，有害物质多，消化吸收率低。

二是更换蛋鸡料过晚。育成料的营养水平比蛋鸡料要低，如果蛋鸡料更换过晚，影响营养物质的蓄积，虽暂时不影响产蛋上升，但会影响体重增加。

三是采食量少。一般在19～20周龄要增加光照，随着光照刺激，产蛋率上升较快，必须提前1～2周时间增加饲喂量，保证产蛋期光照效应与营养同步。如果增光不增料，就会影响体重增加。开产期在炎热夏季，防暑降温措施不力，舍内温度过高，也会导致鸡群采食量少。饲喂方法不当，如槽内存料过多，时间过长而变质或有异味，鸡群食欲差，影响采食。

② 疾病　鸡群发生疾病，如马立克氏病、新城疫、法氏囊病、禽流感、禽痘、喉气管炎等疫病和一些慢性疾病，都会影响增重。

（2）产蛋前期体重调控措施

① 及时更换饲料　当鸡群体重达到开产体重时直接换成产蛋高峰料，使鸡体有足够的营养物质储备来用于产蛋和增重；或在17周龄换上预产鸡料，预产鸡日粮中钙含量由0.9%提高到2.5%～3%，产蛋达到5%时换成产蛋高峰料。饲料更换要有5～7天过渡期。

② 饲料品质优良　选用豆粕、鱼粉、酵母粉等优质原料配制饲粮，杂粕用量尽可能少。使用杂粕时一要注意氨基酸含量及氨基酸之间的平衡和氨基酸的消化吸收；二要注意杂粕中含有的各种抗营养因子和毒性因子影响其利用率和安全性，用前最好进行处理；三要注意在饲料中添加酶制剂来提高饲料利用率。选用的各种饲料原料要清洁干燥，避免霉菌污染。

③ 科学饲养　根据体重、光照和产蛋上升情况不断增加喂料量，使鸡营养充分，有利于产蛋和增重；喂料量要适宜，每天要让鸡吃饱吃净，使鸡保持旺盛的食欲；水是重要的营养素，饮用水要清洁充足。根据实际情况进行调整，如：品种不同，其对营养要求也不同，最好参考品种推荐的营养水平要求设计日粮配方配制日粮；鸡群采食量少或天气炎热影响采食量时，要提高日粮的营养浓度，在饲料中添加脂肪、鱼粉和维生素、微量元素等微量成分；鸡群发生应激时，如

转群、免疫、饲料更换等前后2天内在饲料或饮水中加入抗应激剂和营养剂，缓解应激对鸡体的不良影响。

④ 细心管理　一要定期称重，产蛋前期每4周称重一次，如果体重增重率低，要及时采取措施加以解决；二要加强对体重小和冠发育差的鸡的管理，将发育差的鸡放在温度高、光线明亮、易于管理的地方，加强管理，增加营养，促使体重增加；三是饲养管理程序要稳定，环境要安静，尽量减少应激；四是保持环境卫生，加强对环境和鸡群消毒，做好鸡群隔离，减少和防止疫病发生。

（四）产蛋高峰期和产蛋后期的管理要点

1. 高峰期管理要点

鸡群产蛋率达到80%时即进入高峰期，一般90%产蛋率可以维持3个多月，有的甚至可以维持5～6个月。其管理要点如下：

（1）日粮的各种营养素全面平衡　产蛋高峰期蛋重在不断增大，鸡的体重发育还在进行，需要较多的营养物质，如果营养物质供应不足，必然会影响产蛋高峰上升的高度和高峰维持的时间。日粮中蛋白质的含量为19%～20%，代谢能为11.5兆焦/千克，钙为3.7%～3.9%，有效磷0.65%～0.7%；配制日粮的饲料原料要优质，尽量少用不易吸收利用的非常规饲料原料。

（2）饲喂　产蛋高峰期每天饲喂2～4次，喂料时料槽中的料要均匀。喂料量要适宜，保证鸡吃饱吃好，又不浪费饲料。喂料量的多少应根据鸡群的采食情况来确定。每天早上检查料槽，槽底有很薄的料末，说明前一天的喂料量是适宜的。如果槽底很干净，说明喂料量不足；如果槽底有余料，说明喂料量多。鸡群产蛋率上升到一定高度不再上升时，为了检验是否由于营养供应问题而影响产蛋率上升，可以采用探索性增料技术来促使产蛋率上升。具体操作是：每只鸡增加2～3克饲料，饲喂1周，观察产蛋率是否上升，如果没有上升，说明不是营养问题，恢复到原先的喂料量；如果上升，再增加1～2克料，继续观察1周，产蛋率不上升，停止增加饲料。经过几次增料试验，可以保证鸡群不会因为营养问题而影响产蛋率上升。

（3）饮水　水对产蛋和健康有重要影响。产蛋高峰期不限水，饮用的水要洁净卫生。水温13～18℃为宜，冬季不低于0℃，夏季不高于27℃。饮水用具勤清洗消毒。乳头饮水器要定期逐个检查，防止不出水或漏水。

（4）管理　高峰期保持适宜的温度、湿度，夏季温度不超过30℃，冬季不低于5℃。相对湿度为50%～70%。光照时间要恒定。各项工作程序要稳定，饲喂程序和饲养人员不要轻易更换。避免噪声刺激，避免在高峰期进行免疫接种和投药驱虫，尽量减少鸡群应激。

2. 产蛋后期的管理要点

50周龄以后，鸡群的产蛋率下降，产蛋量减少，体重保持稳定，防止鸡体过肥。

（1）进行限制饲养　产蛋后期蛋鸡需要的营养物质减少，应该进行限制饲养。通过限制饲养减少饲料消耗，降低蛋品生产成本，避免鸡体过肥引起的死亡，提高饲料转化率和经济效益。

鸡为“能”而食，鸡能根据能量需要来调节采食量，但生产实践表明这种调节是不精确的，特别是产蛋后期，如果不进行限制，其采食量会很高，严重影响饲料报酬和经济效益。生产中存在误区，片面追求产蛋量而忽视饲料转化率。饲料转化率是一个综合的经济指标，只有用较少的饲料获得较多的产蛋量，保证较好的饲料转化率，才有较好的效益。曾调查多个鸡场，有些鸡场产蛋量不低，但采食量过高，有的高达140克/(羽·天)，结果效益很差。

由于鸡的采食量受到饲料的营养浓度、环境温度、鸡的日龄及产蛋水平等多种因素影响，所以限制饲养的程度较难掌握，如果过量必然影响产蛋，反之则起不到限饲的作用。为进行恰当的限制饲养，可采用探索性减料技术，即在45周龄以后产蛋开始下降时，每只鸡减料2～3克，观察1周，产蛋正常，可再减料2～3克，继续观察一周，产蛋正常可再减，如产蛋下降快时应恢复到本周始的喂料量。产蛋后期多次探索性减料可达到限制饲养目的，又保证产蛋正常。

（2）注意维生素和微量元素的补充　产蛋后期，母鸡利用和沉积钙的能力降低，蛋壳变薄变脆，易破损。一方面要注意钙质、维生素D的补充；另一方面及时捡出破蛋，并且勤捡蛋。

（3）淘汰低产鸡　由于种种原因，产蛋后期会出现一些低产鸡和停产鸡，要及时进行淘汰。正常鸡群，选择淘汰时，可按表5-13、表5-14中所列项目进行。

表 5-13　产蛋鸡与停产鸡的区别

项目	产蛋鸡	停产鸡
冠、肉髯	大而鲜红，丰满，温润	小而皱缩，苍白，干燥
肛门	大，温润，椭圆形	小，皱缩，圆形
腹部容积	大，柔软，富弹性	小，皱缩，无弹性
两耻骨间距	大，可容 3 指以上	小，可容 2 指以下
换羽	未换	已换或正换

表 5-14　高产鸡与低产鸡的区别

项目	高产鸡	低产鸡
头部	大小适中，清秀，顶宽	粗大，过长或过短
冠	大，致密，鲜红，温暖	小，粗糙，苍白，萎缩
胸	宽深，向前突出，胸骨长而直	发育欠佳，胸骨短而弯曲
尾	尾羽展开，不下垂	尾羽不正，过平或下垂
耻骨间距	大，可容 3 指以上	小，可容 3 指以下
腹部	大，柔软，富弹性	小，皱缩，无弹性
羽毛	陈旧，残缺不全	整齐新洁

如果发生禽流感、传染性支气管炎、新城疫后，鸡群的产蛋率低，不上升，鸡群内会出现一些外形发育正常，鸡冠红润丰满，耻骨开张良好，按照传统的外貌观察和触摸不易挑出或挑选淘汰后产蛋减少明显的情况，挑选淘汰比较困难。这种情况，使用“记摸”淘汰法进行淘汰：“记”是作记号，每天下午 5～7 点收一次鸡蛋，收鸡蛋前用笔（粉笔或彩笔）在各个笼格前的料槽外侧记上当天笼格内的产蛋数，连续 3～4 天，这样每格笼内的鸡数、产蛋数就清清楚楚；“摸”是在作完记号后的第二天早上鸡蛋未产出前，逐一触摸那些产蛋少的笼格里的鸡有无鸡蛋，挑出没有鸡蛋的鸡淘汰掉，这种鸡一般多是不产蛋鸡或低产鸡。触摸方法是：把拇指和并列的四指分别放在鸡的两耻骨下前方，轻触腹部，左侧有较硬的蛋状物，是产蛋鸡，如无蛋状物，是无鸡蛋的鸡，挑出淘汰。淘汰 2～3 周后，根据鸡蛋的变化情况可确定是否需再进行淘汰。这样可把低产鸡和不产蛋鸡淘汰，使产蛋率保持较高水平，减少饲料消耗，增加效益。

（4）适时催肥　高产蛋鸡经过漫长的产蛋周期，产蛋重量可达18～20千克，需要消耗大量的营养物质，体内营养匮乏，鸡群普遍较瘦，体重较轻，如果饲养管理不良或限制饲养，这种情况会更加严重。如罗曼蛋鸡产蛋结束的淘汰体重应是2.25～2.35千克，但许多鸡场淘汰体重只有2.0～2.1千克，影响到淘汰母鸡的销售和价值。为了给鸡补充机体营养，保证适宜体重，需要适时催肥。催肥方法是：在淘汰前5～7周停止限食，自由采食，饲料中额外添加5%～6%玉米或2%～3%油脂来提高饲粮代谢能水平，适当补充维生素、微量元素和氯化胆碱等添加剂，这样既不影响产蛋，又可使鸡群体重尽快恢复，使其在淘汰时有适宜的体重。

（五）产蛋鸡的日常管理

建立日常管理制度，认真执行各项生产技术措施，保证鸡群的稳产高产。

1. 严格各种饲养管理制度

饲喂、饮水、光照、卫生等制度要严格稳定，不能随意变化，以最大限度地减少应激反应的发生，避免对产蛋的影响。

2. 注意观察鸡群的变化

（1）鸡群的精神状况　经常巡视鸡群，凡是在笼内或网上采食、饮水、走动、伸颈张望或叫声不停的鸡以及反应灵敏、活泼好动的都是健康鸡。对那些端立不动、卷颈伏卧或埋头于翅下的鸡，应细致观察。用竹竿拨弄头部，若有头部似木偶的断续性或突发性活动的特征或有啄咬竹竿的行为，都是健康鸡，它们在休息或产蛋；如果缺乏这些特征，而呈缓慢的渐进性动作，则是不健康的。

对那些有明显症状（如打瞌睡，冠髯变色、肿和有结痂，脸肿，口鼻流涎，伸颈呼吸，发出呼噜声或咳嗽、尖叫声）的鸡要隔离饲养，接受检查和治疗。

（2）采食情况　定量添加饲料，正常的鸡群到一定时间槽内不剩料，而且定时添加饲料时，鸡群高度兴奋，头向外伸，爪抓笼门，有强烈的食欲；如果鸡群不兴奋，像没有看到一样，鸡群可能有问题。

（3）产蛋情况　蛋的数量和质量变化可以反映鸡群的状况。正常开产后，产蛋量逐渐升高，到达高峰后维持一段时间后缓慢下降。如果产蛋数量下降幅度大或急剧，应引起高度注意，结合其他情况尽快寻找原因，其原因有营养性的、环境性的、疾病性的和其他应激反应。只有一天下降而第二天即恢复，可能是同期休产。观察蛋的质量变化，如蛋的形状、蛋壳的强度、软壳蛋、沙壳蛋、无壳蛋以及蛋黄蛋白的浓度等，从而分析饲料、疾病、投药、环境等存在的问题，并尽快加以解决。

（4）粪便　正常的粪便呈灰色、灰褐色，有一定形态，比较干燥，且表面有一层较薄的白色物质。如发现粪便异常，也要寻找原因。

（5）呼吸情况　正常的鸡呼吸均匀，有节律，较慢，天热时可出现张口喘气现象，否则可能有问题。

（6）其他　对有啄癖、打斗、有神经质的个体，如发现要立即隔离饲养。

3. 除粪

每天每只鸡要吃进120克左右的饲料，饮用200～600克的水，其排泄量较大，容易引起舍内污浊，所以要勤清粪。每天一次最好，最少保证每周清粪2～3次。

4. 捡蛋

捡蛋次数少，蛋的碰撞和鸡的啄食等可引起较高的破蛋率。每天捡蛋3～4次，破蛋率较低。同时捡蛋时动作要轻，把一些壳破而内膜没有破的蛋要单独放置或放在容器的上面，避免流清。

5. 记录

作好连续的生产记录，并经常对记录进行分析，以便及时发现问题，总结经验教训，并定期进行经济核算，不断提高养殖水平和养殖效益。应记录的内容主要有：产蛋数量及质量，鸡数及变动情况，饲料消耗和饮水情况，环境及变化情况，鸡群的健康状况，投药和免疫等情况。

（六）蛋鸡的季节管理

春秋季节，气候条件较为适宜，按照常规的饲养管理进行。季节管理的重点是要做好夏季和冬季管理。

1. 夏季管理

夏季天气炎热，蚊虫多，鸡群易发生热应激，管理要点是防暑降温。

（1）淘汰劣质鸡和肥胖鸡　夏季到来之前，应淘汰停产鸡、低产鸡、伤残鸡、弱鸡、有严重恶癖的劣质鸡和体重过大过于肥胖的鸡，留下身体健康、生产性能好、体重适宜、产蛋正常的鸡。因为劣质鸡和肥胖鸡生产性能差、抵抗力差、易死亡，淘汰后既可降低饲养密度，减少产热量，又可减少死亡，降低饲养成本。

（2）防暑降温　除了做好保温隔热设计外，可以采取其他的防暑降温措施。

① 喷水降温　在鸡舍内安装喷雾装置定期进行喷雾，水汽的蒸发吸收鸡舍内大量热量，降低舍内温度；舍内温度过高时，可向鸡头、鸡冠、鸡身进行喷淋，促进体热散发，减少热应激死亡；也可在鸡舍屋顶外侧安装喷淋装置，使水从屋顶流下，形成湿润凉爽的小气候环境。喷水降温时一定要加大通风换气量，防止舍内湿度过高。

② 隔热降温　在鸡舍屋顶铺盖20～25厘米厚的稻草、秸秆等垫草，可降低舍内温度3～5℃；漆白屋顶有利于加强屋顶隔热；在鸡舍周围种植高大的乔木形成阴凉或在鸡舍南侧、西侧种植爬壁植物，搭建遮阳棚，减少太阳的辐射热。

（3）科学饲养管理

① 提高营养水平　高温季节，每只鸡每天少吃10%～20%的饲料，由于采食量少，使营养物质摄取量严重不足，影响生产性能发挥，必须提高日粮营养浓度。高温下，蛋鸡日粮代谢能以11.93千焦/千克为宜。脂肪比碳水化合物和蛋白质的热增耗低，在日粮中添加1%～2%的脂肪代替等能量的碳水化合物有助于减少产热量，减轻热调节负担，同时添加脂肪可改善适口性，增加采食量，帮助降低食物通过胃肠运行速度，提高饲料利用率，缓解对产蛋性能的影响。夏季将日粮粗蛋白质含量提高1%～2%，以保证蛋鸡在采食量减少的情况下仍有足够的蛋白质用于生产需要。配制日粮时要选用豆粕、鱼粉等优质蛋白质饲料，并添加人工合成氨基酸，保证氨基酸的充足和平衡。夏季要维持日进食370毫克的蛋氨酸和700毫克的赖氨酸。日粮中如能补充小肽制品效果会更好。高温下，矿物质摄取量减少，利用率降低，影响蛋壳质量，高产鸡易发生软骨症或疲劳症，要相应提高矿物质水平。日粮中钙的含量应从3.2%～3.5%提高到3.6%～3.8%，并且总钙中应有50%颗粒钙，保证每只鸡日进食可

利用磷 400 毫克。夏季每吨日粮中可额外添加 50～80 克多种维生素。

高温季节在饲料中添加 100～400 毫克/千克维生素 C，可以缓解热应激。日粮中补充 500 毫克/千克维生素 E，可降低热应激死亡 55%～74%。在饲料中添加 0.1%氯化铵和 0.5%碳酸氢钠，能克服因热应激造成的酸碱平衡紊乱和提高生产性能。

② 调整饲养管理程序　早上 3～4 点开灯，晚上早关灯，利用夏季天气凉爽的时间喂料，这时鸡的食欲较好，让鸡尽可能多采食，以保证食入所需要营养。傍晚温度高时，让鸡休息，减少产热量。环境温度过高时，用湿拌料喂鸡，但每次要让鸡把料吃净；也可以在晚上 1～2 点比较凉爽时补饲。

③ 保证清洁饮水　高温炎热天气，鸡呼吸快，体内水分散失较大，饮水量明显增加，因此，要保证饮水充足、不间断。水温较低的深井水或冰凉水有利于增加采食量，缓解热应激。饮用水水质应良好，清洁卫生。

④ 减少应激　夏季高温时蛋鸡自身抵抗力低，对外界不良因素反应敏感，易发生应激。夏季尽量避免运输转群、免疫接种等人为应激反应，必要时应选择凉爽时进行；鸡群所喂饲料尽可能保持稳定，饲料更换要有 5～6 天的过渡期。不喂霉变饲料；保持鸡舍环境安静；在饲料或饮水中使用抗热应激剂，如速补-14、速补-18、速溶多维、杆菌肽锌（40 毫克/千克）、维吉尼亚霉素（15～20 毫克/千克），或柴胡、石膏、青蒿、菊花、黄芩等中草药以及制剂等。

⑤ 及时清粪　夏季鸡的饮水量多，粪便稀，舍内温度高，易发酵分解产生有害气体，使舍内空气污浊，因此要及时清粪。最好每天清粪 1 次，保持舍内清洁干燥。

⑥ 勤捡蛋　舍内温度高，蛋壳薄脆、易破碎，增加捡蛋次数可降低破蛋率。夏天每天最少要捡蛋 2 次，捡蛋动作要轻稳。饲喂、匀料、巡视鸡群时随时捡出薄壳蛋软壳蛋和破损蛋，减少蛋的损失。

⑦ 防虫灭虫　夏季蚊蝇、库蠓、蜱和螨等害虫多，易传播疾病，要做好防虫灭虫工作。及时清理鸡舍内外所有污物，防止舍内供水系统和饮水器漏水，保持环境清洁干燥；粪便要远离鸡舍，可用塑料薄膜覆盖堆积发酵，以防蚊蝇滋生；定期喷洒对鸡危害小或无毒害的杀虫剂，可杀灭库蠓及螨等吸血昆虫，经处理过的纱窗能连续杀死库蠓

和蚋 3 周以上。用适量的溴氰菊酯溶液喷洒在鸡舍内外，可有效灭蝇。

（4）减少饲料浪费　选择优质全价饲料，自己配料时应选择质量好的原料，劣质料会影响饲料的转化率，提高死淘率。炎热季节饲料易发生霉变，要采取措施防止各种原因引起的饲料霉败变质。喂料量要适宜，少喂勤添，每天要净槽，饮水器不漏水，防止饲料在槽内霉变酸败。饲料要新鲜，存放时间不宜太长，配制的成品料不超过 1 周，以减少微量物质的破坏。饲料中添加酶制剂和微生态制剂有利于饲料的消化吸收。

（5）搞好疾病防治　保持鸡舍，饮水和饲喂用具清洁。进入鸡舍人员和设备用具要消毒；对环境、饮水用具和饲喂用具定期消毒。夏季炎热时每天带鸡消毒，选用高效、低毒、无害消毒剂，既可沉降舍内尘埃，杀灭病原微生物，又可降低舍内温度。夏天每隔一个月在饲料中加抑制和杀灭大肠杆菌、沙门氏菌以及治疗肠炎的抗生素，如庆大霉素、氟哌酸、土霉素或中草药制剂 3～5 天，能有效地降低死淘率，提高生产性能；每千克饲料中加入 30～50 毫克复方泰灭净或 1 克乙胺嘧啶能有效预防鸡住白细胞原虫病的发生。

2. 冬季管理

冬季温度低，容易影响生产性能，如果封闭过严，又容易发生呼吸道疾病。所以管理重点是既要防寒保温，又要适当通风。

（1）防寒保温　温度较低时，产蛋鸡会增加饲料消耗，所以冬季要采取措施防寒保暖。

① 减少鸡舍散热量　冬季舍内外温差大，鸡舍内热量易散失，散失的多少与鸡舍墙壁和屋顶的保温性能有关，加强鸡舍保温管理有利于减少舍内热量散失和舍内温度稳定。冬季开放舍要用隔热材料如塑料布封闭敞开部分，北墙窗户可用双层塑料布封严；鸡舍所有的门最好挂上棉帘或草帘；屋顶可用塑料薄膜制作简易天花板，墙壁特别是北墙窗户晚上挂上草帘可增强屋顶和墙壁的保温性能，提高舍内温度 3～5℃。密闭舍在保证舍内空气新鲜的前提下尽量减少通风量。

② 防止冷风吹袭鸡体　舍内冷风可以来自墙、门、窗等缝隙和进出气口、粪沟的出粪口，局部风速可达 4～5 米/秒，使局部温度下降，对附近笼内蛋鸡的产蛋会有显著的影响，冷风直吹鸡体，增加鸡

体散热，甚至引起伤风感冒。冬季到来前要检修好鸡舍，堵塞缝隙，进出气口加设挡板，出粪口安装插板，防止冷风对鸡体的侵袭。

③ 防止鸡体淋湿　鸡的羽毛有较好的保温性，如果淋湿，保温性差，会极大地增加鸡体散热，降低鸡的抗寒能力。要经常检修饮水系统，避免水管、饮水器或水槽漏水而淋湿鸡的羽毛和料槽中的饲料。

④ 采暖保温　对保温性能差的鸡舍，鸡群数量少，光靠鸡群自体散失的热量难以维持适宜舍内温度时，应采暖保温。有条件的鸡场可利用煤炉、热风机、热水、热气等设备供暖，保持适宜的舍温，提高产蛋率，减少饲料消耗。

（2）科学的饲养管理

① 调整日粮营养浓度　冬季外界温度低，鸡体对维持需要的能量增多，必须增加饲料中能量含量，使其达到11.72～12.35兆焦/千克，蛋白质保持在15%～16%左右，钙含量为3%～3.4%。产蛋后期的鸡可适量使用麸皮和少量米糠。

② 调整饲喂程序　早上开灯后要尽快喂鸡，晚上关灯前要尽量把鸡喂饱，缩短产蛋鸡寒夜的空腹时间，缓解冷应激。

③ 保证洁净饮水　寒冷季节鸡的饮水量会减少，但断水也能影响鸡的产蛋。饮用水不过冷、不结冰，水质良好，清洁卫生，有条件的可让鸡饮用温水或刚抽出的深井水。

④ 按时清粪　冬季粪便发酵分解虽然缓慢，但由于鸡舍密封严密，舍内有害气体易超标，使空气污浊，因此要按时清粪，每2～3天要清粪一次。

⑤ 排水防潮　冬季鸡舍密封严密，换气量小，舍内易潮湿，要做好鸡舍排水防潮工作。保证排水系统畅通，及时排出舍内污水；饮水系统不漏水；进行适当通风，驱除舍内多余的水汽。

⑥ 适时通风　在保温前提下应注意通风，特别要处理好通风和保温的关系。生产中易出现重视保温、忽视通风的情况，结果使舍内空气污浊，氧气含量降低，有害气体含量过高，对鸡群产生强烈应激，甚至诱发呼吸道疾病，引起死亡淘汰，所以通风是十分必要的。冬季舍内气流速度应保持在0.1～0.2米/秒。可利用中午外界气温较高时打开换气窗或换气扇通风。换气时间长短、换气窗开启多少，要根据鸡群密度、舍内温度高低、天气情况、有害气体的刺激程度来

决定。

⑦ 淘汰劣质鸡　为保证鸡群健康和较高的生产性能，要淘汰停产鸡、低产鸡、伤残鸡、瘦弱鸡和有严重恶癖的劣质鸡，降低饲养成本，提高效益。

⑧ 适当并群　产蛋后期的鸡群死淘过多，舍内鸡只过少时，可适当合并笼格，提高饲养密度。但合并笼格易引起鸡只应激和打斗，一般不要并笼。如要并笼可在晚上进行，把同一笼的鸡与其他笼的鸡合并。合并后细心观察，避免打斗。

（3）搞好疾病防治　冬季鸡舍密封严密，空气流通差，氧气不足，有害气体大量积留，对鸡是一种强烈应激，而且长时间作用还会损伤鸡的呼吸道黏膜；气候干燥，舍内尘埃增多，鸡吸入尘埃也能严重损伤鸡的呼吸道黏膜；另外，病原微生物在低温条件下存活时间长，所以鸡在冬季易流行呼吸道疾病，必须做好疾病的综合防治工作。

① 清洁卫生　饮水、饲喂用具每周要清洗消毒一次。适当通风，保持舍内空气新鲜，避免有害气体超标。保持舍内墙壁、天花板、光照系统、饲喂走道和鸡场环境清洁卫生。做好鸡舍灭鼠工作，防止老鼠污染饲料和带进疫病。

② 彻底消毒　进入鸡舍人员要消毒；对环境和设备用具定期消毒。每周带鸡消毒1～2次，选用百毒杀、菌毒敌、欧福迪等高效、广谱、低毒、无害消毒剂，3～5种消毒剂交替使用。稀释用水最好是温水，在午后舍内温度高时进行，不要把鸡体喷得过湿。饮用水也要消毒，菌毒净、二氧化氯和百毒杀在蛋和肉中无残留，可用于饮水消毒，但药物浓度要准确。

③ 计划用药　每隔3～4周可在饲料中添加抗菌药物，如土霉素、红霉素、恩诺沙星、泰乐菌素或一些中药制剂（如强力呼吸清、支喉康、清瘟败毒散等），连喂3～5天，预防呼吸道疾病的发生。饲料中加入抗应激剂，减少应激反应，增强机体抵抗力；饲喂一些强力鱼肝油粉有利于保护黏膜完好。

④ 免疫接种　冬季易发生新城疫、喉气管炎、支气管炎、禽流感等病毒性传染病，入冬前要加强免疫接种一次，新城疫弱毒苗3～4倍量饮水，禽流感双价油乳剂灭活苗注射0.5毫升。

（七）蛋鸡的特殊管理

1. 发病鸡群的管理

生产中人们往往只重视发病时的治疗而忽视了发病后的管理，从而使鸡病愈时间延长，甚至继发其他疾病，这些都严重地影响鸡的生产性能。发病鸡群管理要点如下：

（1）隔离病鸡，尽快确诊　鸡群发病初期，要把个别病鸡隔离饲养，并注意认真观察大群鸡的表现，如粪便、采食、产蛋、呼吸等是否异常，以协助诊断。对隔离病鸡及时进行剖检诊断，必要时送实验室进行鉴定，以尽快确诊，采取有效措施，避免无的放矢、盲目用药。否则，就会延误治疗的最佳时机，且增加药费投入，甚至给鸡造成较大应激，影响生产性能的恢复。

（2）加强饲养，恢复鸡群抵抗力　鸡群发病后，采食量减少，营养供给不足，体质虚弱，抵抗力差，缓解应激能力减弱，必须加强饲养，尽快恢复鸡群抵抗力。

① 增加日粮中多维素和微量元素的用量　鸡对维生素和微量元素的需要量虽然较少，但它们对鸡体的物质代谢起着重要的作用。鸡群无病时，按常规添加量，可以基本满足鸡体的需要；但鸡群发病后，一方面由于采食量减少，摄入体内的维生素和微量元素大大减少，另一方面鸡对维生素和微量元素的需要量会增加，这样需要量与摄入量不能保持平衡，满足不了鸡体需要。必须增加日粮中维生素和微量元素的含量，维生素用量可增加1～2倍，微量元素量可增加1倍。否则就会造成物质代谢的紊乱，抵抗力差，使病愈时间延长，严重影响生产性能的恢复。

② 缓解应激　发病时，鸡群防御能力降低，对环境适应力也差，相对应激原增加，从而加重病情，延迟病愈。因此，鸡发病后，在积极治疗的同时，应使用抗应激药物，以提高鸡体抗应激能力，缓解应激。由于鸡群采食量减少，可在饮水中加入速补-14、速补-18、延胡索酸、刺五加或维生素C等。

③ 加强营养　鸡群发病后，由于采食量大幅度下降，营养摄取量大大减少，体能消耗严重，鸡体迅速消瘦，体质衰弱。此时可在饮水中加入5%牛乳或5%～8%糖（白糖、红糖、葡萄糖等），以防止鸡过度衰弱。

（3）保持适宜的环境条件　鸡群发病后，环境温度要适宜，夏季温度不宜过高，冬季可提高舍内温度，使舍温保持在10℃以上；病鸡舍要注意通风换气，保持舍内空气新鲜，以免硫化氢等有害气体超标；尽量减少噪声，保持病鸡舍安静，以减少各种有害因素的刺激。

（4）加强环境消毒　鸡群发病后要加强环境消毒，以减少病原微生物的含量，防止重复感染和继发感染。

① 对鸡舍和鸡场环境用火碱、过氧乙酸、复合酚消毒剂等反复消毒，同时对饲喂及饮水用具也要全面清洁消毒。

② 发病期间，要加强带鸡消毒，选择高效、低毒、广谱、无刺激和腐蚀性的消毒剂。在冬季还要注意稀释消毒剂的水应是35～40℃的温水。

③ 发病后，水、料易被污染，应加强饮水消毒和拌料消毒，以避免病原微生物从口腔进入鸡体。

（5）进行抗体检测　鸡群发病后，体质衰弱，影响抗体的产生或使抗体水平降低，因此病愈后要及时进行抗体检测，了解鸡群的安全状态，并根据检测结果进行必要的免疫接种，防止再次发生疫病。

（6）注意个别病鸡的护理　疫病发生后，除了进行大群治疗外，还要注意对个别病鸡的护理，减少死亡。具体做法是及时挑出病情严重的鸡只，隔离饲养，避免在笼内或圈内被踩死或压死；对不采食者，应专门投喂食物和药物，增加营养和加强治疗，需要特殊处理时进行特殊处理。

（7）做好病死鸡的处理　发生疾病，特别是传染病时，出现的病死鸡不要随便乱扔乱放，要放在指定地点，加强隔离消毒。死鸡不能随意销售和屠宰，应进行无害化处理，避免再次引起污染。

2. 低产鸡群的管理

养鸡生产中，由于种种原因，特别是疾病影响，不断出现一些低产鸡群，产蛋率低，产蛋量少，饲料转化率差，给养鸡者带来巨大损失。针对低产鸡群的管理措施如下：

（1）寻找原因　对于低产鸡，要细致观察、全面了解、正确诊断，必要时可进行实验室检验，找出导致低产的原因，然后对症下药，采取措施，促进产蛋上升。

（2）保持适宜环境条件　舍内温度保持在10～30℃，光照时间

15.5～16 小时，光照强度增加到 15～20 勒克斯。工作程序要稳定，工作人员要固定，光照方案要恒定，减少应激发生。

（3）供给充足营养　低产鸡群代谢机能差，食欲不强，要加强饲养，供给充足营养，特别是采食量过少的鸡群，更应注意。

① 每天让鸡把料槽中的饲料吃净　因鸡采食量少，饲喂者想让鸡多吃料，于是就多添料，料槽中经常有多余的饲料，结果反而影响鸡的食欲。应让鸡每天把槽内料吃完，使鸡经常保持旺盛食欲，避免料槽内长期剩料而使饲料变味，也造成浪费。

② 饲料质量优良　营养平衡充足，必要时应提高日粮中各营养成分水平，尤其对于开产初期和高峰期处于炎热季节的鸡群，因受环境温度影响采食量过少，摄取的营养物质严重不足，提高日粮营养浓度，适当增加维生素、微量元素、蛋氨酸、赖氨酸的用量，有利于产蛋率上升。

③ 增强鸡的食欲　在饮水中加入醋，1 份醋加入 10～20 份水中让鸡自由饮用，连饮 5～7 天，有助于增强鸡食欲，提高其抗病力。每千克饲料中加入土霉素 1 克、维生素 B_{12} 片剂 10 片、维生素 C 片剂 10 片，维生素 E 0.2 克，连用 5～7 天，有利于帮助消化吸收，增强食欲，增加采食量，提高产蛋率。

（4）使用增蛋剂　可在饲料中添加一些促进产蛋的添加剂，帮助恢复卵巢和输卵管功能，促进产蛋上升。如：添加沸石，可改善消化功能，充分利用饲料养分，增强体质，防病驱虫；添加松针粉，松针粉中的生物活性物质参与机体功能调节，促进新陈代谢。也可添加中草药增蛋剂。

蛋鸡宝：党参 100 克、黄芪 200 克、茯苓 100 克、白术 100 克、麦芽 100 克、山楂 100 克、六神曲 100 克、菟丝子 100 克、淫羊藿 100 克、蛇离子 100 克，混饲，每千克饲料 20 克。

激蛋散：虎杖 100 克、丹参 100 克、菟丝子 60 克、当归 60 克、川芹 60 克、牡蛎 60 克、地榆 50 克、肉苁蓉 60 克、丁香 20 克、白芍 50 克，混饲，每千克饲料 10 克。

降脂增蛋灵：刺五加、仙矛、何首乌、当归、艾叶各 50 克、党参 80 克、白术 80 克、山楂 40 克、六神曲 40 克、麦芽 40 克、松针 200 克，混饲，每千克饲料 10 克。

（5）多次淘汰　对于产蛋率长期不上升的低产鸡群应进行淘汰。但低产鸡群停产鸡少，低产鸡较多，若全群淘汰，损失太大，特别是对产蛋时间短的鸡群，部分淘汰又不易挑选。按常规外貌观察和触摸方法淘汰会出现挑不出淘汰鸡或淘汰一次产蛋减少一次的情况，挑选难度大；可采用前面介绍的“记摸”淘汰法进行多次淘汰，挑出低产鸡。

（八）鸡群的强制换羽

1. 强制换羽的方法

强制换羽的方法有化学法、畜牧学法和综合法。

（1）化学法　化学法是在饲料中加入2.5%氧化锌或3%硫酸锌，连续饲喂5～7天后改用常规饲料饲喂；开始喂含锌饲料时光照保持8小时或自然光照，喂常规饲料时逐渐恢复光照到16小时。此法换羽时间短，但不彻底，第二个产蛋年产蛋高峰不高。

（2）畜牧学法（饥饿法）　畜牧学法就是停水、停料、减少光照，引起鸡群换羽。方法是：第1～3天，停水，停料，光照减为8小时；第4～10天，供水，停料，光照减为8小时；第11天以后，供水，供料，给料量为正常采食量的1/5，逐日递增至自由采食，用育成料，光照每周递增1小时至16小时恒定；产蛋时，改为蛋鸡料。

（3）综合法　综合法是将化学法和畜牧学法结合起来的一种强换方法。方法是：第1～3天，停水，停料，光照减为8小时；第4～10天，供水，喂给含2.5%硫酸锌的饲料，光照8小时；以后恢复正常蛋鸡料和光照。此法对鸡应激小，换羽彻底。

2. 强制换羽的准备

（1）合理确定强制换羽的时间　一般强制换羽是在鸡群第一产蛋期结束时进行，也就是在鸡群开产一年后进行，核算经济效益时，当产蛋鸡群带来的经济效益较低或收支平衡时，进行强制换羽。

（2）制定强制换羽的方案　根据鸡群的产蛋情况、季节，制定强制换羽方案。在方案实施过程中，非特殊情况，不要随便改变。

（3）整顿鸡群　强制换羽前，要对鸡群认真挑选，淘汰病弱残和脱肛鸡，对于已换过羽的鸡，也应挑出不再进行强制换羽。

（4）防疫注射　在强制换羽前1周，应对鸡群进行驱虫、注射新城疫疫苗和传染性支气管炎疫苗，以提高鸡群的抗病力。

（5）称重　在强制换羽前1天，要对鸡群称重，随机抽测3%～5%鸡只的体重，并算出体重平均值，以便了解强制换羽过程中鸡的失重率和体重的损失情况。

3. 衡量强制换羽效果的指标

（1）死亡率　强制换羽过程中鸡群的死亡率不超过3%，强制换羽结束时，死亡率应控制在5%范围内。

（2）体重失重率　强制换羽方法越严厉，鸡群失重越快，失重率越高，死亡率越高。鸡群的失重一般为25%左右，不应超过30%。

（3）强制换羽的时间　强制换羽后，新的开产日龄过早或过晚都影响第二个产蛋期的产蛋情况，一般以强制换羽开始到结束（产蛋率恢复至50%）的时间50～60天为适宜。

（4）主翼羽的脱换　强制换羽结束时，即产蛋率恢复至50%时，查一下主翼羽脱换根数。如果10根主翼羽有5根以上已脱换，说明强制换羽的方案是合理的，也是成功的；如果少于5根，表明换羽不完全，方案不合理。

4. 强制换羽的注意事项

（1）如果遇到鸡群患病或疫情，应停止强制换羽，改为自由采食。

（2）定期称重。强换开始后5～6天第一次称重，以后每天称重，掌握鸡群失重率，确定最佳的结束时间。

（3）停料一段时间后，供给饲料时，应逐渐增加给料量，切忌一次给料过多，造成鸡群嗉囊胀裂死亡。

（4）加强环境消毒，保持环境安静，避免各种应激因素，并密切观察鸡群，根据实际情况，必要时调整或中止强制换羽方案。

四、生态放养蛋鸡的饲养管理

（一）生态放养场地

放养鸡需要有良好的生态条件。生态放养的鸡活泼好动，觅食力强，因此除要求具有较为开阔的饲喂、活动场地外，还需有一定面积的果园、林地、农田、草场或草山草坡等，以供其自行采食杂草、野菜、昆虫、谷物及矿物质等丰富的食料，满足其营养的需要，促进机体的发育和生长，增强体质，改善肉蛋品质。无论哪种放养地，最好均有树木遮阴，在中午能为鸡群提供休息的场所。

1. 果园

果园的选择，以干果、主干略高的果树和较少使用农药的果树园地为佳，并且要求排水良好。最理想的果园是核桃园、枣园、柿园和桑园等。这些果园的果树主干较高，果实结果部位亦高，果实未成熟前坚硬，不易被鸡啄食。其次为山楂园，因山楂果实坚硬，全年除防治1～2次食心虫外，很少用药。在苹果园、梨园、桃园养鸡，放养期应避开用药和采收期，以减少药害以及鸡对果实的伤害。

2. 林地

林地的间隙是生态放养鸡的良好场所，选择树冠较小、树木稀疏、地势高燥、排水良好的地方，空气清新，环境安静，鸡能自由觅食、活动、休息和晒太阳。林地以中成林为佳，最好是成林林地。鸡舍坐北朝南，鸡舍和运动场地势应比周围稍高，倾斜度以10°～20°为宜，不应高于30°。树枝应高于鸡舍门窗，以利于鸡舍空气流通。

山区林地最好是灌木丛、荆棘林或阔叶林等，土质以沙壤为佳，若是黏质土壤，在放养区应设立一块沙地。附近应有小溪、池塘等清洁水源。鸡舍建在向阳南坡上。

【提示】果园和林间隙地可以种植苜蓿为放养鸡提供优质的饲草。据试验，在鸡日粮中加入3％～5％的苜蓿粉不仅能使蛋黄颜色变黄，还能降低鸡蛋胆固醇含量。

3. 草场

草场养鸡，以自然饲料为主，生态环境优良，饲草、空气、土壤等基本没有污染。草场是天然的绿色屏障，有广阔的活动场地，烈性传染病很少，鸡体健壮，药物用量少，无论是鸡蛋还是鸡肉均属绿色食品，有益于人体健康。草场具有丰富虫草资源，鸡群能够采食到大量的绿色植物、昆虫、草籽和土壤中的矿物质。近年来，草场蝗灾频频发生，越干旱蝗虫越多，放养鸡灭蝗效果显著，再配合灯光、激素等诱虫技术，可大幅度降低草场虫害的发生率。

【注意】选择的草场一定要地势高燥，避免洼地，因洼地阴暗潮湿，对鸡的健康不利。

草场中最好要有能为中午的鸡群提供遮阴或下雨时的庇护场所的树木，若无树木则需搭设遮阴棚。选择草山草坡放养土鸡一定要避开风口、泄洪沟和易塌方的地方，并将棚舍搭建在避风向阳、地势较高的地方。

4. 农田

一般选择种植玉米、高粱等高秆作物的田地和棉田生态养鸡，要求地势较高，作物的生长期在90天以上，周围用围网隔离。农田放养鸡，以采食杂草、昆虫为主，这样就解除了除草、除虫之忧，减少了农药用量。鸡粪还是良好的天然肥料，可以降低农田种植业的投资。田间放养鸡，饲养条件简单，管理方法简便，但饲养密度不高，每亩地养土鸡不超过60只成年鸡或90只青年鸡。

田间养鸡注意错开苗期，要等鸡对作物不造成危害后再放养。作物到了成熟期，如果鸡还不能上市，可以半圈养为主，大量补饲精料催肥。

（二）生态放养品种的选择

1. 适销对路

随着经济条件好转，人们生活水平不断提高，沿海发达地区和大中城市的消费者越来越注重安全健康，越来越喜爱生态放养鸡。绿色健康食品成为目前消费的主流，在生态养鸡的过程中应当遵循这一特点，着重选择那些能够提供优质产品的品种，符合市场的需求。例如，在蛋鸡的养殖中可选择蛋品质量好的品种，如绿壳蛋鸡（其鸡蛋含有丰富的微量元素，并且胆固醇含量低）、卢氏鸡（经检测具有“三高一低”特点，即高锌、高碘、高硒、低胆固醇，被誉为“鸡蛋中的人参”）；蛋肉兼用型可以选择固始鸡、芦花鸡等。

2. 适应性强

生态放养地点是在果园、林地、山坡、荒地等野外，外界环境条件不稳定，如温度、气流、光照等变化大，还会遭受雷鸣闪电、大风大雨、野兽或其他动物侵袭等一些意想不到的刺激，应激因素很多，加之管理相对粗放，所以饲养的鸡必须具有较强抵抗力和适应能力，否则在放养时就可能出现较多的伤亡或严重影响生产性能的发挥。

3. 觅食性好

生态放养的优点在于能够改善产品品质和节约饲料资源。野外可采食的物质包括青草和昆虫等。这些物质作为饲料资源，一方面可以减少全价饲料的使用，节约资金；另一方面这些物质所含的成分能够改善鸡产品的品质，如提高蛋黄颜色和降低产品中胆固醇含量。要充分利用这些饲料资源，鸡只必须活泼好动，觅食能力强。同时，野生的饲料资源中含有较多的植物饲料，粗纤维含量高，饲养的鸡还应具有较强的消化能力，提高粗纤维的消化利用率。

4. 生产性能高

在选择品种时应注意选择体型外貌一致、生产性能较好的品种，否则会对生产造成不利影响。鸡的体重、体型大小要适中。放养鸡的选择应当以中、小型鸡为主，应当选择那些体重偏轻、体躯结构紧凑、体质结实、个体小而活泼好动、对环境适应能力强的品种。引进的高产配套品种一般不适于果园、林地、荒山坡地等野外生态放养。

5. 适应放养地条件

生态放养鸡放养地的种类多种多样，如林地放养、果园放养、草地放养、大田放养、山地放养等，放养地不同，放养条件也有差异，影响放养鸡的品种选择。果园、林地或山地放养可以选择矮小型蛋鸡、地方蛋鸡品种或蛋肉兼用型品种，因为它们适应能力强、觅食性好，可以充分发挥产蛋潜力。

（三）蛋（种）鸡的饲养管理

1. 育成鸡的饲养管理

在鸡育成期采用放养，可以防止种（蛋）鸡骨骼纤细、体型变小、过早成熟，并能提高鸡只的体重，降低饲养成本。

（1）适宜放养的季节　最佳放养季节是春末夏初，此时外界气温适中，自然条件好，有利于雏鸡的健康和生长发育。尤其是春季，万物复苏，青草生长，昆虫开始活动，是放养鸡的大好时机。

（2）搭建棚舍　放牧地搭建临时或永久性棚舍，舍内设置栖架。

（3）调教训练

① 适应性训练　生态放养由温度相对稳定的室内转移到气温多变的野外，温度容易发生变化而使鸡不适。放养最初 2 周是否适应放养环境的温度条件，在很大程度上都取决于放养前温度的适应性锻炼。在育雏后期（放养前 1～2 周），应逐渐降低育雏室的温度，使舍内温度与外界气温一致，也可适当进行较低温度和小范围变温的训练，使小鸡具有一定的抗外界环境温度变化的能力，以便适应室外放养的气候条件，将有利于提高放养初期的成活率。

② 食性训练　生态放养鸡的饲料由育雏期的全部精饲料转向以

野生饲料资源为主、精饲料为辅，鸡会有些不习惯，消化器官也不适应。所以，为了适应放养期大量采食青绿饲料和的采食一些昆虫的特点，应在育雏后期进行食性训练，即在放牧前1～3周，在育雏料中添加一定的青草和青菜，有条件的鸡场还可加入一定的动物性饲料，特别是虫体饲料（如蝇蛆、蚯蚓、黄粉虫等），使鸡的消化机能得到应有的训练，放养后能够立即适应。青绿饲料的添加，要由少到多逐渐添加，防止一次性增加过多而造成消化不良或腹泻。

【注意】 在放牧前，青绿饲料的添加量应占到雏鸡饲喂量的50%以上。

③ 活动训练　育雏期雏鸡仅仅在育雏室内有限的地面上活动，活动范围小，活动量少，而放入山林果园后，活动范围突然扩大，活动量成倍增加，很容易造成短期内的不适应而出现因活动量过大造成的疲劳和诱发疾病。因此，在育雏后期，应逐渐扩大雏鸡的活动范围和增加运动量（必要时可以驱赶鸡群，加强运动），增强其体质，以适应空旷的放养环境。

（4）分群　脱温后放牧前（5～7周龄）进行公母、强弱和大小分群，淘汰多余的小公鸡和病残鸡。4月下旬天气温暖时可以开始放牧，放牧地由近至远，时间逐渐延长。天气温暖后可以人工育虫喂鸡。16周龄进行第二次分群，选择体型大、胸宽深、骨骼强壮、繁殖体况好的公母鸡。

（5）放牧过渡期的管理　由育雏室转移到果园林地等放牧地的最初1～2周是放养成功与否的关键时期。如果前期准备工作做得较好，过渡期管理得当，小鸡很快适应放牧环境，不会因为饲养环境的改变而影响生长发育。

选择在天气暖和的晴天转群。转群时间安排在晚上，当育雏舍灯光关闭后，鸡群稍微安静后可以开始转群。为减少鸡群的骚动和便于转群，可以使用手电筒，在手电筒头部蒙上红色布，或在舍内留一个功率较小的光源，用红色布或红纸包裹，使之放出黯淡的红色光，有利于鸡群保持安静。转群人员应抓住鸡脚，轻轻将鸡放到运输笼，然后装车。按照分群计划，一次性放入鸡舍，使鸡在放养地的舍内过夜；第二天早晨不要马上放鸡，要让鸡在鸡舍内停留较长的时间，以便熟悉其新居；待到9～10点以后放出喂料，饲槽放在离鸡舍1～5

米远，让鸡自由觅食，切忌惊吓鸡群。

【注意】 转群时动作要轻，避免粗暴而引起鸡的伤残。

转群后的饲料与育雏期相同，不要突然改变。开始几天，每天放鸡的时间可以短些，以后逐日增加放养时间。为了防止个别小鸡乱跑而不会自行返回，可设围栏限制，并不断扩大放养面积。1～5 天内仍按舍饲喂量给料，日喂 3 次；5 天后要限制饲料喂量。分两步递减饲料：首先是 5～10 天内饲料喂量为平常舍饲日粮的 70%；其次是 10 天后直到育成，饲料喂量减少 1/2，只喂平常各生长阶段舍饲日粮的30%～50%，日喂 1～2 次（天气好时喂 1 次，天气不好的时候喂2 次）。

【提示】 饲喂的次数越多效果越差，因为鸡有惰性和依赖性。

（6）补料和饮水　饲料的补充量不足，或者投料工具的实际有效采食面积小，会严重影响鸡的采食，使那些体小、体弱、胆小的鸡永远处于竞争的不利地位而影响生长发育。根据鸡在野外获得的饲料情况，满足其营养要求，合理补充饲料，并集中补料，增加采食面积，保证每一只鸡在相同时间内获得需要的饲料量。使用自动饮水装置饮水，饮水碗或水槽要靠近饲喂区，数量充足。

【提示】 育成期间一般不限制饮水，特别在夏季，要保证充足供水；料槽和饮水器每周要清洗消毒 2～3 次。

（7）饲养规模和密度　群体规模适中，过大的群体规模易造成群体参差不齐。规模过大，过小和过弱的个体不易获得饲料营养，并且容易受到践踏，导致群体的差距越来越大。一般来说，群体规模控制在 500 只左右，最多也不应超过 1000 只。对于数万只的鸡场，可以分成若干个小区隔离饲养。

放养密度是一个动态指标，它因地而异、因鸡而异、因季节而异。首先放养地的植被情况决定了放养密度，植被情况（品种和数量）良好，放养密度可大一些。根据经验，一般每 100 米^2 放养面积可放养 5 只左右，植被稍好点的可放养 8 只左右，最好的植被也不能超过 12 只，如果植被很差只能放养 1～3 只。

（8）控制体重　从育雏期开始至育成末期基本结束，每 2 周抽测体重一次。测定体重的时间应安排在夜间进行。晚上关灯鸡群安静以后，手持手电筒，蒙上红色布料，使之发出较弱的红色光线，随机轻轻抓取鸡，使用电子秤逐只称重，并记录。

测定体重抽取的样品应具有代表性，做到随机取样。在鸡舍的不同区域、栖架的不同层次，均要取样，防止取样偏差。每次抽测的数量依据群体大小而定，一般为群体数量的5%，大规模养鸡不低于群体数量的2%，小规模养鸡每次测定数不小于50只。

应根据体重的变化与标准的比较，酌情补料。

（9）注意观察

① 观察环境变化　注意观察气候变化，遇到气候的突然变化，要提前采取防范措施。如下大雨前早收鸡或不放鸡出舍等，防止鸡被雨淋。注意观察有没有野生动物的入侵，可以借助摄像头、音响报警器等设备，避免鸡受到野兽侵害等。及时观察和了解放养场地状况，如有没有喷洒农药以及一些人为破坏的迹象，减少对鸡的伤害。

② 观察鸡群状况　细致观察鸡群的精神状态、采食情况、粪便状态、呼吸系统状况等，发现问题，及早处置。

（10）卫生管理　鸡栖息的棚舍及附近场地要坚持每天打扫、消毒；定期清洗、消毒料槽、水槽，保持清洁卫生；定期驱虫，8～9周，每只鸡0.5片鸡虫净，研磨拌料，一次投服，或0.03%～0.04%呋喃唑酮拌料使用5天。17～18周龄，每只鸡1片左旋咪唑，一次投服，连用两次。

2. 产蛋期饲养管理

（1）做好开产前的准备　开始产蛋的前1周，将产蛋箱准备好，让鸡适应环境。4～5只鸡准备1个产蛋箱，产蛋箱放置在较暗的地方，产蛋箱中铺些垫草，并放上假蛋；并根据鸡群的免疫程序要求和抗体水平接种疫苗；安装好产蛋期需要的各种设备；进行全面彻底的消毒。

（2）饲料的更换　不同阶段饲喂不同的饲料，既可以降低饲料成本，又能满足营养需要。果园林地生态养鸡，育成后期，要增加钙的水平，一般是在18～19周龄以后，饲料中钙的水平提高到1.75%，20～21周龄提高到3%。在鸡群见第一枚蛋时，或开产前2周在饲料中加贝壳或碳酸钙颗粒，也可将一些矿物质放于料槽中，任开产鸡自由采食，直到鸡群产蛋率达25%；当产蛋率达到25%以上时，应该将生长料更换为蛋鸡料。

【重要提示】开产时增加光照时间要与更换日粮相配合，如只增加光照，不改换饲料，易造成生殖系统与整个鸡体发育的不协调。如只更换日粮不增加光照，又会使鸡体积聚脂肪，故一般在增加光照1周后改换饲粮。

（3）补料　补料的时间可以安排在傍晚收鸡后。由于放养鸡采食的饲料种类和数量难以确定，所以很难给出一个绝对的补充饲料数量，根据经验，一般控制在70～90克/(天·只)。

（4）诱导产蛋　生态养鸡时要做好训练母鸡进入产蛋箱产蛋的工作。为了诱导母鸡进入产蛋箱，可在里面提前放入鸡蛋或鸡蛋样物——引蛋（如空壳鸡蛋、乒乓球等）。鸡进入产蛋期后，饲养人员应经常在棚架区域内走动。早晨是母鸡寻找产蛋地点的关键时期，饲养员在舍内走动时密切关注母鸡的就巢情况。较暗的墙边、角落、台阶边、棚架边、钟形饮水器下方和产蛋箱下方比较容易吸引母鸡去就巢。饲养员应小心地将在这些地点筑窝的母鸡放到产蛋箱内，最好关闭产蛋箱，使其熟悉和适应产蛋环境，不再到其他地点筑窝。如果母鸡继续在其他地点筑窝，必要时可以用铁丝网进行隔开。通过几次干预，母鸡就会寻找比较安静的产箱内产蛋。

（5）捡蛋　一般要求每天捡蛋3～4次，捡蛋前用0.1%新洁尔灭洗手消毒。在最后1次收集蛋后要将窝内鸡只抱出。

（6）醒抱　抱性即就巢性。如果发生抱窝，可以进行催醒。催醒方法见表5-15。

表5-15　催醒方法

方法	操　　作
三合激素法	三合激素(即丙酸睾丸素、黄体酮和苯甲酸雌二醇的油溶液)，对抱窝母鸡进行处理，按1毫升/只肌内注射，一般1～2天即可醒抱
异烟肼法	按就巢母鸡每千克体重0.08克异烟肼口服，一般1次投药可醒抱55%左右；对没有醒抱的母鸡次日按每千克体重0.05克再投药1次，第二次投药后醒抱可达到90%；剩下的就巢母鸡第三天再投药1次，药量也为每千克体重0.05克，可完全消除就巢现象(当出现异烟肼急性中毒时，可内服大剂量维生素B_6以解毒，并配合其他对症治疗)
丙酸睾丸素法	肌内注射丙酸睾丸素5～10毫克/只，用药后2～3天就醒抱，1～2周后即可恢复产蛋。丙酸睾丸素可抑制和中和催乳素，使体内激素趋于平衡而醒抱

续表

方法	操　作
悬挂法	将抱窝母鸡放入笼中，悬吊在树上，并使鸡笼不断地左右摇摆，很快促使其醒抱
水浸法	将抱窝母鸡用竹笼装好或用竹栏围好，放入冷水中，以水浸过脚高度。如此2～3天，母鸡便可醒抱。其原理在于鸡在水中加速降温和增加环境应激，抑制催乳素的分泌
针刺法	用缝衣针在其冠点穴，脚底深刺2厘米，一般轻抱鸡3天后可下窝觅食，很快恢复产蛋。若第3天仍没有醒抱，按上法继续进行3次，即可见效
解热镇痛法	服用安乃近或APC（复方阿司匹林），取0.5克安乃近或0.42克APC，每只鸡1片喂服，同时喂给3～5毫升水，10小时内不醒抱者再增喂1次，一般15天后即可恢复产蛋
硫酸铜法	每只鸡注射20%硫酸铜水溶液1毫升，促使其脑垂体前叶分泌激素，增强卵巢活动而离巢
酒醉法	每只抱窝鸡灌服40°～50°白酒3汤匙，促其醉眠，醒酒后即可醒抱
灌醋法	趁早晨抱窝鸡空肚时喂1汤匙醋，到晚上再喂1次，连续3～4天即可
清凉解热法	早晚各喂人丹13粒左右，连用3～5天
剪毛法	把抱窝鸡大腿、腹部、颈部、背部的长羽毛剪掉，翅膀及尾部羽毛不剪。这样，鸡很快停止抱窝，且对鸡的行动没有影响，1周内可恢复产蛋
复合药物法	将冰片5克、己烯雌酚2毫克、咖啡因1.8克，大黄苏打片10克、氨基比林2克、麻黄素0.05克，共研细末，加面粉5克、白酒适量，搓成20粒药丸，每日每只喂服1粒，连喂3～5天
感冒胶囊法	发现抱窝母鸡，立即分早、晚2次口服速效感冒胶囊，每次1粒，连服2天便可醒抱。醒抱后的母鸡5～7天就可产蛋
磷酸氯喹片法	每日1次，每次0.5片（每片0.25克），连服2天，催醒效果在95%以上。用1～2粒盐酸喹宁丸有同样效果
清凉降温法	用清凉油在母鸡脸上擦抹，注意不要抹入眼内；热天还可以将鸡用冷水喷淋或每天直接浸浴3～4次，以降低体温，促其醒抱

（7）强制换羽　方法见本节蛋鸡强制换羽部分。

第六章

<<<<<

蛋鸡的疾病控制

核心提示

蛋鸡业的生产特点是群体数量大、高度密集饲养、疾病发生机会多。最易发生的是传染病、营养代谢病和中毒症等群发疾病，一旦发病损失较大。所以，做好疾病预防工作是重中之重。有效控制疾病，必须树立和贯彻“防重于治”和“养防并重”的疾病防治原则，加强综合防治。

第一节 疾病综合防控

一、保持良好的卫生

良好的卫生和适宜的环境是鸡健康生长的基本条件。

（一）注重场址选择和规划布局

鸡场要远离市区、村庄和居民点，远离屠宰场、畜禽产品加工厂等污染源。场区要分区规划（分为管理区、生产区和病鸡隔离区）并进行必要隔离。场区内设置污染道和清洁道。生产区内各排鸡舍要保持一定间距。不同日龄的鸡分别养在不同的区域，并相互隔离。如有条件，不同日龄的鸡分场饲养效果更好。鸡场周围有隔离物。

（二）加强隔离卫生

1. 设置消毒池和消毒室

养鸡场大门、生产区入口要建与门口同宽、长是汽车轮一周半以上的消毒池。各鸡舍门口要建与门口同宽、长1.5米的消毒池。生产区门口还要建更衣消毒室和淋浴室。

2. 进入鸡场和鸡舍的人员、车辆和用具要消毒

车辆进入鸡场前应彻底消毒，以防带入疾病；鸡场谢绝参观，不可避免时，应严格按防疫要求消毒后方可进入；农家养鸡场应禁止其他养殖户、鸡蛋收购商和死鸡贩子进入鸡场，病鸡和死鸡经疾病诊断后应深埋，并做好消毒工作，严禁销售和随处乱丢。

3. 注意饲料和饮水卫生

饲料不霉变，不被病原污染，饲喂用具勤清洁消毒；鸡场水源要远离污染源，水源周围50米内不得设置贮粪场、渗漏厕所。水井设在地势高燥处，防止雨水、污水倒流引起污染。饮用水符合卫生标准，水质良好，饮水用具要清洁，饮水系统要定期消毒。定期检测水质，发现问题及时处理。

4. 保持鸡场卫生

及时清理鸡场、鸡舍的污物、污水和垃圾，定期打扫鸡舍顶棚和设备用具的灰尘，每天进行适量的通风，保持鸡舍清洁卫生；不在鸡舍周围和道路上堆放废弃物和垃圾。

5. 废弃物无害化处理和利用

蛋鸡场的废弃物主要有粪尿、污水和病死鸡，进行无害化处理有利于减少病原传播。

（1）粪便处理利用

① 生产有机肥料　鸡粪是优质的有机肥，经过堆积腐熟或高温、发酵干燥处理后，体积变小，松软，无臭味，不带病原微生物，常用于果林、蔬菜、瓜类和花卉等经济作物，也用于无土栽培和生产绿色食品。资料表明，施用烘干鸡粪的瓜类和番茄等蔬菜，其亩产量明显高于混合肥和复合营养液的对照组，且瓜菜中的可溶性固形物糖酸和维生素C的含量也有极大提高。堆粪法是一种简单实用的处理方法，在距蛋鸡场100～200米或以外的地方设一个堆粪场，在地面挖一浅沟，深约20厘米，宽1.5～2米，长度不限，随粪便多少确定。先将非传染性的粪便或垫草等堆至厚25厘米，其上堆放欲消毒的粪便、垫草等，高达1.5～2米，然后在粪堆外再铺上厚10厘米的非传染性的粪便或垫草，并覆盖厚10厘米的沙子或土，如此堆放3周至3个

月，即可用于肥田，如图 6-1。当粪便较稀时，应加些杂草，太干时倒入稀粪或加水，使其不稀不干，以促进迅速发酵。

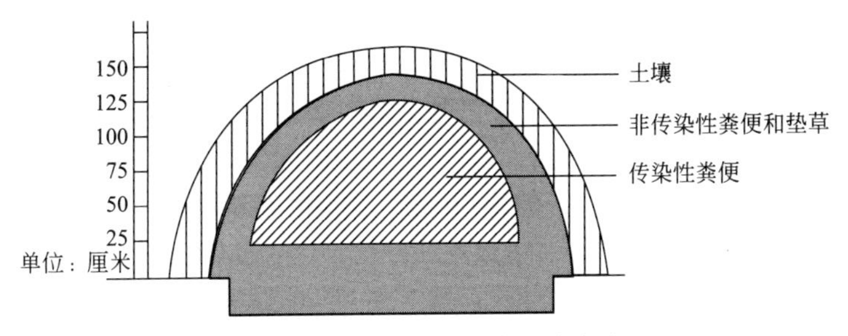

图 6-1　粪便生物热消毒的堆粪法

② 生产饲料　鸡粪中含有丰富的营养成分，开发利用鸡粪饲料具有非常广阔的应用前景。国内外试验结果均表明，鸡粪不仅是反刍动物良好的蛋白质补充料，也是单胃动物及鱼类良好的饲料蛋白来源。鸡粪饲料资源化的处理方法有直接饲喂、干燥处理（自然干燥、微波干燥和其他机械干燥）、发酵处理、青贮及膨化制粒等。

a. 干燥处理　利用自然干燥或机械干燥设备将新鲜鸡粪干燥处理。

b. 发酵处理　利用各种微生物的活动来分解鸡粪中的有机成分，从而可以有效地提高有机物质的利用率；在发酵过程中形成的特殊理化环境可以抑制和杀灭鸡粪中的病原体，同时还可以提高粗蛋白含量并起到除臭的效果。处理方法：

一是自然厌氧发酵。发酵前应先将鸡粪适当干燥，使其水分保持在 32%～38%左右，然后装入用混凝土筑成的圆筒或方形水泥池内，装满压实后用塑料膜封好，留一小透气孔，以便让发酵产生的废气逸出。发酵的时间长短不一，随季节而定，春秋季一般 3 个月，冬季 4 个月，夏季 1 个月左右即可。由于细菌活动产热，刚开始温度逐渐上升，内部温度达到 83℃左右时即开始下降，当其内部温度与外界温度相等时，说明发酵停止，即可取出鸡粪按适当比例直接混入其他饲料内喂食。

二是充氧动态发酵。鸡粪中含有大量微生物，如酵母菌、乳酸菌等，在适宜的温度（10℃左右）、湿度（含水分 45%左右）及氧气充足的条件下，好氧菌迅速繁殖，将鸡粪中的有机物质大量分解成易被消化吸收的物质，同时释放出硫化氢、氨气等。鸡粪在45～55℃下处理12小时左右，即可获得除臭、灭菌的优质有机肥料和再生饲料。此法的优点是发酵效率高，速度快，鸡粪中营养损失少，杀虫灭菌彻底且利用率高；缺点是须先经过预处理，且产品中水分含量较高，不宜长期贮存。

三是青贮发酵。将含水量60%～70%的鸡粪与一定比例铡碎的玉米秸秆、青草等混合，再加入10%～15%糠麸或草粉、0.5%食盐，混匀后装入青贮池或窖内，踏实封严，经30～50天后即可使用。青贮发酵后的鸡粪粗蛋白可达18%，且具有清香气味，适口性增强，是牛、羊的理想饲料，可直接饲喂反刍动物。

四是酒糟发酵。在鲜鸡粪中加入适量的糠麸，再加入10%酒糟和10%的水，搅拌混匀后，装入发酵池或缸中发酵10～12小时，再经100℃蒸汽灭菌后即可利用。发酵后的鸡粪适口性提高，具有酒香味，而且发酵时间短，处理成本低，但处理后的鸡粪不宜长期贮存，应现用现配。

c. 膨化处理　将含水量小于25%的鸡粪与精饲料混合后加入膨化机，经机内螺杆粉碎、压缩与摩擦，物料迅速升温呈糊状，经机头的模孔射出。由于机腔内、外压力相差很大，物料迅速膨胀，水分蒸发，密度变小，冷却后含水量可降至13%～14%。膨化后的鸡粪膨松适口，具有芳香气味，有机质消化率提高10%左右，并可消灭病原菌，杀死虫卵，而且有利于长期贮存和运输。但入料的含水量要求小于25%，故需要配备专门干燥设备才能保证连续生产，且耗电较高，生产率低，一般适合于小型养鸡场。

d. 糖化处理　在经过去杂、干燥、粉碎后的鸡粪中，加入清水，搅拌均匀（加入水量以手握鸡粪呈团状、不滴水为宜），与洗净切碎的青菜或青草充分混合，装缸压紧后，撒上3厘米左右厚的麦麸或米糠，缸口用塑料薄膜覆盖扎紧，用泥封严。夏季放在阴凉处，冬季放在室内，10天后就可糖化。处理后的鸡粪养分含量提高，无异味，而且适口性增强。

③ 生产动物蛋白　利用粪便生产蝇蛆、蚯蚓等优质高蛋白物质，既减少了污染，又提高了鸡粪的使用价值；但缺点是劳动力投入大，

操作不便。近年来，美国科学家已成功在可溶性粪肥营养成分中培养出单细胞蛋白。家禽粪便中含有矿物质营养，啤酒糟中含有一定的碳水化合物，而部分微生物能够以这些营养物质为食。研究人员发现一种拟内孢霉属的细菌和一种假丝酵母菌能利用上述物质产生细菌蛋白，这些蛋白可用于制造动物饲料。

④ 生产沼气　鸡粪是沼气发酵的优质原料之一，尤其是高水分的鸡粪。鸡粪和草或秸秆以（2～3）∶1 的比例，在碳氮比（13～30）∶1，pH 为 6.8～7.4 条件下，利用微生物进行厌氧发酵，产生可燃性气体。每千克鸡粪产生 0.08～0.09 米^3 的可燃性气体，发热值 4187～4605 兆焦/米^3。发酵后的沼渣可用于养鱼，养殖蚯蚓，栽培食用菌，生产优质的有机肥和土壤改良剂。

（2）污水处理　鸡场必须专设排水设施，以便及时排出雨、雪水及生产污水。全场排水网分主干和支干，主干主要是配合道路网设置的路旁排水沟，将全场地面径流或污水汇集到几条主干道内排出；支干主要是各运动场的排水沟，设于运动场边缘，利用场地倾斜度，使水流入沟中排走。排水沟的宽度和深度可根据地势和排水量而定，沟底、沟壁应夯实，暗沟可用水管或砖砌，如暗沟过长（超过 200 米），应增设沉淀井，以免污物淤塞，影响排水。但应注意，沉淀井距供水水源应在 200 米以上，以免造成污染。

（3）尸体处理　鸡的尸体能很快分解腐败，散发恶臭，污染环境。特别是传染病病鸡的尸体，其病原微生物会污染大气、水源和土壤，造成疾病的传播与蔓延。因此，必须正确而及时地处理死鸡，坚决不能图一己私利而出售。

① 焚烧法　焚烧是一种较完善的方法，但不能利用产品，且成本高，故不常用。但对一些危害人、畜、禽健康极为严重的传染病病鸡的尸体，仍有必要采用此法。焚烧时，先在地上挖一十字形沟（沟长约 2.6 米，宽 0.6 米，深 0.5 米），在沟的底部放木柴和干草作引火用，于十字沟交叉处铺上横木，其上放置鸡尸，鸡尸四周用木柴围上，然后洒上煤油焚烧；或用专门的焚烧炉焚烧。

② 高温处理法　此法是将死鸡放入特设的高温锅（150℃）内熬煮，达到彻底消毒的目的。养鸡场也可用普通大锅，经 100℃ 以上的高温熬煮处理。此法可保留一部分有价值的产品，但要注意熬煮的温

度和时间，必须达到消毒的要求。

③ 土埋法　是利用土壤的自净作用使其无害化。此法虽简单但不理想，因其无害化过程缓慢，某些病原微生物能长期生存，从而污染土壤和地下水，并会造成二次污染。采用土埋法，必须遵守卫生要求，即埋尸坑应远离畜禽舍、放牧地、居民点和水源，地势高燥，死鸡掩埋深度不小于 2 米，死鸡四周应洒上消毒药剂，埋尸坑四周最好设栅栏并作上标记。

在处理鸡尸时，不论采用哪种方法，都必须将病鸡的排泄物、各种废弃物等一并进行处理，以免造成环境污染。

(4) 垫料处理　有的养鸡场采用地面平养（特别是育雏育成期），多使用垫料，使用垫料对改善环境条件具有重要的意义。垫料具有保暖、吸潮和吸收有害气体等作用，可以降低舍内湿度和有害气体浓度，保证舒适、温暖的小气候环境。选择的垫料应具有导热性低、吸水性强、柔软、无毒、对皮肤无刺激性等特性，并要求来源广、成本低、适于作肥料和便于无害化处理。常用的垫料有稻草、麦秸、稻壳、树叶、野干草、植物藤蔓、刨花、锯末、泥炭和干土等。近年来，还采用橡胶、塑料等制成的厩垫以取代天然垫料。

6. 灭鼠灭虫

(1) 灭鼠　鼠危害极大，是人、畜、禽多种传染病的传播媒介，盗食饲料和鸡蛋，咬死雏鸡，咬坏物品，污染饲料和饮水等，鸡场必须采取有效措施灭鼠。

① 防止鼠类进入建筑物　鼠类多从墙基、天橱、瓦顶等处窜入室内，在设计施工时注意：墙基最好用水泥制成，碎石和砖砌的墙基，应用灰浆抹缝；墙面应平直光滑，防鼠沿粗糙墙面攀登；砌缝不严的空心墙体，易使鼠隐匿营巢，要填补抹平；为防止鼠类爬上屋顶，可将墙角处做成圆弧形；墙体上部与天棚衔接处应砌实，不留空隙；瓦顶房屋应缩小瓦缝和瓦、椽间的空隙并填实；用砖、石铺设的地面，应衔接紧密并用水泥灰浆填缝；各种管道周围要用水泥填平；通气孔、地脚窗、排水沟（粪尿沟）出口均应安装孔径小于 1 厘米的铁丝网，以防鼠窜入。

② 器械灭鼠　器械灭鼠方法简单易行，效果可靠，对人、畜、禽无害。灭鼠器械种类繁多，主要有夹、关、压、卡、翻、扣、淹、

粘、电等。近年来还研究和采用电灭鼠和超声波灭鼠等方法。

③ 化学灭鼠　化学灭鼠效率高，使用方便，成本低，见效快；缺点是能引起人、畜、禽中毒，有些鼠对药剂有选择性、拒食性和耐药性。所以，使用时须选好药剂和注意使用方法，以确保安全有效。灭鼠药剂种类很多，主要有灭鼠剂、熏蒸剂、烟剂、化学绝育剂等。鸡场的鼠类以孵化室、饲料库、鸡舍最多，是灭鼠的重点场所。饲料库可用熏蒸剂毒杀。投放毒饵时，要防止毒饵混入饲料中。在采用全进全出制的生产程序时，可结合舍内消毒一并进行。鼠尸应及时清理，以防被人、畜误食而发生二次中毒。选用鼠长期吃惯了的食物作饵料，突然投放，饵料充足，分布广泛，以保证灭鼠的效果。

（2）杀昆虫　鸡场易滋生有害昆虫，如蚊、蝇等，骚扰人、畜、禽和传播疾病，危害人、畜、禽健康，应注意做好杀虫工作。

① 环境卫生　搞好鸡场环境卫生，保持环境清洁、干燥，是杀灭蚊蝇的基本措施。蚊虫需在水中产卵、孵化和发育，蝇蛆也需在潮湿的环境及粪便等废弃物中生长。因此，填平无用的污水池、土坑、水沟和洼地。保持排水系统畅通，对阴沟、沟渠等定期疏通，勿使污水贮积。对贮水池等容器加盖，以防蚊蝇飞入产卵。对不能清除或加盖的防火贮水器，在蚊蝇滋生季节，应定期换水。永久性水体（如鱼塘、池塘等），蚊虫多滋生在水浅而有植被的边缘区域，修整边岸，加大坡度和填充浅湾，能有效地防止蚊虫单生。鸡舍内的粪便应定时清除，并及时处理，贮粪池应加盖并保持四周环境的清洁。

② 化学杀灭　化学杀灭是使用天然或合成的毒物，以不同的剂型（粉剂、乳剂、油剂、水悬剂、颗粒剂、缓释剂等），通过不同途径（胃毒、触杀、熏杀、内吸等），毒杀或驱逐蚊蝇。化学杀虫法具有使用方便、见效快等优点，是当前杀灭蚊蝇的较好方法。常用的杀虫剂如表 6-1。

表 6-1　常用杀虫剂的作用特点

名称	作用特点
马拉硫磷	有机磷杀虫剂。它是世界卫生组织推荐使用的室内滞留喷洒杀虫剂，其杀虫作用强而快，具有胃毒、触毒作用，也可作熏杀，杀虫范围广，可杀灭蚊、蝇、蛆、虱等，对人、畜、禽的毒害小，故适于鸡舍内使用

续表

名称	作用特点
敌敌畏	有机磷杀虫剂。具有胃毒、触毒和熏杀作用,杀虫范围广,可杀灭蚊、蝇等多种害虫,杀虫效果好。但对人、畜、禽有较大毒害,易被皮肤吸收而中毒,故在鸡舍内使用时,应特别注意安全
合成拟菊酯	神经毒药剂,可使蚊蝇等迅速呈现神经麻痹而死亡。杀虫力强,特别是对蚊的毒效比敌敌畏、马拉硫磷等高10倍以上,对蝇类,因不产生耐药性,可长期使用

③ 物理杀灭　利用机械方法以及光、声、电等物理方法，捕杀、诱杀或驱逐蚊蝇。我国生产的多种紫外线光或其他光诱器，特别是四周装有电栅，通常用将220伏变为5500伏的10毫安电流的蚊蝇光诱器，效果良好。此外，还有可以发出声波或超声波并能将蚊蝇驱逐的电子驱蚊器等，都具有防除效果。

④ 生物杀灭　利用天敌杀灭害虫，如池塘养鱼即可达到鱼类治蚊的目的。此外，应用细菌制剂——内菌素杀灭吸血蚊的幼虫，效果良好。

7. 环境消毒

消毒可以预防和阻止疫病发生、传播和蔓延。鸡场环境消毒是卫生防疫工作的重要部分。随着养鸡业集约化经营的发展，消毒对预防疫病的发生和蔓延具有更重要的意义。

【注意】 目前我国鸡场普遍存在卫生管理观念淡漠、忽视卫生管理的问题。如鸡场之间的距离近，鸡场规划不合理，鸡舍间距过小，饲养密度过高，废弃物不处理（鸡粪乱堆，污水横流，死鸡乱扔）等，导致疾病（特别是疫病）频繁发生，严重影响鸡群的生产性能和生产效益。

二、保持适宜的环境

环境是影响蛋鸡健康和生产的重要因素之一。不同阶段蛋鸡对环境有不同要求（见表6-2），要为蛋鸡创造适宜的环境，促进生产潜力的发挥。

表 6-2　各类鸡舍主要环境参数

分类	温度/℃	相对湿度/%	噪声允许强度/分贝	尘埃允许量/(毫克/米³)	有害气体/(微升/升)		
					氨气	硫化氢	二氧化碳
成年笼养鸡	20～18	60～70	90	2～5	13	26	2000
成年平养鸡	12～16	60～70	90	2～5	13	26	2000
笼养雏鸡	31～20	60～70	90	2～5	13	26	2000
平养雏鸡	31～24	60～70	90	2～5	13	26	2000
笼养育成鸡	20～14	60～70	90	2～5	13	26	2000
平养育成鸡	18～14	60～70	90	2～5	13	26	2000

（一）保持适宜的光照

光照是一切生物生长发育和繁殖所必需的。合理的光照制度和光照强度不但可以促进鸡的生长发育，而且可以提高机体的免疫力和抗病能力。对鸡光照强度不能过强大，否则，易引起鸡群骚动不安、神经质和啄癖等现象。

（二）保持适宜的温热环境

适宜的温热环境既可以提高鸡群的饲料转化率，又可以防止环境应激所造成的不利影响。

1. 加强鸡舍的保温隔热设计

做好外围护结构的保温隔热设计，特别是屋顶设计，选用隔热材料，确定合理的结构，增设顶棚等，有利于舍内温热环境的稳定。

2. 做好夏季防暑和冬季保暖

（1）夏季防暑降温措施　鸡体缺乏汗腺，对热较为敏感，易发生热应激，影响生产，甚至引起死亡。如蛋鸡产蛋最适宜温度范围是18～23℃，高于30℃产蛋量会明显下降，蛋壳质量变差，高于38℃以上就可能由于热应激而引起死亡，因此应注重防暑降温。

① 通风降温　鸡舍内安装必要有效的通风设备，定期对设备进行维修和保养，使设备正常运转，提高鸡舍的空气对流速度，有利于缓解热应激。对封闭舍或容易封闭的开放舍，可采用负压纵向通风，在进气口安装湿帘降温效果良好（市场出售的湿帘投资大，可自己设计砖孔湿帘），不能封闭的鸡舍，可采用正压通风即送风，在每列鸡

笼下两端设置高效率风机向舍内送风，加大舍内空气流动，有利于减小死亡率。

② 喷水降温　在鸡舍内安装喷雾装置定期进行喷雾，水汽的蒸发吸收鸡舍内大量热量，降低舍内温度；舍温过高时，可向鸡头、鸡冠、鸡身进行喷淋，促进体热散发，减少热应激死亡。也可在鸡舍屋顶外安装喷淋装置，使水从屋顶流下，形成湿润凉爽的小气候环境。喷水降温时一定要加大通风换气量，防止舍内湿度过高。

③ 隔热降温　在鸡舍屋顶铺盖15～20厘米厚的稻草、秸秆等垫草，或设置通风屋顶，可降低舍内温度3～5℃；屋顶涂白增强屋顶的反射能力，有利于加强屋顶隔热；在鸡舍周围种植高大的乔木形成阴凉或在鸡舍南侧、西侧种植爬壁植物，搭建遮阳棚，减少太阳的辐射热。

④ 降低饲养密度　饲养密度降低，单位空间产热量减少，有利于舍内温度降低。夏季到来之前，淘汰停产鸡、低产鸡、伤残鸡、弱鸡、有严重恶癖的劣质鸡和体重过大过于肥胖的鸡，留下身体健康、生产性能好、体重适宜的鸡，这样既可降低饲养密度，减少死亡，又可降低生产成本。

（2）冬季防寒保温措施　一般来说，成鸡怕热不怕冷，环境温度在7.8～30℃的范围内变化，鸡自身可通过各种途径来调节其体温，对生产性能无显著影响，但温度较低时会增加饲料消耗，所以冬季要采取措施防寒保暖，使舍内温度维持在10℃以上。

① 减少鸡舍散热量　冬季舍内外温差大，鸡舍内热量易散失，散失的多少与鸡舍墙壁和屋顶的保温性有关，加强鸡舍保温管理有利于减少舍内热量散失和舍内温度稳定。冬季开放舍要用隔热材料如塑料布封闭敞开部分，北墙窗户可用双层塑料布封严；鸡舍所有的门最好挂上棉帘或草帘，屋顶可用塑料薄膜制作简易天花板，墙壁特别是北墙晚上挂上草帘，能增强屋顶和墙壁的保温性能，提高舍温3～5℃。密闭舍在保证舍内空气新鲜的前提下尽量减小通风量。

② 防止冷风吹袭鸡体　舍内冷风可以来自墙、门、窗等缝隙和进出气口、粪沟的出粪口，局部风速可达4～5米/秒，使局部温度下降，影响鸡的生产性能，冷风直吹鸡体，增加鸡体散热，甚至引起伤风感冒。冬季到来前要检修好鸡舍，堵塞缝隙，进出气口加设挡板，

出粪口安装插板，防止冷风对鸡体的侵袭。

③ 防止鸡体淋湿　鸡的羽毛有较好的保温性，如果淋湿，保温性差，极大增加鸡体散热，降低鸡的抗寒能力。要经常检修饮水系统，避免水管、饮水器或水槽漏水而淋湿鸡的羽毛和料槽中的饲料。

④ 采暖保温　对保温性能差的鸡舍，鸡群数量又少，光靠鸡群自温难以维持所需舍温时，应采暖保温。有条件的鸡场可利用煤炉、热风机、热水、热气等设备供暖，保持适宜的舍温，提高产蛋率，减少饲料消耗。

3. 加强湿度控制

湿度不适宜也会影响蛋鸡健康和生产。湿度常常与温度协同作用。

舍内相对湿度低时，可在舍内地面洒水或用喷雾器在地面和墙壁上喷水，水的蒸发可以提高舍内湿度。如是雏鸡舍或舍内温度过低时可以喷洒热水。育雏期间要提高舍内湿度，可以在加温的火炉上放置水壶或水锅，使水蒸发提高舍内湿度，可以避免喷洒凉水引起的舍内温度降低或雏鸡受凉感冒。

舍内相对湿度过高时，通过通风换气，驱除舍内多余的水汽，换进较为干燥的新鲜空气。舍内温度低时，要适当提高舍内温度，避免通风换气引起舍内温度下降。

鸡较喜欢干燥，潮湿的空气环境与高温度协同作用，容易对鸡产生不良影响。所以，应该保证鸡舍干燥。选择地势高燥、排水好的场地，对鸡舍采取防潮处理，保持舍内排水系统畅通和粪尿、污水及时清理，尽量减少舍内用水，保持舍内较高温度，使用垫草或防潮剂，及时更换污浊潮湿的草等，保证鸡舍干燥。

（三）保证新鲜的空气

鸡舍内鸡群密集，呼吸、排泄物和生产过程的有机物分解，有害气体、二氧化碳、微粒和微生物含量容易超标，不仅影响鸡生产性能，甚至危害健康。

1. 减少有害气体含量

有害气体含量超标，不仅使鸡体质变弱，表现精神萎靡，抗病力下降，对某些病敏感（如对结核病、大肠杆菌、肺炎球菌感染过程显著加快），采食量、生产性能下降（慢性中毒），而且能够破坏机体的呼吸道、肠道等局部黏膜系统，影响黏膜的屏障作用和局部抗体生成。减少鸡舍有害气体的措施有：

（1）加强场址选择和合理布局 避免工业废气污染，合理设计鸡场和鸡舍的排水系统和粪尿、污水处理设施。

（2）加强防潮管理，保持舍内干燥 有害气体易溶于水，湿度大时易吸附于材料中，舍内温度升高时又挥发出来。

（3）加强鸡舍管理 地面平养在鸡舍地面铺上垫料，并保持垫料清洁卫生；保证适量的通风，特别是注意冬季的通风换气，处理好保温和空气新鲜的关系；做好卫生工作。及时清理污物和杂物，排出舍内的污水，加强环境的消毒等。

（4）加强环境绿化 绿化不仅美化环境，而且可以净化环境。绿色植物进行光合作用可以吸收二氧化碳，生产出氧气。如每公顷阔叶林在生长季节每天可吸收1000千克二氧化碳，产出730千克氧气；绿色植物可大量吸附氨，如玉米、大豆、棉花、向日葵以及一些花草都可从大气中吸收氨而生长；绿色林带可以过滤阻隔有害气体。有害气体通过绿色地带至少有25%被阻留，煤烟中的二氧化硫被阻留60%。

（5）采用化学物质消除 见表6-3。

表6-3 消除鸡舍有害气体的常用化学物质

名称	作用机理及效果
过磷酸钙、硫酸亚铁、硫酸铜、乙酸	过磷酸钙能吸附氨生成铵盐，鸡舍内撒布10克/只，6周后氨从50微升/升降至10微升/升，效果良好；4%硫酸铜和适量熟石灰混在垫料之中，或用2%苯甲酸或2%乙酸喷洒垫料，均有除臭作用
丝兰属植物提取物	能抑制脲酶的活性，使尿素不能分解成氨和二氧化碳，限制粪便中氨的生成。其有效成分是抑制脲酶微量辅助剂。鸡舍使用3周后氨浓度从40微升/升降至30微升/升，使用6周后降至6微升/升
沸石	沸石是一种含水的硅酸盐矿物，在自然界中多达40多种。沸石中不仅含20多种矿物质元素，而且其三维硅氧四面体、三维铝氧四面体的框架结构，有许多排列整齐的晶穴和通道，表面积很大，对有害气体和水分有较强的吸附能力，可以降低鸡舍内有害气体含量，保持舍内干燥。前苏联称之为“卫生石”，在配合饲料中用量可占1%～3%

续表

名称	作用机理及效果
硫黄	在垫料中混入硫黄，可使垫料的 pH 值<7.0，这样可抑制粪便中氨气的产生和散发，降低鸡舍空气中氨气含量，减少氨气臭味。具体方法是按每平方米地面 0.5 千克硫黄的用量拌入垫料之中，铺垫地面
EM(生物除臭)	有益微生物可以提高饲料蛋白质利用率，减少粪便中氨的排量，可以抑制细菌产生有害气体，降低空气中有害气体含量。目前常用的有益微生物制剂(EM)类型很多，具体使用可根据产品说明拌料饲喂或拌水饮喂，亦可喷洒鸡舍
中草药	常用的有艾叶、苍术、大青叶、大蒜、秸秆等。具体方法：可将上述物质等份适量放在鸡舍内燃烧，既可抑制细菌，又能除臭，在空舍时使用效果最好
吸附法	利用木炭、活性炭、煤渣、生石灰等具有吸附作用的物质吸附空气中的臭气。方法是利用网袋装入木炭悬挂在鸡舍内或在地面适当撒上一些活性炭、煤渣、生石灰等，均可不同程度地消除空气中的臭味

(6) 提高饲料消化吸收率　科学选择饲料原料；按可利用氨基酸需要合理配制日粮；科学饲喂；利用酶制剂、酸制剂、微生态制剂、寡聚糖、中草药添加剂等可以提高饲料利用率，减少有害气体的排出量。

2. 减少微粒

微粒是以固体或液体微小颗粒形式存在于空气中的分散胶体。鸡舍中的微粒来源于鸡的活动、咳嗽、鸣叫，以及饲养管理过程（如清扫地面、分发饲料、饲喂及通风除臭等机械设备运行）。鸡舍内有机微粒较多。微粒落在皮肤上，可与皮脂腺、皮屑、微生物混合在一起，引起皮肤发痒、发炎，堵塞皮脂腺和汗腺，皮脂分泌受阻。皮肤干，易干裂感染；落在眼结膜上引起尘埃性结膜炎。微粒可以吸附空气中的水汽、氨、硫化氢、细菌和病毒等有毒有害物质造成黏膜损伤，引起血液中毒及各种疾病的发生。减少微粒的措施主要有：

(1) 做好绿化　改善鸡舍和鸡场周围地面状况，实行全面的绿化，种植树木、花草和农作物等。植物表面粗糙不平，多绒毛，有些植物还能分泌油脂或黏液，能阻留和吸附空气中的大量微粒。含微粒的大气流通过林带，风速降低，大的微粒下沉，小的被吸附。夏季可吸附35.2%～66.5%微粒。

（2）减少微粒的生成　保持鸡舍地面干净，禁止干扫；更换和翻动垫草动作要轻；饲料加工厂远离鸡舍，分发饲料和饲喂动作要轻。

（3）保持适宜的湿度　适宜的湿度有利于尘埃沉降。

（4）适量通风　保持适宜的通风量，驱除舍内微粒。在进风口安装过滤器，效果良好。

（四）保持安静

物体呈不规则、无周期性震动所发出的声音叫噪声。鸡舍内的噪声来源有：外界传入；场内机械产生和鸡自身产生的。鸡对噪声比较敏感，噪声特别是比较强的噪声作用于鸡体，引起严重的应激反应，不仅能影响生产，而且使正常的生理功能失调，免疫力和抵抗力下降，危害健康，甚至导致死亡。所以，要减少鸡舍噪声，保持舍内安静。

（1）选择安静的场地　鸡场选在远离交通干道、工矿企业和村庄等噪声大的地方。

（2）选择噪声小的设备　设备选择时，功率、效率相似的前提下尽量选择噪声小的设备。

（3）搞好鸡场绿化　场区周围种植林带，可以有效隔声。

（4）适当进行驯化　让鸡从入舍就开始适当地持续接触一些噪声，以适应噪声，避免突然的噪声引起鸡的严重应激反应。

三、科学的饲养管理

饲养管理工作不仅影响鸡的生长性能发挥，更影响到肉鸡的健康和抗病能力。只有科学的饲养管理，才能维持鸡体健壮，增强鸡的抵抗力，提高抗病力。

（一）采用科学的饲养制度

采取“全进全出”的饲养制度。“全进全出”的饲养制度是有效防止疾病传播的措施之一。“全进全出”使得鸡场能够做到净场和充分的消毒，切断了疾病传播的途径，从而避免患病鸡只或病原携带者将病原传染给日龄较小的鸡群。

（二）加强引种管理

到洁净的种鸡场订购雏鸡。种鸡场污染严重，引种时也会带来病原微生物，特别是我国现阶段种鸡场过多过滥，管理不善，净化不严，更应高度重视。到有种禽种蛋经营许可证、管理严格、净化彻底、信誉度高的种鸡场订购雏鸡，避免引种带来污染。

（三）提供优质饲料，保证营养供给

饲料为鸡提供营养，鸡依赖从饲料中摄取的营养物质进行生长发育、生产和提高抵抗力，从而维持健康和较高的生产性能。随着养鸡业的规模化、集约化发展，采取舍内高密度饲养，鸡所需要的一切环境条件和饲料营养必须完全依赖于人类，没有选择和调节的余地，必须被动接受，这就意味着人们提供的环境和饲料条件对鸡的影响是决定性的。提供的饲料营养物质不足、过量或不平衡，不仅能直接引起肉鸡的营养缺乏症和中毒症，而且会影响鸡体的免疫力，增强鸡对疾病的易感性。肉鸡生长速度快，需要的营养物质多，对营养物质更加敏感，所以必须供给全价平衡日粮，保证营养全面、平衡、充足。选用优质饲料原料是保证供给鸡群全价营养日粮、防止营养代谢病和霉菌毒素中毒病发生的前提条件。规模化鸡场可将所进原料或成品料分析化验之后，再依据实际含量进行饲料的配合，严防购入掺假、发霉等不合格的饲料，造成不必要的经济损失。小型养鸡场和专业户最好从信誉高、有质量保证的大型饲料企业采购饲料。自己配料的养殖户，最好能将所用原料送质检部门化验后再用，以免造成不可挽回的损失。重视饲料的贮存，防止饲料腐败变质。科学设计配方，精心配制饲料，保证日粮的全价性和平衡性。

（四）充足卫生的饮水

水是最廉价、最重要的营养素，也是最容易受到污染和传播疾病的，所以鸡场要保证水的供应，保证水的卫生。

（五）适宜的饲养密度

适宜的饲养密度是保证鸡群正常发育、预防疾病不可忽视的措施之一。密度过大，鸡群拥挤，不但会造成鸡采食困难，而且空气中尘埃和病原微生物数量较多，最终引起鸡群发育不整齐，免疫效果差，易感染疾病和啄癖；密度过小，不利于鸡舍保温，也不经济。密度的大小应随品种、日龄、鸡舍的通风条件、饲养的方式和季节等不同而作调整。饲养密度参考标准见表6-4、表6-5。

表6-4　不同饲养方式、不同类型鸡的育雏育成期饲养密度要求

单位：只/米²

品种	地面平养		网上平养		地面-网上平养		笼养(每平方笼底面积)	
	育雏	育成	育雏	育成	育雏	育成	育雏	育成
商品来航蛋鸡(轻型)	15	8	20	11.5	16	9	30	20
商品褐壳蛋鸡(中型)	12	7	16	10	14	8	25	15
种用来航鸡	11	5.5	14	9	13	7.5	20	13
种用褐壳鸡	11	4.5	13	7	12	6	20	13

表6-5　不同饲养方式、不同类型产蛋鸡的饲养密度要求

单位：只/米²

品种	地面平养	网上平养	地面-网上平养	笼养
商品来航蛋鸡(轻型)	7	10	7	22
商品褐壳蛋鸡(中型)	6	8	6	20
种用来航鸡	6	9	8	20
种用褐壳鸡	5	7	6	18

（六）减少应激反应

定期药物预防或疫苗接种多种因素均可对鸡群造成应激，其中包括捕捉、转群、断喙、免疫接种、运输、饲料转换、无规律的供水供料等生产管理因素，以及饲料营养不平衡或营养缺乏、温度过高或过低、湿度过大或过小、不适宜的光照、突然的音响等环境因素。实践中应尽可能通过加强饲养管理和改善环境条件，避免和减轻以上两类应激因素对鸡群的影响，防止应激造成鸡群免疫效果不佳、生产性能和抗病能力降低。

四、科学消毒

消毒是指用化学或物理的方法杀灭或清除传播媒介上的病原微生

物，使之达到无传播感染水平的处理，即不再有传播感染的危险。消毒的目的在于消灭被病原微生物污染的场内环境、鸡体表面及设备器具上的病原体，切断传播途径，防止疾病的发生或蔓延。消毒是保证鸡群健康和正常生产的重要技术措施，特别是在我国现有环境条件下，消毒在疾病防控中具有重要的作用。

（一）消毒的方法

蛋鸡场的消毒方法主要有机械性清除（用清扫、铲刮、冲洗和适当通风等）、物理消毒法（紫外线照射、高温等）、生物消毒法（粪便的发酵）和化学药物消毒等。

（二）化学消毒法的操作要点

1. 化学消毒剂的要求

化学消毒剂的要求是广谱，消毒力强，性能稳定，毒性小，刺激性小，腐蚀性小，不残留在畜禽产品中，廉价，使用方便。

2. 消毒剂的使用方法

常用的有浸泡法、喷洒法、熏蒸法和气雾法。

（1）浸泡法　主要用于消毒器械、用具、衣物等。一般洗涤干净后再行浸泡，药液要浸过物体，浸泡时间以长些为好，水温以高些为好。在鸡舍进门处消毒槽内，可用浸泡药物的草垫或草袋对人员的靴鞋消毒。

（2）喷洒法　喷洒地面、墙壁、舍内固定设备等，可用细眼喷壶；对舍内空间消毒，则用喷雾器。喷洒要全面，药液要喷到物体的各个部位。一般喷洒地面，每平方米面积需要 2 升药液；喷墙壁、顶棚，每平方米 1 升。

（3）熏蒸法　适用于可以密闭的鸡舍。这种方法简便、省事，对房屋结构无损，消毒全面，养鸡场常用。常用的药物有福尔马林（40%甲醛水溶液）、过氧乙酸水溶液。为加速蒸发，常利用高锰酸钾的氧化作用。实际操作中要严格遵守下面的基本要点：鸡舍及设备必须清洗干净，否则因为气体不能渗透到鸡粪和污物中去，所以不能发挥应有的效力；鸡舍要密封，不能漏气，应将进出气口、门窗和排气扇等的缝隙糊严。

（4）气雾法　气雾粒子是悬浮在空气中的气体与液体的微粒，直径小于 200 纳米，分子量极小，能悬浮在空气中较长时间，可到处漂移穿透到鸡舍内及其空隙。气雾是消毒液到进气雾发生器后喷射出的雾状微粒，是消灭气携病原微生物的理想办法。全面消毒鸡舍空间，每立方米用5%过氧乙酸溶液2.5毫升喷雾。

（三）常用的消毒剂

1. 含氯消毒剂

产品有优氯净、强力消毒净、速效净、消洗液、消佳净、84消毒液、二氯异氰尿酸和三氯异氰尿酸复方制剂等，可以杀灭大肠杆菌、肠球菌、金黄色葡萄球菌以及导致胃肠炎、新城疫、法氏囊病等的病毒。

2. 含碘消毒剂

产品有强力碘、威力碘、PVPI、89-型消毒剂、喷雾灵等，可杀死细菌（包括结核杆菌）、真菌、芽孢、病毒、阴道毛滴虫、梅毒螺旋体、沙眼衣原体和藻类。

3. 醛类消毒剂

产品有戊二醛、甲醛、丁二醛、乙二醛和复合制剂，可杀灭细菌、芽孢、真菌和病毒。

4. 氧化剂类

产品有过氧化氢（双氧水）、臭氧（三原子氧）、高锰酸钾等。过氧化氢可快速灭活多种微生物；过氧乙酸对多种细菌杀灭效果良好；臭氧对细菌繁殖体、病毒、真菌和枯草杆菌黑色变种芽孢有较好的杀灭作用；对原虫和虫卵也有很好的杀灭作用。

5. 复合酚类

如菌毒敌、消毒灵、农乐、畜禽安、杀特灵等，对细菌、真菌和带膜病毒具有灭活作用，对多种寄生虫卵也有一定杀灭作用。因本品公认对人、畜、禽有毒，且气味滞留，常用于空舍消毒。

6. 表面活性剂

产品有新洁尔灭、度米芬、百毒杀、凯威1210、K安、消毒净，对各种细菌有效，对常见病毒如马立克氏病病毒、新城疫病毒、猪瘟病毒、法氏囊病病毒、口蹄疫病毒均有良好的效果。对无囊膜病毒消毒效果不好。

7. 高效复合消毒剂

产品有高迪-HB（由多种季铵盐、络合盐、戊二醛、非离子表面活性剂、增效剂和稳定剂构成），消毒杀菌作用广谱高效，对各种病原微生物有强大的杀灭作用，作用机制完善，超常稳定，使用安全，应用广泛。

8. 醇类消毒剂

产品有乙醇、异丙醇，可快速杀灭多种微生物，如细菌繁殖体、真菌和多种病毒，但不能杀灭细菌芽孢。

9. 强碱

产品有氢氧化钠、氢氧化钾、生石灰，可杀灭细菌、病毒和真菌，腐蚀性强。

（四）消毒程序

1. 鸡场入口消毒

（1）管理区入口的消毒　每天门口大消毒一次；进入场区的物品需消毒（喷雾、紫外线照射或熏蒸消毒）后才能存放；入口必须设置车辆消毒池（车辆消毒池见图 6-2），车辆消毒池的长度为进出车辆车轮 2 个周长以上。消毒池上方最好建有顶棚，防止日晒雨淋。消毒池内放入 2%～4%氢氧化钠溶液，每周更换 3 次。北方地区冬季严寒，可用石灰粉代替消毒液。设置喷雾装置，喷雾消毒液可采用 0.1%百毒杀溶液、0.1%新洁尔灭或 0.5%过氧乙酸。进入车辆经过车辆消毒池消毒车轮，使用喷雾装置喷雾车体等；进入管理区人员要填写入场记录表，更换衣服，强制消毒后方可进入。

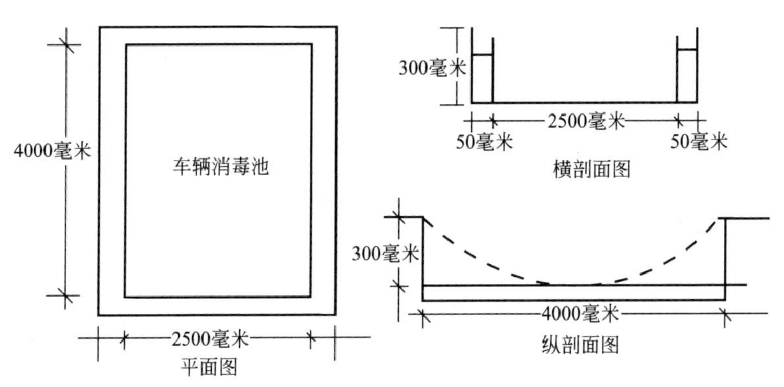

图 6-2　养殖场大门车辆消毒池

（2）生产区入口的消毒　为了便于实施消毒，切断传播途径，须在养鸡场大门的一侧和生产区设更衣室、消毒室和淋浴室（见图 6-3），供外来人员和生产人员更衣、消毒；车辆严禁入内，必须进入的车辆待冲洗干净、消毒后，同时司机必须下车洗澡消毒后方可开车入内；进入生产区的人员消毒；非生产区物品不准进入生产区，必须进入的须经严格消毒后方可进入。

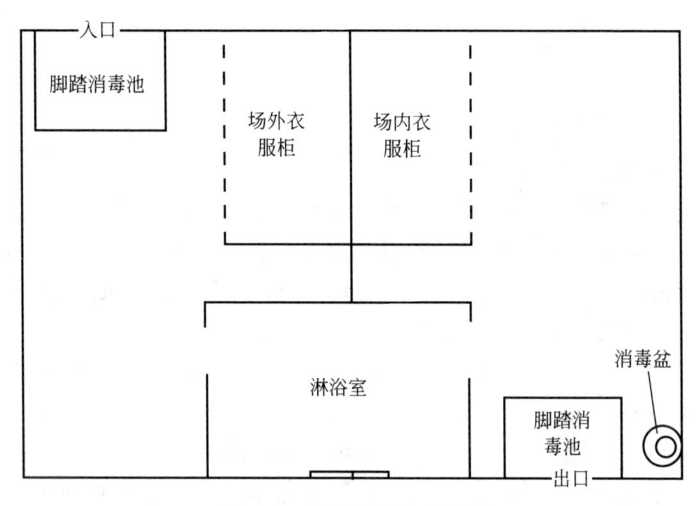

图 6-3　淋浴消毒室布局图

（3）鸡舍门口的消毒　所有员工进入鸡舍必须严格遵守消毒程序：换上鸡舍的工作服，喷雾消毒，然后换鞋，脚踏消毒盆（或消毒池，盆中消毒剂每天更换一次），用消毒剂（洗手盆中的消毒剂每天要更换两次）洗手后（洗手后不要立即冲洗）才能进入鸡舍；生产区物品进入鸡舍必须经过两种以上的消毒剂消毒后方可入内；每日对鸡舍门口消毒一次。

2. 场区消毒

场区每周消毒 1～2 次，可以使用 5％～8％火碱溶液或 5％甲醛溶液进行喷洒。特别要注意鸡场道路和鸡舍周围的消毒。

3. 鸡舍消毒

鸡淘汰或转群后，要对鸡舍进行彻底的清洁消毒。消毒的步骤是：先将鸡舍各个部位清理、清扫干净，然后用高压水枪冲洗洁净鸡舍墙壁、地面和屋顶和不能移出的设备、用具，最后用5%～8%的火碱溶液喷洒地面、墙壁、屋顶、笼具、饲槽等2～3次，用清水洗刷饲槽和饮水器。其他不易用水冲洗和火碱消毒的设备可以用其他消毒液涂搽。鸡入舍后，在保持鸡舍清洁卫生的基础上，每周消毒2～3次。

4. 带鸡消毒

平常每周带鸡消毒1～2次，发生疫病期间每天带鸡消毒1次。选用高效、低毒、广谱、无刺激性的消毒药。冬季寒冷，不要把鸡体喷得太湿，可以使用温水稀释；夏季带鸡消毒有利于降温和减少热应激死亡。

5. 发生疫病期间的消毒

疫情活动期间消毒是以消灭病畜禽所散布的病原为目的而进行的消毒。病畜禽所在的畜禽舍、隔离场地、排泄物、分泌物及被病原微生物污染和可能被污染的一切场所、用具和物品等都是消毒的重点。在实施消毒过程中，应根据传染病病原体的种类和传播途径，抓住重点，以保证消毒的实际效果。如肠道传染病消毒的重点是畜禽排出的粪便以及被污染的物品、场所等；呼吸道传染病则主要是消毒空气、分泌物及污染的物品等。

（1）一般消毒　养殖场的道路、鸡舍周围用5%氢氧化钠溶液或10%石灰乳溶液喷洒消毒，每天一次；鸡舍地面、鸡栏用15%漂白粉溶液、5%氢氧化钠溶液等喷洒，每天一次；带鸡消毒，用0.25%益康溶液、0.25%强力消杀灵溶液、0.3%农家福或0.5%～1%过氧乙酸溶液喷雾，每天一次，连用5～7天；粪便、粪池、垫草及其他污物化学或生物热消毒；出入人员脚踏消毒液，紫外线等照射消毒。消毒池内放入5%氢氧化钠溶液，每周更换1～2次。其他用具、设备、车辆用15%漂白粉溶液、5%氢氧化钠溶液等喷洒消毒。疫情结束后，进行全面消毒1～2次。

（2）疫源地污染物的消毒　发生疫情后污染（或可能污染）的场所和污染物要进行严格的消毒。消毒方法见表6-6。

表 6-6 疫源地污染物消毒方法

消毒对象	消毒方法	
	细菌性传染病	病毒性传染病
空气	甲醛熏蒸,福尔马林液 25 毫升,作用 12 小时(加热法);2%过氧乙酸熏蒸,用量 1 克/米^3,20℃ 作用 1 小时;0.2%～0.5%过氧乙酸或 3%来苏儿喷雾 30 毫升/米^2,作用 30～60 分钟;红外线照射 0.06 瓦/厘米^2	醛熏蒸法(同细菌病):2%过氧乙酸熏蒸,用量 3 克/米^3,作用 90 分钟(20℃);0.5%过氧乙酸或 5%漂白粉澄清液喷雾,作用 1～2 小时;乳酸熏蒸,用量 10 毫克/米^3,加水 1～2 倍,作用 30～90 分钟
排泄物(粪、尿、呕吐物等)	成形粪便加 2 倍量的 10%～20%漂白粉乳剂,作用 2～4 小时;对稀便,直接加粪便量 1/5 的漂白粉剂,作用 2～4 小时	成形粪便加 2 倍量的 10%～20%漂白粉乳剂,充分搅拌,作用 6 小时;稀便,直接加粪便量 1/5 的漂白粉剂,作用 6 小时;尿液 100 毫升加漂白粉 3 克,充分搅匀,作用 2 小时
分泌物(鼻涕、唾液、穿刺脓、乳汁汁液)	加等量 10%漂白粉或 1/5 量干粉,作用 1 小时;加等量 0.5%过氧乙酸,作用 30～60 分钟;加等量 3%～6%来苏儿液,作用 1 小时	加等量 10%～20%漂白粉或 1/5 量干粉,作用 2～4 小时;加等量 0.5%～1%过氧乙酸,作用 30～60 分钟
畜禽舍、运动场及舍内用具	污染草料与粪便集中焚烧;畜禽舍四壁用 2%漂白粉澄清液喷雾(200 毫升/米^3),作用 1～2 小时;畜禽圈及运动场地面,喷洒漂白粉 20～40 克/米^2,作用 2～4 小时,或喷洒 1%～2%氢氧化钠溶液、5%来苏儿溶液 1000 毫升/米^3,作用 6～12 小时;甲醛熏蒸,福尔马林 12.5～25 毫升/米^3,作用 12 小时(加热法);0.2%～0.5%过氧乙酸、3%来苏儿喷雾或擦拭,作用 1～2 小时;2%过氧乙酸熏蒸,用量 1 克/米^3,作用 6 小时	与细菌性传染病消毒方法相同,一般消毒剂作用时间和浓度稍大于细菌性传染病消毒用量
饲槽、水槽、饮水器等	0.5%过氧乙酸浸泡 30～60 分钟;1%～2%漂白粉澄清液浸泡 30～60 分钟;0.5%季铵盐类消毒剂浸泡 30～60分钟;1%～2%氢氧化钠热溶液浸泡 6～12 小时	0.5%过氧乙酸液浸 30～60 分钟;3%～5%漂白粉澄清液浸泡 50～60 分钟;2%～4%氢氧化钠热溶液浸泡 6～12 小时

续表

消毒对象	消毒方法	
	细菌性传染病	病毒性传染病
运输工具	0.2%～0.3%过氧乙酸或1%～2%漂白粉澄清液，喷雾或擦拭，作用30～60分钟；3%来苏儿或0.5%季铵盐喷雾擦拭，作用30～60分钟	0.5%～1%过氧乙酸、5%～10%漂白粉澄清液喷雾或擦拭，作用30～60分钟；5%来苏儿喷雾或擦拭，作用1～2小时；2%～4%氢氧化钠热溶液喷洒或擦拭，作用2～4小时
工作服、被服、衣物织品等	高压蒸汽灭菌，121℃ 15～20分钟；煮沸15分钟(加0.5%肥皂水)；甲醛25毫升/米³，作用12小时；环氧乙烷熏蒸，用量2.5克/升，作用2小时；过氧乙酸熏蒸，1克/米³，在20℃条件下作用60分钟；2%漂白粉澄清液或0.3%过氧乙酸或3%来苏儿溶液浸泡30～60分钟；0.02%碘伏浸泡10分钟	高压蒸汽灭菌，121℃ 30～60分钟；煮沸15～20分钟(加0.5%肥皂水)；甲醛25毫升/米³熏蒸12小时；环氧乙烷熏蒸，用量2.5克，作用2小时；过氧乙酸熏蒸，用量1克/米³，作用90分钟；2%漂白粉澄清液浸泡1～2小时；0.3%过氧乙酸浸30～60分钟；0.03%碘伏浸泡15分钟
接触病畜禽人员手消毒	0.02%碘伏洗手2分钟，清水冲洗；0.2%过氧乙酸泡手2分钟；75%酒精棉球擦手5分钟；0.1%～0.2%新洁尔灭泡手5分钟	0.5%过氧乙酸洗手，清水冲净；0.05%碘伏泡手2分钟，清水冲净
污染办公品(书、文件)	环氧乙烷熏蒸，2.5克/升，作用2小时；甲醛熏蒸，福尔马林用量25毫升/米³，作用12小时	同细菌性传染病
医疗器材、用具等	高压蒸汽灭菌121℃ 30分钟；煮沸消毒15分钟；0.2%～0.3%过氧乙酸或1%～2%漂白粉澄清液浸泡60分钟；0.01%碘伏浸泡5分钟；甲醛熏蒸，50毫升/米³作用1小时	高压蒸汽灭菌121℃ 30分钟；煮沸30分钟；0.5%过氧乙酸或5%漂白粉澄清液浸泡，作用60分钟；5%来苏儿浸泡1～2小时；0.05%碘伏浸泡10分钟

五、确切的免疫接种

免疫接种通常是使用疫苗和菌苗等生物制剂作为抗原接种于家禽体内，激发抗体产生特异性免疫力。传染病仍是威胁我国蛋鸡业的主要疾病，传染病的控制需要采取综合手段，免疫接种是最重要的手段之一。

（一）疫苗的种类和使用

1. 疫苗的种类及特点

见表 6-7。

表 6-7　疫苗的种类和特点。

种类		特点
活毒苗(弱毒苗)	由活病毒或细菌致弱后形成的	可以繁殖或感染细胞，既能增加相应抗原量，又可延长和加强抗原刺激作用，具有产生免疫快，免疫效力好，免疫接种方法多，用量小且使用方便等优点，还可用于紧急预防。但容易散毒
灭活苗	用强毒株病原微生物灭活后制成的	安全性好，不散毒，不受母源抗体影响，易保存，产生的免疫力时间长，适用于多毒株或多菌株制成多价苗。但需免疫注射，成本高

2. 疫苗的使用

生产中，由于疫苗的运输、保管和使用不当引起免疫失败的情况时有发生，在使用过程中应注意如下方面：

（1）疫苗运输和保管得当　疫苗应低温保存和运输，避免高温和阳光直射，在夏季天气炎热时尤其重要；不同种类、不同血清型、不同毒株、不同有效期的疫苗应分开保存，先用有效期短的，后用有效期长的。保存温度适宜，弱毒苗在冷冻状态下保存，灭活苗应在冷藏状态下保存。

（2）疫苗剂量适当　疫苗的剂量太少和不足，不足以刺激机体产生足够的免疫效应，剂量过大可能引起免疫麻痹或毒性反应，所以疫苗使用剂量应严格按产品说明书进行。目前很多人为保险而将剂量加大几倍使用，是完全无必要甚至有害的（紧急免疫接种时需要 4～5 倍量）。大群免疫或饮水免疫接种时为预防免疫等过程中一些浪费，可以适当增加 20%～30%的用量。过期或失效的疫苗不得使用，更不得用增加剂量来弥补。

（3）疫苗稀释科学　稀释疫苗之前应对使用的疫苗逐瓶检查，尤其是名称、有效期、剂量、封口是否严密、是否破损和吸湿等。对需要特殊稀释的疫苗，应用指定的稀释液，如马立克氏病疫苗有专用稀释液，而其他的疫苗一般可用生理盐水或蒸馏水稀释。大群饮水或气雾免疫时应使用蒸馏水或去离子水稀释，注意一般的自来水中含有消毒剂，不宜用于疫苗的稀释。稀释液应是清凉的，这在天气炎热时尤应注意。稀释液的用量在计算和称量时均应细心和准确。稀释过程应避光、避风尘和无菌操作，尤其是注射用的疫苗应严格无菌操作。稀释过程中一般应分级进行，对疫苗瓶一般应用稀释液冲洗2～3次，疫苗放入稀释器皿中要上下振摇，力求稀释均匀。稀释好的疫苗应尽快用完，尚未使用的疫苗也应放在冰箱或冰水桶中冷藏。对于液氮保存的马立克氏病疫苗的稀释，则应严格按生产厂家提供的操作程序执行。

（二）免疫程序的制定

1. 免疫程序

鸡场根据本地区、本场疫病发生情况（疫病流行种类、季节、易感日龄）、疫苗性质（疫苗的种类、免疫方法、免疫期）和其他情况制定的适合本场的科学的免疫计划，称做免疫程序。没有一个免疫程序是通用的，生搬硬套别人现成的程序也不一定能获得最佳的免疫效果，唯一的办法是根据本场的实际情况，参考别人已成功的经验，结合免疫学的基本理论，制定适合本地或本场的免疫程序。

2. 制定免疫程序应着重考虑的因素

（1）本地或本场的疾鸡病疫情。对目前威胁本场的主要传染病应进行免疫接种；对本地和本场尚未证实发生的疾病，必须证明确实已受到严重威胁时才能计划接种；对强毒型的疫苗更应非常慎重，非不得以不引进使用。

（2）所养鸡的用途及饲养期，例如种鸡在开产前需要接种传染性法氏囊病油乳剂疫苗，而商品鸡则不必要。

（3）母源抗体的影响，这对鸡马立克氏病、鸡新城疫和传染性法氏囊病疫苗血清型（或毒株）选择时应认真考虑。

（4）不同疫苗之间的干扰和接种时间的科学安排。

（5）所用疫苗毒（菌）株的血清型、亚型或株的选择。疫苗剂型的选择，例如活苗或灭活苗、湿苗或冻干苗，细胞结合型和非细胞结合疫苗之间的选择等。

（6）疫苗的出产国家、出产的厂家的选择；疫苗剂量和稀释量的确定；不同疫苗或同一种疫苗的不同接种途径的选择；某些疫苗的联合使用；同一种疫苗根据毒力先弱后强安排（如 IB 疫苗先 H_{120} 后 H_{52}），以及同一种疫苗的先活苗后灭活油乳剂疫苗的安排。

（7）根据免疫监测结果及突发疾病的发生所作的必要修改和补充等。

3. 参考免疫程序

见表 6-8～表 6-10。

表 6-8　蛋鸡的免疫程序

日龄	疫苗	接种方法
1	马立克氏病疫苗	皮下或肌内注射 0.25 毫升
7～10	新城疫＋传支弱毒苗(H120)	滴鼻或点眼 1.5 羽份
	复合新城疫灭活苗＋多价传支灭活苗	皮下或肌内注射 0.3 毫升
14～16	传染性法氏囊病弱毒苗	饮水
20～25	新城疫Ⅱ或Ⅳ系＋传支弱毒苗(H52)	气雾或滴鼻或点眼 1.5 羽份
	禽流感灭活苗	皮下注射 0.3 毫升/只
30～35	传染性法氏囊病弱毒苗	饮水
	鸡痘疫苗	翅内侧刺种或翅内侧皮下注射
40	传喉弱毒苗	点眼
60	新城疫Ⅰ系	肌内注射
90	传喉弱毒苗	点眼
110～120	新城疫＋传支＋减蛋综合征油苗	肌内注射
320～350	禽流感油苗	皮下注射 0.5 毫升/只
	鸡痘弱毒苗	刺种或翅膀内侧皮下注射
	禽流感油苗	皮下注射 0.5 毫升/只
	新城疫Ⅰ系	2 羽份肌内注射

表 6-9　种鸡的免疫程序

日龄	疫苗	接种方法
1	马立克氏病疫苗	皮下或肌内注射
7～10	新城疫＋传支弱毒苗(H120)	滴鼻或点眼
	复合新城疫灭活苗＋多价传支灭活苗	颈部皮下注射 0.3 毫升/只

续表

日龄	疫苗	接种方法
14～16	传染性法氏囊病弱毒苗	饮水
20～25	新城疫Ⅱ或Ⅳ系＋传支弱毒苗(H52)	气雾或滴鼻或点眼
	禽流感灭活苗	皮下注射0.3毫升/只
30～35	传染性法氏囊病弱毒苗	饮水
	鸡痘疫苗	翅膀内侧刺种或翅膀内侧皮下注射
40	传喉弱毒苗	点眼
60	新城疫Ⅰ系	肌内注射
80	传喉弱毒苗	点眼
90	传染性脑脊髓炎弱毒苗	饮水
110～120	新城疫＋传支＋减蛋综合征油苗	肌内注射
	禽流感油苗	皮下注射0.5毫升/只
	传染性法氏囊病油苗	肌内注射0.5毫升
	鸡痘弱毒苗	刺种或翅膀内侧皮下注射
280	新城疫＋传染性法氏囊病油苗	肌内注射0.5毫升/只
320～350	禽流感油苗	皮下注射0.5毫升/只

表6-10　土种鸡和蛋肉兼用鸡的免疫程序

日龄	疫苗	接种方法
1	马立克氏病疫苗	皮下或肌内注射
7～10	新城疫＋传支弱毒苗(H_{120})	滴鼻或点眼
	复合新城疫＋多价传支灭活苗	颈部皮下注射0.3毫升/只
14～16	传染性法氏囊病弱毒苗	饮水
20～25	新城疫Ⅱ或Ⅳ系＋传支弱毒苗(H_{52})	气雾、滴鼻或点眼
	禽流感灭活苗	皮下注射0.3毫升/只
30～35	传染性法氏囊病弱毒苗	饮水
40	鸡痘疫苗	翅膀内侧刺种或皮下注射
60	传喉弱毒苗	点眼
80	新城疫Ⅰ系	肌内注射

续表

日龄	疫苗	接种方法
90	传喉弱毒苗	点眼
110～120	传染性脑脊髓炎弱毒苗(土蛋鸡不免疫)	饮水
	新城疫＋传支＋减蛋综合征油苗	肌内注射
	禽流感油苗	皮下注射0.5毫升/只
	传染性法氏囊病油苗(土蛋鸡不免疫)	肌内注射0.5毫升/只
280	鸡痘弱毒苗	翅膀内侧刺种或皮下注射
320～350	新城疫＋传染性法氏囊病油苗(土蛋鸡不接种法氏囊病疫苗)	肌内注射0.5毫升/只
	禽流感油苗	皮下注射0.5毫升/只

（三）免疫接种方法及注意事项

1. 饮水

饮水免疫避免了逐只抓捉，可减少劳力和应激，但这种免疫接种受影响的因素较多，在操作过程中应注意如下方面：

（1）选用高效的活毒疫苗。

（2）使用的饮水应是清凉的，水中不应含有任何能灭活疫苗病毒或细菌的物质。

（3）在饮水免疫期间，饲料中也不应含有能灭活疫苗病毒和细菌的药物。

（4）饮水中应加入0.1%～0.3%脱脂乳或山梨糖醇，以保护疫苗的效价。

（5）为了使每一只鸡在短时间均能摄入足够量的疫苗，在供给含疫苗的饮水之前2～4小时应停止饮水供应（视天气而定）。

（6）稀释疫苗所用的水量应根据鸡的日龄及当时的室温来确定，使疫苗稀释液在1～2小时内全部饮完。

（7）为使鸡群得到较均匀的免疫效果，饮水器应充足，使鸡群的2/3以上的鸡只同时有饮水的位置。

（8）饮水器不得置于直射阳光下，如风沙较大时，饮水器应全部放在室内。

（9）夏季天气炎热时，饮水免疫最好在早上完成。

2. 滴眼滴鼻

滴眼滴鼻的免疫接种如操作得当，往往效果比较确实，尤其是对一些预防呼吸道疾病的疫苗，经滴眼滴鼻免疫效果较好。当然，这种接种方法需要较多的劳动力，对鸡也会造成一定的应激，如操作上稍有马虎，则往往达不到预期的目的，免疫接种时应注意如下方面：

（1）稀释液必须用蒸馏水或生理盐水，最低限度应用冷开水，不要随便加入抗生素。

（2）稀释液的用量应尽量准确，最好根据自己所用的滴管或针头事先滴试，确定每毫升多少滴，然后再计算实际使用疫苗稀释液的用量。

（3）为了操作的准确无误，一手一次只能抓一只鸡，不能一手同时抓几只鸡。

（4）在滴入疫苗之前，应把鸡的头颈摆成水平的位置（一侧眼鼻朝天，一侧眼鼻朝地），并用一只手指按住向地面一侧鼻孔。

（5）在将疫苗液滴加到眼和鼻上以后，应稍停片刻，待疫苗液确已吸入后再将鸡轻轻放回地面。

（6）应注意做好已接种和未接种鸡之间的隔离，以免走乱。

（7）为减少应激，最好在晚上接种，如天气阴凉也可在白天适当关闭门窗后，在稍暗的光线下抓鸡接种。

3. 肌内或皮下注射

肌内或皮下注射免疫接种的剂量准确、效果确实，但耗费劳力较多，应激较大，在操作中应注意如下方面：

（1）疫苗稀释液应是经消毒而无菌的，一般不要随便加入抗菌药物。

（2）疫苗的稀释和注射量应适当，量太小则操作时误差较大，量太大则操作麻烦，一般以每只0.2～1毫升为宜。

（3）使用连续注射器注射时，应经常核对注射器刻度容量和实际容量之间的误差，以免实际注射量偏差太大。

（4）注射器及针头用前均应消毒。

（5）皮下注射的部位一般选在颈部背侧，肌内注射部位一般选在胸肌或肩关节附近的肌肉丰满处。

（6）针头插入的方向和深度也应适当。在颈部皮下注射时，针头方向应向后向下，针头方向与颈部纵轴基本平行，对雏鸡的插入深度为0.5～1厘米，日龄较大的鸡可为1～2厘米。胸部肌内注射时，针头方向应与胸骨大致平行，对雏鸡插入深度为0.5～1厘米，日龄较大的鸡可为1～2厘米。

（7）在将疫苗液推入后，针头应慢慢拔出，以免疫苗液漏出。

（8）在注射过程中，应边注射边摇动疫苗瓶，力求疫苗的均匀。

（9）在接种过程中，应先注射健康群，再接种假定健康群，最后接种有病的鸡群。

（10）关于是否一只鸡一个针头及注射部位是否消毒的问题，可根据实际情况而定。但吸取疫苗的针头和注射鸡的针头则应绝对分开，尽量注意卫生，以防止经免疫注射而引起疾病的传播或引起接种部位的局部感染。

4. 气雾

气雾免疫可节省大量的劳力，如操作得当，效果甚好，尤其是对呼吸道有亲嗜性的疫苗效果更佳，但气雾也容易引起鸡群的应激，尤其容易激发慢性呼吸道病的爆发。气雾免疫应注意如下方面：

（1）气雾免疫前应对气雾机的各种性能进行测试，以确定雾滴的大小、稀释液用量、喷口与鸡群的距离（高度）、操作人员的行进速度等，以便在实施时参照进行。

（2）疫苗应是高效的。

（3）气雾免疫前后几天内，应在饲料或饮水中添加适当的抗菌药物，预防慢性呼吸道病的爆发。

（4）疫苗的稀释应用去离子水或蒸馏水，不得用自来水、开水或井水。

（5）稀释液中应加入0.1%脱脂乳或3%～5%甘油。

（6）稀释液的用量因气雾机及鸡群的平养、笼养密度而异，应严格按说明书推荐用量使用。

（7）严格控制雾滴的大小，雏鸡用雾滴的直径为30～50微米，成鸡为5～10微米。

（8）气雾免疫期间，应关闭鸡舍所有门窗，停止使用风扇或抽气机，在停止喷雾20～30分钟后，才可开启门窗和启动风扇（视室温而定)。

(9) 气雾免疫时，鸡舍内温度应适宜，温度太低或太高均不适宜进行气雾免疫，如气温较高，可在晚间较凉快时进行；鸡舍内的相对湿度对气雾免疫也有影响，一般要求相对湿度在70%左右最为合适。

(10) 实施气雾免疫时气雾机喷头在鸡群上空50～80厘米处，对准鸡头来回移动喷雾，使气雾全面覆盖鸡群，使鸡群在气雾后头背部羽毛略有潮湿感觉为宜。

六、药物防治

适当合理地使用药物有利于细菌性和寄生虫病的防治，但不能完全依赖和滥用药物。鸡场药物防治程序见表6-11。

表6-11 蛋鸡场药物防治程序

日龄	病名	药物名称和使用方法
1～25	鸡白痢和大肠杆菌病	氟苯尼考0.001%～0.0015%饮水，连用5～7天；然后使用土霉素0.02%～0.05%拌料，连用5天
20～70天	大肠杆菌病和霉形体病	磺胺类药物如SMM、SMD 0.05%～0.1%拌料；泰乐菌素0.05%～0.1%饮水，连用7天；或罗红霉素0.01%～0.02%饮水(药物交替使用)
20～100天	球虫病、盲肠肝炎	氯苯胍，30～33毫克/千克浓度混饲，连用7天；硝苯酰胺(球痢灵)，混饲预防浓度为125毫克/千克，连用5～7天；杀球灵按1毫克/千克浓度混饲连用(几种药交替使用效果良好)
8周以上	鸡霍乱	杆菌肽锌混饲，15～100克/1000千克
2～5月龄	鸡蛔虫病	左旋咪唑20～25毫克/千克体重拌料，一次喂给；污染场在2月龄和5月龄各进行一次
1～5月龄	鸡绦虫病	硫双二氯酚150毫克/千克体重拌料，一次喂给；污染场在1月龄和5月龄各进行一次
产蛋期	大肠杆菌病、呼吸道病	每1～2个月饲料中添加1.2%～1.5%黄连止痢散，连用5天；饲料中添加2%百喘宁或1%～2%克呼散，连用5～6天

第二节　常见疾病防治

一、传染病

（一）鸡新城疫（ND）

鸡新城疫俗名鸡瘟，是由副黏病毒引起的一种主要侵害鸡和火鸡的急性、高度接触性和高度毁灭性的疾病。临床上表现为呼吸困难、下痢、神经症状、黏膜和浆膜出血，常呈败血症。鸡新城疫（ND）是国际兽疫局法定的A类传染病。

【病原】新城疫病毒属副黏病毒科副黏病毒属，成熟的病毒粒子近圆形，具有囊膜。根据致病性分为低毒力株、中等毒力株和强毒力株。病毒存在于病鸡的所有组织和器官内，以脑、肺和脾含量最多（分离病毒时多采用病鸡的肺、脾和脑作为接种材料）。病毒的抵抗力不强，容易被干燥、日光及腐败杀死，但在阴暗潮湿、寒冷的环境中，病毒可以生存很久，如：－20℃经几个月；－70℃经几年感染力不受影响；在掩埋的尸体和土壤中，能生存1个月。在室温或高温条件下，存活期较短，一般60℃经30分钟、55℃经45分即死亡。对化学消毒剂的抵抗力不强，如2%氢氧化钠溶液、3%石炭酸溶液、1%臭药水和1%来苏儿等消毒药液，3分钟内都能杀死病毒。

【流行特点】

（1）本病不分品种、年龄和性别，均可发生。病鸡是本病的主要传染源，在其症状出现前24小时可由口、鼻分泌物和粪便中排出病毒，在症状消失后5～7天停止排毒。轻症病鸡和临床健康的带毒鸡也是危险的传染源。传播途径是消化道和呼吸道，污染的饲料、饮水、空气、尘埃以及人和用具都可传染本病。

（2）近年来该病流行出现新的特点，临床症状复杂，多呈混合感染，如与传染性法氏囊病、禽流感、霉形体病、大肠杆菌病等混合感染；非典型ND呈多发趋势。典型病变的诊断价值下降，诊断困难；疫苗免疫保护期缩短，保护力下降；发病日龄越来越小，最小可见10日龄内的雏鸡发病；感染的宿主范围增多，出现了对鹅、鸭有强致病性的毒株。

【临床症状】

(1) 速发嗜内脏型　各种年龄急性致死性（死亡率可达90%）。精神不好，呼吸次数增多，死前衰竭；眼及喉部水肿；腹泻严重，排绿色而有时带血的粪便；食欲衰退；产蛋突然下降或停产。

(2) 速发嗜神经型　发病突然，呼吸困难、咳嗽和气喘，头颈伸直，食欲减少或消失，产蛋下降或停产。数日后出现颈扭转、腿麻痹等神经症状。有时病鸡类似健康，受到刺激突然倒地、抽搐、就地转圈，数分钟后又恢复正常。成年鸡死亡率10%～50%，雏鸡80%～90%。鼻、喉、气管等呼吸道内有浆液性或卡他性渗出物，气管内偶见出血，气管增厚并有渗出干酪物，渗出物多由混合感染引起。

(3) 中发型　各日龄鸡均表现为食欲下降，伴有轻度呼吸道症状，产蛋率下降5%～10%，蛋壳变化明显。

(4) 缓发型　成年鸡不表现任何症状，雏鸡仅有少数出现轻度的呼吸困难，在并发大肠杆菌病和支原体病时出现少量的死亡。在慢性或非典型病例，直肠黏膜的皱褶呈条状出血，有的在直肠黏膜中可见黄色纤维素性坏死点。

(5) 无症状肠型　无症状，只有血清检查才能证明其感染。

【病理变化】典型病例表现为全身败血症，以呼吸道和消化道最为严重。腺胃黏膜乳头的尖端或分散在黏膜上有出血点，特别在腺胃和肌胃交界处出血更为明显。小肠前段出血明显，尤其是十二指肠黏膜和浆膜出血。盲肠扁桃体肿大、出血和坏死。呼吸道病变见于鼻腔及喉充满污浊的黏液和黏膜充血，偶有出血，气管内积有多量黏液，气管环出血明显。产蛋母鸡的卵泡和输卵管显著充血，卵泡膜极易破裂以致卵黄流入腹腔引起卵黄性腹膜炎。肾多表现充血及水肿，输尿管内积有大量尿酸盐。病理变化与鸡群免疫状态有关。有部分免疫力的鸡感染新城疫强毒后，出现轻微临诊症状，主要表现为呼吸系统和神经症状，腺胃黏膜出血不明显，病变检出率低，往往以非典型出现。

非典型病例表现为腺胃轻度肿胀，观察重点是肠道变化以及十二指肠的黏膜、卵黄蒂前后的淋巴集结、盲肠扁桃体、回直肠黏膜等部位的出血灶。

【诊断】根据流行特点、临床症状和病理变化作出初步诊断，利用病毒分离鉴定、血清学方法、直接的病毒抗原检测等实验室手段确诊。临床上注意做好鉴别诊断。

（1）与禽流感区别　禽流感的潜伏期和病程短，可引起病鸡肿头、眼睑浮肿、肉冠和肉髯肿胀。皮下水肿和黄色胶冻样浸润，黏膜、浆膜和各处脂肪组织上出血较新城疫更明显。胰脏出血坏死，呈链条状。肠腔、子宫内有纤维蛋白样渗出物。

（2）与传染性支气管炎区别　传染性支气管炎传播速度快（1～2天可波及全群）。主要引起1～4周龄雏鸡的死亡，无明显的神经症状。在鼻腔、气管、支气管中有浆液性渗出物和干酪样物。蛋鸡有肾脏病变，产蛋下降，畸形，蛋清稀薄。没有消化道和神经症状的病变。

（3）与传染性喉气管炎区别　传染性喉气管炎与新城疫都有器官内病变，但传喉无消化道病变，主要引起育成鸡和产蛋鸡发病。呼吸道症状明显，呈现头颈上伸和张口呼吸的特殊姿态，有可出血性黏液，但无拉稀和神经症状。喉头和气管内有血痰或黄色干酪样物质。

（4）与慢性呼吸道病区别　慢性呼吸道病病程长，易继发大肠杆菌病而发生气囊炎、肝周炎、心包炎等。抗生素治疗效果明显。

（5）与禽霍乱　禽霍乱鸡、鸭、鹅都可感染，多发生于成年，急性的突然死亡，肝脏表面有特征性的灰白色坏死点及肝脏表面出血、慢性的肉髯肿胀、关节炎，但无神经症状。抗生素治疗效果明显。

【防治】

（1）预防措施

① 做好鸡场的隔离和卫生工作，严格消毒管理，减少环境应激，减少疫病传播机会；科学饲养管理，增强机体的抵抗力。

② 定期进行抗体检测。通过血清学的检测手段，可以及时了解鸡群安全状况和所处的免疫状态，便于科学制定免疫程序，并有利于考核免疫效果和发现疫情动态。

③ 控制好其他疾病的发生，如传染性法氏囊病、鸡痘、霉形体病、大肠杆菌病、传染性喉气管炎和传染性鼻炎的发生。

④ 科学免疫接种。首次免疫至关重要，首免时间要适宜。最好通过检测母源抗体水平或根据种鸡群免疫情况来确定。没有检测条件的一般在7～10日龄首次免疫；首免可使用弱毒活苗（如Ⅱ系、Ⅳ

系、克隆30）滴鼻、点眼。由于新城疫病毒毒力变异，可以选用多价的新城疫灭活苗和弱毒苗配合使用，效果更好。黏膜局部抗体可以阻止新城疫病毒在呼吸道黏膜上定居和繁殖，防止新城疫的发生。生产中存在血液抗体水平较高仍发生新城疫的情况，许多试验证明与局部抗体缺乏有密切关系。所以应注意利用气雾、滴鼻、点眼等途径提高局部抗体水平。

（2）发病后措施

① 隔离饲养，紧急消毒　一旦发生本病，采取隔离饲养措施，防止疫情扩大；对鸡舍和鸡场环境以及用具进行彻底的消毒，每天进行1～2次带鸡消毒；对垃圾、粪污、病死鸡和剩余的饲料进行无害化处理；不准病死鸡出售流通；病愈后对全场进行全面彻底消毒。

② 紧急免疫或应用血清及其制品　发生新城疫时，最好用4倍量新城疫Ⅰ系苗饮水，每月1次，直至淘汰；或用Ⅳ系、Ⅱ系苗作2～3倍肌注，使其尽快产生坚强免疫力。发病青年鸡和雏鸡应用Ⅰ系苗或克隆30进行滴鼻或紧急免疫注射，同时注射灭活苗0.5～1头份，使参差不齐的抗体效价水平得以提高并达到相对均衡，从而控制疫情。若为强毒感染，则应按重大疫情发生后的方法处理；或在发病早期注射抗ND血清、卵黄抗体（2～3毫升/千克体重），可以减轻症状和降低死亡率；还可注射由高免卵黄液透析、纯化制成的抗新城疫病毒因子进行治疗，以提高鸡的免疫力，清除进入体内的病毒。

③ 新城疫的辅助治疗　紧急免疫接种2天后，连续5天应用病毒灵、病毒唑、恩诺沙星或中草药制剂等药物进行对症辅助治疗，以抑制NDV繁殖和防止继发感染。同时，在饲料中添加蛋白质、多维素等营养，以提高鸡的非特异性免疫力。如与大肠杆菌或支原体等病原混合感染时的辅助治疗方案是：清瘟败毒散或瘟毒速克拌料2500克/1000千克，连用5天；四环素类（强力霉素1克/10千克或新强力霉素1克/10千克）饮水或支大双杀混饮（100克/300千克水），连用3～5天；同时水中加入速溶多维饮水。

（二）禽流感（AI）

禽流感又称欧洲鸡瘟或真性鸡瘟，是由A型流感病毒引起的一种急性、高度接触性传染病。该病毒不仅血清型多，而且自然界中带毒动物多，毒株易变异，这为禽流感病的防治增加了难度。

【病原】禽流感病毒属正黏病毒科流感病毒属的成员，根据流感病毒核蛋白和基质蛋白的不同，将流感病毒分A、B、C三型。A型主要感染鸡类，但人和多种陆生和水生哺乳动物、鸡类带毒，B型和C型主要感染人。根据流感病毒各亚型毒株对鸡类的致病力的不同，将流感病毒分为高致病性毒株、低致病性毒株和不致病性毒株。在目前已知的100多个禽流感毒株中绝大多数是低致病性毒株，高致病性毒株主要集中在H_5、H_7两个亚型，H_9亚型的致病性和毒性也较强，但低于前两型。我国2000～2003年对禽流感流行毒株进行调查，共收集107株禽流感病毒，其中H_5N_1有95株，H_9N_2有11株，H_7N_2有1株。

禽流感病毒对高温耐受力差，加热56℃ 3分钟、60℃ 10分钟、70℃ 2分钟即可杀灭。直射的阳光下40～48小时可灭活病毒。氢氧化钠、消毒灵、百毒杀、漂白粉、福尔马林、过氧乙酸等多种消毒剂在常用浓度下可有效杀灭病毒。堆积发酵家禽粪便，10～20天可全部杀灭病毒；禽流感病毒对低温和潮湿有较强的抵抗力，存活时间较长。粪便中的病毒在4℃温度下可存活30～35天，20℃下存活7天；病毒在冷冻的鸡肉和骨髓中可存活10个月。常可从有水禽活动的湖泊及池塘水中分离到禽流感病毒。

【流行特点】

（1）任何季节和任何日龄的鸡群都可发生，以产蛋鸡易发。多爆发于冬季、春季，尤其是秋冬和冬春交界气候变化大的时间，刮风对此病传播有促进作用；发病率和死亡率受多种因素影响，如种类、易感性、年龄、性别、环境因素、饲养条件、毒株的毒力及并发病等。

（2）可经过多种途径传播，如消化道、呼吸道、眼结膜及皮肤损伤等途径传播，呼吸道、消化道是感染的最主要途径。

（3）禽流感病毒变异率很高，即使同一毒株有的在短时间内发生变异。易感宿主范围变宽，如国内鸭、鹅在2000年以前常携带病毒而不发病，但此后鸭、鹅也发生高致病性禽流感。

（4）疫苗效果不确定。疫苗毒株血清型多，与野毒株不一致，免疫抑制病的普遍存在，免疫应答差，并发感染严重及疫苗的质量问题等，使疫苗效果不确定。

（5）临床症状复杂。混合感染、并发感染导致病重，诊断困难，影响预后。

【临床症状】鸡感染禽流感的潜伏期由几个小时到几天不等，表现的症状受鸡种、年龄、毒株致病力、继发感染与否影响。

（1）急性型　发病急，死亡突然；病鸡精神高度沉郁，采食量迅速下降或废绝，拉黄绿色稀粪；产蛋鸡产蛋率急剧下降，由90%下降到20%甚至无蛋。蛋壳变化明显；呼吸困难；鸡冠、眼睑、肉髯水肿，鸡冠和肉髯边缘出现紫褐色坏死斑点，腿部鳞片有紫黑色血斑。

（2）温和型　发病鸡群采食量明显减少，饮水增多，饮水时不断从口角甩出黏液。精神沉郁，羽毛蓬乱，垂头缩颈，鼻分泌物增多。眼结膜充血、流泪。鸡群发病的当天或第二天即表现出呼吸道症状，有呼噜、咳嗽、呼吸啰音，呼吸困难，张口伸颈，每次呼吸发出尖叫声；有的症状较轻。病鸡腹泻，拉水样粪便，有的带有未消化完全的饲料，有的拉灰绿色或黄绿色稀粪。产蛋率下降，蛋壳质量差，产蛋率下降幅度与感染的毒株的毒力、鸡群发病的先后以及是否用过鸡流感疫苗有关。7～10天降到低点，病愈1～2周开始缓慢上升，恢复很慢。恢复期畸形蛋、小型蛋多，蛋清稀薄。软皮蛋、褪色蛋、白壳蛋、沙壳蛋、畸形蛋明显增多。

（3）慢性和隐性型　慢性禽流感传播速度慢，逐渐蔓延。出现轻微的呼吸道症状，采食量减少10%左右，产蛋率下降5%～10%，消化道症状不明显。褪色蛋和沙壳蛋多。隐性型无任何症状，不明原因产蛋下降5%～40%。

【病理变化】气管黏膜充血、水肿并伴有浆液性到干酪性渗出物，气囊增厚，内有纤维样或干酪样灰黄色的渗出物。口腔内有黏液，嗉囊内有大量酸臭的液体，腺胃肿胀，乳头出血，有脓性分泌物，肠道充血和出血，胰脏出血坏死。严重病鸡群可见到各种浆膜和黏膜表面有小出血点，体内脂肪有点状或斑状出血。

【诊断】根据病的流行情况、症状和剖检变化初步诊断，但要确诊须做病原分离鉴定和血清学试验。血清学检查是诊断禽流感的特异性方法。

【防治】

（1）预防措施

①加强对禽流感流行的综合控制措施　不从疫区或疫病流行情

况不明的地区引种或调入鲜活禽产品。控制外来人员和车辆进入养鸡场，确需进入则必须消毒；不混养家畜家禽；保持饮水卫生；粪尿污物无害化处理（家禽粪便和垫料堆积发酵或焚烧。堆积发酵不少于20天）；做好全面消毒工作。流行季节每天可用过氧乙酸、次氯酸钠等开展1～2次带鸡消毒和环境消毒，平时每2～3天带鸡消毒一次；病死禽不能在市场上流通，进行无害化处理。

② 增强鸡的抵抗力　尽可能减少鸡的应激反应，在饮水或饲料中增加维生素C和维生素E，提高鸡的抗应激能力。饲料新鲜、全价。提供适宜的温度、湿度、密度、光照；加强鸡舍通风换气，保持舍内空气新鲜；勤清粪便和打扫鸡舍及环境，保持生产环境清洁；做好大肠杆菌、新城疫、传支、霉形体病等的预防工作。

③ 免疫接种　某一地区流行的禽流感只有一个血清型，接种单价疫苗是可行的，这样可有利于准确监控疫情。当发生区域不明确血清型时，可采用多价疫苗免疫。疫苗免疫后的保护期一般可达6个月，但为了保持可靠的免疫效果，通常每3个月应加强免疫一次。免疫程序：首免5～15日龄，每只0.3毫升，颈部皮下；二免50～60日龄，每只0.5毫升；三免开产前进行，每只0.5毫升；产蛋中期的40～45周龄可进行四免。

（2）合理治疗　鸡发生高致病性禽流感应坚决执行封锁、隔离、消毒、扑杀等措施；如发生中低致病性禽流感时每天可用过氧乙酸、次氯酸钠等消毒剂1～2次带鸡消毒并使用药物进行治疗。每100千克饲料拌病毒唑10～20克，或每100千克水8～10克，连续用药4～5天；或用金刚烷胺按每千克体重10～25毫克饮水4～5天（产蛋鸡不易用）；或清温败毒散0.5%～0.8%拌料，连用5～7天。为控制继发感染，用50～100毫克/升的恩诺沙星饮水4～5天；或强效阿莫仙8～10克/100千克水连用4～5天；或强力霉素8～10克/100千克水连用5～6天。另外，每100千克水中加入维生素C 50克、维生素E 15克、糖5000克（特别对采食量过少的鸡群），连饮5～7天，有利于疾病痊愈。产蛋鸡痊愈后使用增蛋高乐高、增蛋001等药物4～5周，促进输卵管的愈合，增强产蛋功能，促使产蛋上升。

治疗时注意：

① AI容易与ND、IBD、大肠杆菌病和慢呼并发和继发，应采取

综合措施治疗。其原则是先治禽流感后治大肠杆菌病、慢呼和 ND。是 ND 还是 AI 不能立即诊断或诊断不准确时，切忌用 ND 疫苗紧急接种。疑似 ND 和 AI 并发时，病毒唑 50 克＋500 千克水连续饮用 3～4天，并在水中加多溶速补液和抗菌药物，然后依据具体情况进行 ND 疫苗紧急接种。

② 病重时会出现或轻或重的肾脏肿大、红肿，可以使用治疗肾肿的药物如肾迪康、肾爽等 3～5 天。

③ 如果环境温度过低，保持适宜的温度有利于疾病痊愈。

④ 蛋鸡群病愈后注意观察淘汰低产鸡，减少饲料消耗。

（三）马立克氏病（MD）

鸡马立克氏病是由鸡马立克氏病病毒引起的一种淋巴组织增生性疾病，具有很强的传染性，可以引起外周神经、内脏器官、肌肉、皮肤、虹膜等部位发生淋巴细胞样细胞浸润并发展为淋巴瘤。本病由于具有早期感染、后期发病以及发病后无有效治疗方法的特点，带来了巨大危害性，预防工作尤显重要。

【病原】马立克氏病病毒（MDV）是 α-疱疹病毒。MDV 分三个血清型：Ⅰ型致瘤的 MDV；Ⅱ型不致瘤的 MDV；Ⅲ型火鸡疱疹病毒（HVT）。游离病毒对外界环境有很强的抵抗力，病鸡粪便与垫草中的病毒在室温条件下 16 周仍有传染性，在干燥羽毛中的病毒室温下保存 8 个月仍有传染性。常用的化学消毒剂可使病毒失活。

【流行特点】

（1）鸡是最重要的自然宿主。不同品种、品系的鸡均能感染，但抵抗力差异很大。1～3 月龄鸡感染率最高，死亡率 50%～80%，随着鸡月龄增加，感染率逐渐下降。刚出壳雏鸡的感染率是 50 日龄鸡的 100 倍。母鸡比公鸡易感。近年来，日本、法国、以色列等国有鹌鹑、火鸡感染本病的报道。

（2）本病的传染源是病鸡和隐性感染鸡，病毒存在于病鸡的分泌物、排泄物、脱落的羽毛和皮屑中。病毒可通过空气传播，也可通过消化道感染。普遍认为本病不发生垂直传播，但附着在羽毛根部或皮屑的病原可污染种蛋外壳、垫料、尘埃、粪便而具有感染性。

（3）发病率和死亡率因免疫情况、饲养管理措施和 MDV 毒力强弱不同而差异很大。孵化场污染、育雏舍清洁消毒不彻底、育雏温度不适宜和舍内空气污浊等都可以加剧本病的感染和发生。现在出现的强毒力和强强毒力毒株加速了本病的感染发病。一般死亡率和发病率相等。如不使用疫苗，鸡群的损失可从几只到25%～30%，有的可高达60%，接种疫苗后可把损失减少到5%以下。

【临床症状】本病的潜伏期很长，种鸡和产蛋鸡常在16～22周龄（现在有报道发病提前）出现临诊症状，可迟至24～30周龄或60周龄以上。MD的症状随病理类型不同而异，但各型均有食欲减退、生长发育停滞、精神萎靡、软弱、进行性消瘦等共同特征。

（1）神经型　最常见的是腿、翅的不对称性麻痹，出现单侧性翅下垂和腿的劈叉姿势。颈部神经受损时可见鸡头部低垂、颈向一侧歪斜，迷走神经受害时，出现嗉囊扩张或呼吸急促。最常受侵害的神经有腰荐神经丛、坐骨神经、臂神经、迷走神经等。这种损害常是一侧性的，表现为神经纤维肿大，失去光泽，颜色由白色变为灰黄或淡黄，横纹消失，有的神经纤维发生水肿。此外常伴发水肿。

（2）内脏型　病鸡精神委顿，食欲减退，羽毛松乱，粪便稀薄，病鸡逐渐消瘦死亡。严重者触摸腹部感到肝脏肿大。

（3）皮肤型　毛囊周围肿大和硬度增加，个别鸡皮肤上出现弥漫样肿胀或结节样肿物。瞳孔边缘不整呈锯齿状，虹膜色素减退甚至消失。镜检可见眼组织单核细胞、淋巴细胞、浆细胞和网状细胞浸润。

（4）眼型　视力减退以至失明，出现灰眼或瞳孔边缘不整如锯齿样。皮肤出现的病变既有肿瘤性的，也有炎症性的。眼观特征为皮肤毛囊肿大，镜下除在羽毛囊周围组织发现大量单核细胞浸润外，真皮内还可见血管周围淋巴细胞、浆细胞等增生。

【病理变化】

（1）神经型　通常可以在一根或许多外周神经和脊神经根或神经节找到病变。患神经型马立克氏病时，除神经组织明显受损外，性腺、肝、脾、肾等也同时受到损害，并有肿瘤形成。

（2）内脏型　以内脏受损和出现肿瘤为特点，常见于性腺、心、肺、肝、肾、腺胃、胰等器官。肿瘤块大小不等，灰白色，质地坚硬而致密。镜检可见多形态的淋巴细胞。

（3）皮肤型　肿瘤大部分以羽毛为中心，呈半球状突出于皮肤表面，也有的在羽毛之间，与相邻的肿瘤融合成血块，严重的形成淡褐色结痂。

【诊断】可根据流行病学、临床症状以及病理变化作出初步诊断。最后确诊有赖于病毒分离、细胞培养、琼扩、荧光抗体法、ELISA以及核酸探针等方法。

注意与淋巴性白血病鉴别诊断。淋巴性白血病一般发生于18周龄以上，无瘫痪和神经症状，无皮肤、消化道肿瘤，性腺肿瘤也很少。肝脏一般呈结节状膨胀增生，法氏囊呈结节状肿大。

【防治】

(1) 预防措施

① 加强饲养管理，加强环境消毒，尤其是种蛋消毒、孵化器和房舍消毒，成鸡和雏鸡应分开饲养，以减少病毒感染的机会。育雏前对育雏舍进行彻底的清扫和熏蒸消毒。育雏期保持温度、湿度适宜和稳定（有报道育雏温度不稳定，忽高忽低或过低引起鸡马立克氏病爆发的例子），避免密度过大，进行良好的通风换气，减少环境应激。饲料要优质，避免霉变，营养全面平衡。定期进行药物驱虫，特别要加强对球虫病的防治。

② 免疫接种。1日龄雏鸡用鸡马立克氏病“814”弱毒疫苗，免疫期18个月；或鸡马立克氏病弱毒双价（CA126＋SB1）疫苗，此苗预防超强毒鸡马立克氏病效果尤为明显，免疫期1.5年，用法同“814”弱病毒苗。马立克氏病免疫应在出壳后24小时内接种（如要二免，可在14日龄左右进行）。有条件的鸡场可在鸡胚18日龄进行胚胎接种。疫苗接种时要注意疫苗质量优良，剂量准确，注射确切，稀释方法正确，在要求的时间内用完疫苗。

(2) 发病后措施　发病后没有有效治疗措施，及时淘汰有症状表现的鸡只，加强环境消毒等。

(3) 防治时的注意点

① 防止马立克氏病毒野毒早期感染。雏鸡出壳进行马立克氏病疫苗免疫后，需要12～15天时间才能建立充分的免疫作用。在此期间极易感染外界环境中的马立克氏病毒野毒，致免疫失败，日龄越小，感染率越高。1日龄的易感性比成年鸡大1000～10000倍，比50日龄鸡大12倍。因此，育雏室进雏前应彻底清扫，用福尔马林熏蒸消毒并空舍1～2周。育雏期（特别是育雏前期）必须与成年鸡分开

饲养，最好采取封闭饲养，每天带鸡消毒一次（育雏后期可每周带鸡消毒2～3次），严格隔离，以防感染。实行全进全出的饲养制度，绝对避免不同日龄鸡群混养。

② 母源抗体对细胞结合性和非细胞结合性疫苗有干扰作用。非细胞结合性疫苗，如火鸡疱疹病毒（HVT）冻干苗易被母源抗体所中和。解决这个问题的方法：一是细胞结合性疫苗代替非细胞结合性疫苗；二是增加疫苗的剂量，以补偿母源抗体的中和作用；三是种鸡免疫要有选择地应用疫苗，子代应接种不同血清型的疫苗，以避免母源抗体的干扰。另外，应严格按说明书上的要求运送和保存疫苗。使用时要用相应的稀释液进行稀释，现用现配。有条件的地方可将稀释好的疫苗放置于冰浴中。疫苗一经稀释应在1小时内用完。在马立克氏病高发地区或环境污染严重的鸡场，或怀疑有超强毒力的MDV存在时，可更换疫苗种类，选用双价苗或多价苗。

③ 防止早期其他病原体（如传染性腔上囊炎病毒、网状内皮组织增生症病毒、鸡传染性贫血因子、鸡白痢沙门氏杆菌等）干扰马立克氏病疫苗的免疫作用。特别是在疫苗的免疫保护力尚未建立前，这些病原体可导致马立克氏病免疫失败。

④ 根据情况确定是否进行二次免疫。如果孵化场卫生洁净，使用的是多价苗且免疫确切，一般不用二免，否则最好在10～14天进行二免。如果本地区或本场马立克氏病频发，也要进行二免。

（四）鸡传染性法氏囊病（IBD）

鸡传染性法氏囊病是由传染性法氏囊病病毒引起的一种主要危害雏鸡的免疫抑制性、高度接触性传染病。该病以突然发病、病程短、发病率高、法氏囊受损和鸡体免疫机能受抑制为特征。主要侵害2～15周龄的鸡，其中以3～6周龄的幼鸡多发。本病对养鸡业造成巨大损失，一方面是鸡只死亡、淘汰率增加和影响增重的直接损失；另一方面是免疫抑制，增加了患病鸡对多种病原的易感性。

【病原】传染性法氏囊病病毒是双核糖核酸病毒，无囊膜。病毒抵抗力强，对一般酸性消毒药能耐受，对温度和紫外线有一定的抵抗力，能持久存在于鸡舍内。碱性消毒药能较快将其杀灭；1%石炭酸、甲醇、福尔马林或70%酒精处理1小时可杀死病毒；3%石炭酸、甲醇处理30分钟也可灭活病毒；0.5%氯化铵作用10分钟能杀死病毒。

【流行特点】

(1) 病鸡和隐性感染的鸡是本病的主要传染来源。通过被污染的饲料、饮水和环境传播易感鸡只。本病是通过呼吸道、消化道、眼结膜高度接触传染。吸血昆虫和老鼠带毒也是传染媒介。3～6周龄鸡最易感，成年鸡一般呈隐性经过。发病突然，发病率高，呈特征性的尖峰式死亡曲线，痊愈也快。

(2) 病毒的毒力在不断增强，现在已经出现强毒株（vIBDV）和超强毒株（vvIBDV）。发病日龄明显变宽，病程延长，最早1日龄，最晚产蛋鸡都可发病（传统是2～15周），3～5周最易感。病程有的可达2周以上。症状和病变不典型，出现亚临床症状。幼雏畏寒怕冷，拉白色稀粪，肌肉出血明显，法氏囊仅轻度出血、水肿。发病率低，死淘率高。3～5周龄发病有50%鸡群症状不典型，仅表现食欲减退，精神沉郁，粪稍软白，肌肉不出血，法氏囊缺乏特征病变，发病死亡率低，良好的饲养管理可以不治而愈。育成和产蛋鸡多为散发，拉稀，病鸡脱水、肌肉出血、肾肿大、法氏囊明显肿胀。免疫鸡群仍然发病，如母源抗体水平较高时免疫而被中和出现了人为的免疫空白期、超强毒株和变异株感染，以及鸡群正处于传染性法氏囊病病毒感染的潜伏期等，使免疫失败。并发症、继发症明显增多，新城疫、支原体病、大肠杆菌病、曲霉菌病并发感染。危害严重，免疫抑制易继发新城疫、支原体病、马立克氏病、禽流感、曲霉菌病、盲肠肝炎等。

【临床症状】在易感鸡群中，本病往往突然发生，潜伏期短，感染后2～3天出现临床症状。病鸡下痢，排白色或淡绿色稀粪，粪便中常含有尿酸盐，肛门周围的羽毛被粪污染或沾污泥土。病鸡食欲减退，畏寒，精神委顿，头下垂，眼睑闭合，羽毛无光泽，蓬松，严重脱水干瘪，最后衰竭死亡。5～7天达到高峰，以后开始下降。病程一般为5～7天，长的可达2～3周。本病发生快，痊愈也快。

本病在初次发病的鸡场，多呈显性感染，症状典型。一旦爆发流行后，多出现亚临床症状，死亡率低，常不易引起人们注意，但由于其产生的免疫抑制严重，因此危害性更大。

【病理变化】病死鸡呈现脱水、胸肌发暗，股部和腿部肌肉出血，呈斑点或条状。腺胃和肌胃交界处有出血斑或散在出血点。肠道内黏液增加，肾脏肿大、苍白，有尿酸盐沉积。法氏囊浆膜呈胶冻样肿胀，有的法氏囊可肿大2～3倍，呈点状或出血斑，严重者内充满血块，外观呈紫色葡萄状。病程长的法氏囊萎缩。

【诊断】根据该病的流行病学、临床症状（迅速发病、高发病率、有明显的尖峰死亡曲线和迅速康复）和肉眼病理变化可初步作出诊断，确诊需根据病毒分离鉴定及血清学试验。注意鉴别诊断，见表6-12。

表6-12　法氏囊病与几种病的鉴别诊断

病名	法氏囊病病变特征	其他特征
肺脑型鸡新城疫感染	法氏囊出血、坏死及干酪样物，也见到腺胃及盲肠扁桃体的出血；但法氏囊不见黄色胶冻样水肿，耐过鸡也不见法氏囊的萎缩及蜡黄色	多有呼吸道症状、神经症状
传染性支气管炎肾病变型	有时见法氏囊的充血或轻度出血，但法氏囊无黄色胶冻样水肿，耐过鸡的法氏囊不见萎缩及蜡黄色	雏鸡常见肾肿大，有时沉积尿酸盐。常有呼吸道症状，病死鸡气管充血、水肿，支气管黏膜下有时见胶样变性
包涵体肝炎	法氏囊有时萎缩而呈灰白色	肝出血、肝坏死的病变，剪开骨髓常呈灰黄色，鸡冠多苍白
淋巴细胞性白血病	法氏囊增生，呈灰白色，不见出血、胶冻样水肿及蜡黄色萎缩病变	多发生在18周龄以上的鸡，性成熟后发病率最高，肝、肾、脾多见肿瘤
鸡马立克氏病	有时见法氏囊萎缩的病变	多见外周神经的肿大，在腺胃、性腺、肺脏上的肿瘤病变
肾病	法氏囊的萎缩不同于法氏囊病所致的严重，肾病的法氏囊多呈灰色	常有急性肾病的表现，多散发，通过对鸡群病史的了解，可准确鉴别此病
磺胺药物中毒	法氏囊呈灰黄色，不见水肿及出血	死鸡可见皮肤、皮下组织、肌肉、内脏器官出血，并见肉髯水肿，脑膜水肿及充血和出血等出血综合征病变
真菌中毒	法氏囊仅呈灰白色，不见萎缩及肿大的病变	胆囊肿胀，皮下及肌肉有时见出血。可见神经症状，死亡率可达20%～30%

续表

病名	法氏囊病病变特征	其他特征
葡萄球菌病	法氏囊灰粉色或灰白色	除引起各关节肿大外，多见到皮肤液化性坏死，此时病鸡皮下呈弥漫性出血
大肠杆菌病	法氏囊轻度肿大，呈灰黄色，但不见水肿及萎缩	多见肺炎、肝包膜炎、心包膜炎等病理变化

【防治】

（1）预防措施

① 加强隔离和消毒　要封闭育雏，避免闲杂人员进入。进入育雏舍和育雏区的设备用具要消毒；孵化过程中做好种蛋、人员、雏鸡、用具等消毒和出雏间隔的消毒；做好育雏舍进鸡前消毒和进鸡后的带鸡消毒。鸡舍和环境消毒，可采用2%火碱、0.3%次氯酸钠、1%农福、2%～5%复合酚消毒剂等喷洒或用甲醛熏蒸；带鸡消毒可用过氧乙酸、复合酚消毒剂、氯制剂等，效果良好。

② 免疫接种　免疫接种必须注意以下方面：

第一，制定科学的免疫程序。雏鸡来自没接种IBD灭活苗的种母鸡群，首次免疫应根据抗体测定的结果来确定，一般多在10～14日龄法氏囊多价弱毒苗滴口或饮水。二免应在首次免疫后的3周进行法氏囊多价中等毒力弱毒苗1.5羽份饮水。如是种鸡，在18～20周龄和40～42周龄分别注射灭活苗0.5毫升，从而保证种鸡后代的高母源抗体；来自注射过IBD灭活苗的种母鸡，首免可根据AGP测定结果而定，一般多在20～24日龄间首免，3周后进行第二次免疫，接种灭活苗的日龄同上。

第二，确保免疫效果。影响传染性法氏囊病免疫效果因素较多，如鸡舍不洁净、母源抗体水平不一致、病毒毒力不断增强等都影响免疫效果。由于病毒对自然环境有高强度的耐受性，鸡舍一旦被IBDV污染后，如不采取严格、认真、彻底的消毒措施，鸡舍中大量病毒比疫苗毒株更能突破母源抗体，使法氏囊受到侵害。面对此种情况，再有效的疫苗也不能起到应有的效力。

（2）发病后的措施

① 保持适宜的温度（气温低的情况下适当提高舍温）；每天带鸡

消毒；适当降低饲料中的蛋白质含量。

② 注射高免卵黄：20 日龄以下 0.5 毫升/只；20～40 日龄 1.0 毫升/只；40 日龄以上 1.5 毫升/只。病重者再注射一次。与新城疫混合感染，可以注射含有新城疫和法氏囊抗体的高免卵黄。

③ 水中加入硫酸安普霉素（1 克/2～4 千克）或强效阿莫仙（1 克/10～20 千克）或杆康、普杆仙等复合制剂防治大肠杆菌；水中加入肾宝或肾肿灵或肾可舒等消肿、护肾保肾；加入溶速维。

④ 另外，使用中药制剂囊复康、板蓝根辅助治疗。

（五）传染性支气管炎（IB）

鸡传染性气管炎是由鸡传染性支气管炎病毒引起的一种鸡的急性、高度接触性传染病。各个年龄的鸡均易感，幼龄鸡以喘气为突出症状，产蛋鸡出现产蛋率和蛋品质的下降。

【病原】传染性支气管炎病毒属冠状病毒科冠状病毒属，目前已分离出十几个血清型的毒株，主要存在于病鸡的呼吸道渗出物中，实质脏器及血液中也能发现病毒。病毒对外界抵抗力不强，多数毒株经56℃、15 分钟被灭活。在低温下能长期保存。对普通消毒药很敏感，0.1%高锰酸钾、1%福尔马林、1%来苏儿及 70%酒精等可迅速将病毒杀死。

【流行特点】本病只发生于鸡，无年龄易感性，只要没有免疫力，任何鸡龄均可感染，但以雏鸡症状明显，死亡率可达 15%～19%。本病主要通过呼吸道感染，病鸡从呼吸道排出病毒，经飞沫传给易感鸡。也可以通过被污染的饲料、饮水及用具，经过消化道传染。同舍易感鸡 48 小时内出现症状。康复鸡带毒，排毒时间 5～15 周；鸡群拥挤、空气污浊、卫生不好、温度不稳定、营养不良等易诱发此病。患病的幼龄母鸡，其输卵管可以发生永久性的损害，成年后不产蛋，称做“假母鸡”。

【临床症状和病理变化】传支血清型较多，侵害不同部位，引起不同发病类型，有报道的类型有呼吸型、肾型、腺胃型、生殖道型和肠型。

（1）呼吸型　主要发生于雏鸡。5 周龄以下易发，发病率可达100%；初期表现为流鼻液、流泪、咳嗽、伸颈张口喘气；随着病情发展，精神萎靡、缩头闭眼，羽毛松散无光，畏寒怕冷。产蛋鸡主要表现产蛋下降，蛋壳变化明显。病程1～2周。气管有浆液性、卡他性和干酪性渗出物，气囊混浊、变厚，有渗出物。

（2）肾型 主要侵害30日龄左右的雏鸡；病毒株的毒力、营养、环境、品种等影响本病的发生和程度轻重。开始有呼吸道症状，1周后进入急性肾病变阶段，有死亡。病鸡拉白色的稀粪，脱水。肾脏肿大苍白，输尿管变粗，内有大量的尿酸盐沉着。皮肤和肌肉不易分离。

（3）腺胃型 发病日龄为20～80天，20～40日龄是发病高峰。初期生长缓慢，继而出现精神不振，采食、饮水少，拉稀和呼吸道症状，后期精神沉郁，羽毛松乱，消瘦，衰竭死亡。前期气管有黏液，中后期腺胃显著肿大如乒乓球，壁厚，黏膜有出血和溃疡。十二指肠肿胀，卡他性炎症。有30%鸡死于肾肿大。无混合感染，肝、脾等无明显病变。

（4）生殖道型 此病只发生于产蛋鸡，传统疫苗不能预防发生。各种产蛋鸡都可发生。初期"呼噜"声，无咳嗽和甩鼻，持续5～7天，采食减少5%～20%，粪便变软或水样。刚开产鸡，产蛋率徘徊不前或上升缓慢；高峰期初期产蛋波动大，2～3天下降20%～50%；老龄鸡迅速下降。蛋壳质量变化明显。剖检无特征性变化，初期气管内有黏液，卵泡充血，输卵管水肿，肠道有卡他性炎症；恢复后输卵管有充血、水肿，卵巢萎缩。

【诊断】根据流行特点、临床症状和病理变化可作出初步诊断，确诊需根据病毒分离鉴定及血清学试验。

在临床上应注意与新城疫、传染性喉气管炎和传染性鼻炎的区别。新城疫一般比传染性支气管炎更为严重，在雏鸡中可以见到神经症状，成年产蛋鸡产蛋量下降幅度大；传染性喉气管炎很少发生于雏鸡，而传染性支气管炎可发生于各种年龄的鸡；传染性鼻炎的病鸡常见到面部肿胀，而本病没有。

另外，肾型传支应注意与痛风病相区别。鸡痛风并非是一种独立的病，而是多种原因导致尿酸血症的临床综合征。食物蛋白质过剩的代谢障碍、饲料中钙含量过高、维生素A不足、育雏室的温度偏低、磺胺类药物用量过大或用药期过长等原因，都可导致肾功能障碍而引起痛风，只要找出病因加以消除，即可阻止本病的发生。

【防治】

(1) 预防措施

① 加强饲养管理，保持适宜温度，注意通风换气，避免和减少应激。保持环境清洁卫生，定期带鸡消毒。

② 免疫接种。7～10日龄首免，H120＋Hk（肾型）1羽份点眼滴鼻；同时可注射含有肾型传支和腺胃性传支病毒的油乳剂多价灭活苗0.3毫升/只；25～30日龄H52疫苗1.5羽份滴眼滴鼻或饮水或气雾。110～130日龄注射多价传支病毒的油乳剂灭活苗0.5毫升/只。

(2) 发病后措施

① 饲料中加入0.15%病毒灵＋支喉康（500千克料拌1千克，或咳喘灵）拌料连用5天，或用百毒唑（内含病毒唑、金刚乙胺、增效因子等）10克/100千克饮水，麻黄冲剂1000克/1000千克拌料。

② 饮水中加入肾肿灵（每100千克水加30克）或肾消丹（150千克水加100克）等利尿保肾药物，连续饮用5～7天。

③ 饮水中加入速溶多维或维康等缓解应激，提高机体抵抗力。同时要加强环境和鸡舍消毒，雏鸡阶段和寒冷季节要提高舍内温度。

（六）传染性喉气管炎（ILT）

传染性喉气管炎（ILT）是由鸡传染性喉气管炎病毒引起的鸡的一种急性呼吸道传染病。

【病原】鸡传染性喉气管炎病毒（ILTV）属疱疹病毒科α-疱疹病毒亚科的双股DNA病毒，有囊膜，病毒大小195～250纳米，囊膜上有纤突。不同的病毒株在致病性和抗原性方面均有差异，但目前所分离到的毒株同属于一个血清型。由于病毒株毒力上的差异，对鸡的致病力不同，给本病的控制带来一定困难，在鸡群中常有带毒鸡的存在，病愈鸡可带毒1年以上。病毒主要存在于病鸡的气管组织及渗出物中，肝脏、脾脏及血液中少见。疱疹病毒可在感染鸡胚的尿囊膜上形成典型的痘斑，也可在鸡胚肝细胞、鸡肾细胞、鸡胚肾细胞、鸡胚肺细胞等细胞培养物上生长繁殖。病毒对脂类溶剂、热和各种消毒剂均敏感，但在20～60℃较稳定；在乙醚中24小时后丧失感染性，55℃10～15分钟、30℃48小时可灭活；3%甲酚或1%碱溶液中1分钟可杀死病毒。

【流行特点】

（1）本病有明显的宿主特异性，鸡为主要的自然宿主，各年龄均可感染，但以4～10月龄的成年鸡尤为严重且多表现典型症状。野鸡、鹌鹑、孔雀和幼火鸡也可感染，其他鸟类和哺乳类动物不感染。本病一年四季均可发生，秋冬寒冷季节多发。本病传播快，感染率可达90%～100%，死亡率5%～50%不等，耐过本病的鸡具有长期免疫力。

（2）病鸡和康复后的带毒鸡是主要的传染源，约有2%的康复鸡能带毒2年，可经上呼吸道和眼内感染，也可经消化道感染。在气管内接种或用喷雾法人工感染，能使30日龄的雏鸡在3～13天内发病。粘有呼吸道及鼻分泌物的垫草、饲料、饮水及用具都可成为传播媒介。人及野生动物的活动也可机械传播。强毒疫苗接种鸡群后，能造成散毒污染环境。

（3）鸡群拥挤、通风不良、饲养管理不好、缺乏维生素、寄生虫感染等，都可促进本病的发生和传播。

【临床症状】典型的症状是病鸡呼吸困难、喘气、咳嗽、咳出血样渗出物。自然感染的潜伏期为6～12天，人工气管内接种为2～4天。

（1）急性型（喉气管型）　主要在成年鸡发生，传播迅速，短期内全群感染。病鸡精神沉郁、厌食、呼吸困难，每次呼吸时突然向上向前伸头张口并伴有鸣音和喘气声，喘气和咳嗽严重，咳嗽多呈痉挛性，并咳出带血的黏液或血凝块。病重者头颈卷缩，嘴喙下垂，眼全闭。检查喉部，可见黏膜上附有黄色或带血的浓稠黏液或豆腐渣样物质。产蛋鸡的产蛋量下降约12%。病程一般为10～14天，康复后有的鸡可能成为带毒者。

（2）温和型（眼结膜型）　主要为30～40日龄的鸡发生，症状较轻。病初眼角积聚泡沫性分泌物，流泪，眼结膜炎，不断用爪抓眼，眼睛轻度充血，眼睑肿胀和粘连，严重的失明。病的后期角膜混浊、溃疡，鼻腔有持续性的浆液性分泌物，眶下窦肿胀。病鸡偶见呼吸困难，表现生长迟缓，死亡率常为5%。

【病理变化】病理变化主要集中在喉头和气管，在喙的周围常附有带血的黏液。喉头和气管黏膜肿胀、充血、出血甚至坏死，气管腔内常充满血凝块、黏液、淡黄色干酪样渗出物或气管阻塞。有些病例，渗出液出现于气管下部，并使炎症扩散到支气管、肺和气囊。温和型病例一般只出现眼结膜和眶下窦上皮水肿和充血，有时角膜混浊，眶下窦肿胀有干酪样物质。

【诊断】根据典型症状和病理变化，不难作出诊断，若鸡日龄较小或症状病理变化不明显，可进行实验室检查。

（1）发病1～5天，用气管和眼结膜组织，经姬姆萨氏染色，可见到核内包涵体。

（2）病鸡的气管分泌物或组织悬液，经气管接种易感鸡，2～5天可出现典型的传染性喉气管炎的病变。

（3）用气管渗出物和肺的病料悬液，离心取上清液，加入青霉素或链霉素作用后，取0.1～0.2毫升，接种到9～12日龄鸡胚绒毛尿囊膜或尿囊腔，3天后出现痘斑样病灶和核内包涵体。

本病易与传染性支气管炎、支原体病、传染性鼻炎、鸡新城疫、黏膜性鸡痘、维生素A缺乏症等混淆，应重视鉴别诊断。

【防治】

（1）预防措施

① 平时加强饲养管理、改善鸡舍通风，注意环境卫生，不引进病鸡，并严格执行消毒卫生措施。

② 本地区没有本病流行的情况下，一般不主张接种。如果免疫，首免在28日龄左右，二免在首免后6周，即70日龄左右进行，使用弱毒疫苗，免疫方法常用点眼法。鸡群接种后可产生一定的疫苗反应，轻者出现结膜炎和鼻炎，严重者可引起呼吸困难，甚至死亡，因此免疫必须严格按使用说明进行。免疫后易诱发其他病的发生，在使用疫苗的前后2天内可以使用一些抗菌药物。

（2）发病后的措施

① 发生本病后，用消毒剂每日进行1～2次消毒，以杀死鸡舍中的病毒，并辅之以泰乐加、链霉素、氯霉素等药物治疗，以防细菌继发感染。

② 发病鸡群确诊后，立即采用弱毒苗紧急接种。

③ 本病目前尚无特效药物治疗，但在临床上使用某些中草药有一定的辅助作用，并可减轻病鸡的呼吸困难。

方剂1：矮地茶、野菊花、枇杷叶、冬桑叶、扁柏叶、青木香、山荆芥、皂角刺、陈皮、甘草各20克，混合煎水，取药水拌料或作饮水喂鸡50只。混合药量为成鸡平均5克，鲜药加倍，小鸡减半，有一定的效果。

方剂2：麻黄、杏仁、厚朴、陈皮、甘草各1份，苏子、半夏、前胡、桑皮、木香各2份，混合煎水，取药水拌饲料或饮水喂鸡。每只鸡平均喂混合干药粉5克，雏鸡减半，效果确实。

④ 个体治疗　0.5毫升氢化可的松和10万单位青霉素混合后用不带针尖的注射器向病鸡的喉喷射1/3，余下的2/3肌注，一般一次即愈，严重者隔6～7小时后再用药一次即可。

（七）鸡减蛋综合征

鸡减蛋综合征是由腺病毒属鸡腺病毒Ⅲ群的病毒引起的能使产蛋鸡产蛋量下降的病毒性传染病。

【病原】减蛋综合征病毒的结构为无囊膜的双股DNA病毒。EDS-76病毒有抗醚类的能力，在50℃条件下，对乙醚、氯仿不敏感。在不同范围的pH值性质稳定，即抗pH值范围较广，如在pH为3～10的环境中能存活。加热到56℃可存活3小时，60℃加热30分钟丧失致病力，70℃加热20分钟则完全失活。在室温条件下至少存活6个月以上，0.3%甲醛24小时、0.1%甲醛48小时可使病毒完全灭活。

【流行特点】减蛋综合征病毒的主要易感动物是鸡。其自然宿主是鸭或野鸭。鸭感染后虽不发病，但长期带毒，带毒率可达85%以上。不同品系的鸡对EDS-76病毒的易感性有差异，26～35周龄的所有品系的鸡都可感染，尤其是产褐壳蛋的肉用种鸡和种母鸡最易感，产白壳蛋的母鸡患病率较低。任何年龄的鸡均可感染。幼龄鸡感染后不表现任何临床症状，血清中也查不出抗体，只有到开产以后，血清才转为阳性。病毒的毒力在性成熟前的鸡体内不表现出来，产蛋初期的应激反应，致使病毒活化而使产蛋鸡患病。6～8月龄母鸡处于发病高峰期。减蛋综合征既可水平传播，又可垂直传播，被感染鸡可通过种蛋和种公鸡的精液传递。有人从鸡的输卵管、泄殖腔、粪便、咽黏膜、白细胞、肠内容物等分离到EDS-76病毒。可见，病毒可通过这些途径向外排毒，污染饲料、饮水、用具、种蛋，经水平传播使其他鸡感染。

【临床症状】本病的潜伏期不易确定，人工感染时大多经7～9天出现症状，也有长至17天的。感染鸡群症状很轻微，仅表现为暂时性的腹泻、减食，贫血或冠髯发绀，精神呆滞等，但都不具有诊断价值。最易引人注意的是突然发生产蛋量的大幅度下降，可能比正常下降20%～30%，甚至下降50%以上，产蛋量下降可持续4～10周，然后逐渐恢复，产蛋率下降曲线呈“马鞍形”。产薄壳蛋、软壳蛋、无壳蛋、畸形蛋、沙皮蛋，褐壳蛋鸡蛋壳褪色，破蛋增多。在自然情况下减蛋综合征病毒对育成鸡不致病。

【病理变化】自然病例中内脏器官没有明显的病理变化，仅见个别患鸡在发病期输卵管水肿，时久则见输卵管和卵巢萎缩。

【诊断】现场一般根据鸡群产蛋高峰时，突然发生不明原因的群体性产蛋下降，伴有畸形蛋，蛋壳质量下降，剖检时见有生殖道病变，临床也无特殊表现，可以诊断本病。要确诊时应进一步做病毒分离和鉴定，以及血凝抑制试验、病毒中和试验、酶联免疫吸附试验、免疫荧光试验等。

应注意与鸡脑脊髓炎鉴别诊断。鸡脑脊髓炎可以引起雏鸡发病，表现神经症状。产蛋鸡发病后，产蛋量突然下降，维持1～2周后快速回升到原来产蛋水平，蛋壳质量变化不明显。

【防治】

(1) 预防措施　加强卫生管理是防治本病的重要措施。已广泛应用的减蛋综合征油佐剂灭活苗和ND-EDS-76二联苗油佐剂灭活苗在防治本病方面具有较好的效果。产蛋鸡于14～16周龄进行免疫接种，15天后产生免疫力，4～5周抗体水下达到高峰，免疫力可持续1年。非免疫鸡群免疫接种后HI抗体滴度可达8～9$\log_2$，发病鸡群则可达到12～14$\log_2$。

(2) 发病后措施　本病尚无有效治疗方法。发病鸡群经过一段时间后逐渐恢复。

(八) 鸡痘 (AP)

鸡痘是由鸡痘病毒引起的一种缓慢扩散、高度接触性传染病。特征是在无毛或少毛的皮肤上有痘疹，或在口腔、咽喉部黏膜上形成白色结节。在集约化、规模化和高密度的情况下易造成流行，可以引起增重缓慢，鸡体消瘦。产蛋鸡感染使产蛋量下降，如果并发其他疾病，或营养不好，卫生条件差，可以引起较多的死亡，雏鸡病情严重，更易死亡。

【病原】鸡痘病毒属于痘病毒科、鸡痘病毒属。病毒大量存在于病鸡的皮肤和黏膜病灶中，病毒对外界自然因素抵抗力相当强，上皮细胞屑和痘结节中的病毒可抗干燥数年之久，阳光照射数周仍可保持活力，－15℃下保存多年仍有致病性。病毒对乙醚有抵抗力，在1%的酚或1∶1000福尔马林中可存活9天，1%氢氧化钾溶液可使其灭活。50℃ 30分钟或60℃ 8分钟被灭活。在腐败环境中，病毒很快死亡。

【流行特点】本病主要发生于鸡和火鸡，鸽有时也可发生，鸭、鹅的易感性低。各种年龄、性别和品种的鸡都能感染，但以雏鸡和中雏最常发病，雏鸡死亡多。本病一年四季都能发生，秋冬两季最易流行，一般在秋季和冬初发生皮肤型鸡痘较多，高温高湿的秋末易发生皮肤性鸡痘；在冬季则以黏膜型（白喉型）鸡痘为多。病鸡脱落和破散的痘痂，是散布病毒的主要形式，它主要通过皮肤或黏膜的伤口感染，不能经健康皮肤感染，亦不能经口感染。库蚊、疟蚊和按蚊等吸血昆虫在传播本病中起着重要的作用。蚊虫吸吮过病灶部的血液之后即带毒，带毒的时间可长达10～30天，其间易感染的鸡经带毒的蚊虫刺吮后而被传染，这是夏秋季节流行鸡痘的主要传播途径。打架、啄毛、交配等造成外伤，鸡群过分拥挤，通风不良，鸡舍阴暗潮湿，体外寄生虫寄生，营养不良，缺乏维生素，以及饲养管理太差等，均可促使本病发生和加剧病情。如有传染性鼻炎、慢性呼吸道病等并发感染，可造成大批死亡。

【临床症状】鸡痘的潜伏期约4～50天，根据病鸡的症状和病变，可以分为皮肤型、黏膜型和混合型，偶有败血症。

（1）皮肤型　皮肤型鸡痘的特征是在身体无毛或毛稀少的部分，特别是在鸡冠、肉髯、眼睑和喙角，亦可于泄殖腔的周围、翼下、腹部及腿等处，产生一种灰白色的小结节，渐次成为带红色的小丘疹，很快增大如绿豆大痘疹，呈黄色或灰黄色，凹凸不平，呈干硬结节，有时和邻近的痘疹互相融合，形成干燥、粗糙呈棕褐色的大的疣状结节，突出皮肤表面。痂皮可以存留3～4周之久，以后逐渐脱落，留下一个平滑的灰白色疤痕。轻的病鸡也可能没有可见疤痕。皮肤型鸡痘一般症状比较轻微，没有全身性的症状。但在严重病鸡中，尤以幼雏表现出精神萎靡、食欲消失、体重减轻等症状，甚至引起死亡。产蛋鸡则产蛋量显著下降或完全停产。

（2）黏膜型（白喉型） 此型鸡痘的病变主要在口腔、咽喉和眼等黏膜表面，气管黏膜出现痘斑。初为鼻炎症状，2～3 天后先在黏膜上生成一种黄白色的小结节，稍突出于黏膜表面，以后小结节逐渐增大并互相融合在一起，形成一层黄白色干酪样的假膜，覆盖在黏膜上面。这层假膜是由坏死的黏膜组织和炎性渗出物质凝固而形成，很像人的“白喉”，故称白喉型鸡痘或鸡白喉。如果用镊子撕去假膜，则露出红色的溃疡面。随着病情的发展，假膜逐渐扩大和增厚，阻塞在口腔和咽喉部位，使病鸡（尤以幼雏鸡为甚）呼吸困难。

（3）败血型 在发病鸡群中，个别鸡无明显的痘疹，只是表现为下痢、消瘦、精神沉郁，逐渐衰竭而死，病鸡有时也表现为急性死亡。

【病理变化】皮肤型鸡痘的特征性病变是局灶性表皮和其下层的毛囊上皮增生，形成结节。结节起初湿润，后变为干燥，外观呈圆形或不规则形，皮肤变得粗糙，呈灰色或暗棕色。结节干燥前切开切面出血、湿润，结节结痂后易脱落，出现瘢痕。

黏膜型鸡痘病变出现在口腔、鼻、咽、喉、眼或气管黏膜上。黏膜表面稍微隆起白色结节，以后迅速增大，并常融合而成黄色、奶酪样坏死的伪白喉或白喉样膜，将其剥去可见出血糜烂，炎症蔓延可引起眶下窦肿胀和食管发炎。

败血型鸡痘，其剖检变化表现为内脏器官萎缩，肠黏膜脱落，若继发网状内皮细胞增生症病毒感染，则可见腺胃肿大，肌胃角质膜糜烂、增厚。

【诊断】皮肤型和混合型鸡痘根据皮肤表面典型痘疹即可确诊。单纯的黏膜型或眼肿大者，诊断较为困难，可采用病料接种易感鸡和鸡胚的方法进行诊断。确诊则有赖于实验室检查。

皮肤型鸡痘易与生物素缺乏相混淆，生物素缺乏时，因皮肤出血而形成痘痂，其结痂小，而鸡痘结痂较大。

黏膜型鸡痘易与传染性鼻炎相混淆，患传染性鼻炎病鸡上下眼睑肿胀明显，用磺胺类药物治疗有效；而黏膜型鸡痘上下眼睑多黏合在一起，眼肿胀明显，用磺胺类药物治疗无效。

【防治】

（1）预防措施　鸡痘的预防，除了加强鸡群的卫生、管理等一般性预防措施之外，可靠的办法是使用鸡痘鹌鹑化弱毒疫苗接种。多采用翼翅刺种法。第一次免疫在10～20天，第二次免疫在90～110天，刺种后7～10天观察刺种部位有无痘痂出现，以确定免疫效果。生产中可以使用连续注射器翼部内侧无血管处皮下注射0.1毫升疫苗，方法简单确切。有的肌内注射，试验表明保护率只有60%左右。

（2）发病后的措施

① 对症疗法　目前尚无特效治疗药物，主要采用对症疗法，以减轻病鸡的症状和预防并发症。皮肤上的痘痂，一般不作治疗，必要时可用清洁镊子小心剥离，伤口涂碘酒、红汞或紫药水。对白喉型鸡痘，应用镊子剥掉口腔黏膜的假膜，用1%高锰酸钾洗后，再用碘甘油或氯霉素、鱼肝油涂擦。病鸡眼部如果发生肿胀，眼球尚未发生损坏，可将眼部蓄积的干酪样物排出，然后用2%硼酸溶液或1%高锰酸钾冲洗干净，再滴入5%蛋白银溶液。剥下的假膜、痘痂或干酪样物都应烧掉，严禁乱丢，以防散毒。

② 紧急接种　发生鸡痘后也可视鸡日龄的大小，紧急接种新城疫Ⅰ系或Ⅳ系疫苗，以干扰鸡痘病毒的复制，达到控制鸡痘的目的。

③ 防止继发感染　发生鸡痘后，由于痘斑的形成造成皮肤外伤，这时易继发引起葡萄球菌感染，而出现大批死亡。所以，大群鸡应使用广谱抗生素（如0.005%环丙沙星或培福沙星、恩诺沙星，或0.1%氯霉素）拌料或饮水，连用5～7天。

（九）鸡传染性脑脊髓炎（AE）

鸡传染性脑脊髓炎（流行性震颤）是由鸡传染性脑脊髓炎病毒感染，主要侵害雏鸡的病毒性传染病，以共济失调和头颈震颤为主要特征。母鸡感染后产蛋量急剧下降。

【病原】病毒属于小RNA病毒科肠道病毒属，无囊膜。病毒可抵抗氯仿、酸、胰酶、胃蛋白酶和DNA酶。在二价镁离子保护下可抵抗热效应，56℃1小时稳定。

【流行病学】自然感染见于鸡、雉鸡、火鸡、鹌鹑等，鸡对本病最易感。各日龄鸡均可感染，但一般雏鸡才有明显症状。此病具有很强的传染性，病毒通过肠道感染后，经粪便排毒，病毒在粪便中能存活相当长的时间。因此，污染的饲料、饮水、垫草、孵化器和育雏设备都可能成为病毒传播的来源，如果没有特殊的预防措施，该病可在鸡群中传播。

在传播方式上本病以垂直传播为主，也能通过接触进行水平传播。产蛋鸡感染后，一般无明显临床症状，但在感染急性期可将病毒排入蛋中。这些蛋虽然大都能孵化出雏鸡，但雏鸡在出壳时或出生后数日内呈现症状。这些被感染的雏鸡粪便中含有大量病毒，可通过接触感染其他雏鸡，造成重大经济损失。

本病流行无明显的季节性，一年四季均可发生，以冬春季节稍多。发病及死亡率与鸡群的易感鸡多少、病原的毒力高低、发病的日龄大小相关。雏鸡发病率一般为40%～60%，死亡率10%～25%，甚至更高。

【临床症状】此病主要见于3周龄以内的雏鸡，虽然出雏时有较多的弱雏并可能有一些病雏，但有神经症状的病雏大多在1～2周龄出现。病雏最初表现为迟钝，继而出现共济失调，表现为雏鸡不愿走动而蹲坐在自身的跗关节上，驱赶时可勉强以跗关节着地走路，走动时摇摆不定向前猛冲后倒下；或出现一侧或双侧腿麻痹，一侧腿麻痹时，走路跛行，双腿麻痹时则完全不能站立，双腿呈一前一后的劈叉姿势，或双腿倒向一侧。肌肉震颤大多在出现共济失调之后才发生，在腿、翼尤其是头颈部可见明显的阵发性震颤，频率较高，在病鸡受惊扰如给水、加料、倒提时更为明显。部分存活鸡可见一侧或两侧眼的晶状体混浊或浅蓝色褪色，眼球增大及失明。成年鸡主要表现产蛋率大幅下降，维持较低产蛋率后又迅速上升，其他无明显表现。

【病理变化】病鸡唯一可见的肉眼变化是腺胃的肌层有细小的灰白区，个别雏鸡可发现小脑水肿。组织学变化表现为非化脓性脑炎，脑部血管有明显的管套现象；脊髓背根神经炎，脊髓根中的神经元周围有时聚集大量淋巴细胞。小脑分子层易发生神经原中央虎斑溶解，神经小胶质细胞弥漫性或结节性浸润。此外，尚有心肌、肌胃肌层和胰脏淋巴小结的增生、聚集以及腺胃肌肉层淋巴细胞浸润。

【诊断】根据疾病仅发生于3周龄以下的雏鸡，无明显肉眼变化，偶见脑水肿，而以瘫痪和头颈震颤为主要症状，药物防治无效，产蛋鸡曾出现一过性产蛋下降等，即可作出初步诊断。确诊时需进行病毒分离、荧光抗体试验、琼脂扩散试验及酶联免疫吸附试验。

传染性脑脊髓炎在症状上易与新城疫、维生素 B_1 缺乏症、维生素 B_2 缺乏症、维生素 E 和微量元素硒缺乏症、聚醚类抗生素中毒（如马杜霉素）、氟中毒等相混淆，应注意鉴别诊断。

【防治】

（1）预防措施

① 加强消毒与隔离，防止从疫区引进种蛋与种鸡。

② 目前有两类疫苗可供选择。

a. 活毒疫苗　一种是用 1143 毒株制成的活苗，可通过饮水法接种，鸡接种疫苗后 1～2 周排出的粪便中能分离出脊髓炎病毒。这种疫苗可通过自然扩散感染，且具有一定的毒力，故小于 8 周龄、处于产蛋期的鸡群不能接种这种疫苗，以免引起发病；建议于 10 周以上，但不能迟于开产前 4 周接种疫苗，接种后 4 周内所产的蛋不能用于孵化，以防雏鸡由于垂直传播而发病。另一种活毒疫苗常与鸡痘弱毒疫苗制成二联苗，一般于 10 周龄以上至开产前 4 周之间进行翼膜制种。

b. 灭活疫苗　用野毒或鸡胚适应毒接种 SPF 鸡胚，取其病料灭活制成油乳剂疫苗。这种疫苗安全性好，接种后不排毒、不带毒，特别适用于无脑脊髓炎病史的鸡群。可于种鸡开产前 18～20 周接种。

（2）发病后措施　本病尚无有效的治疗方法。雏鸡发病，一般是将发病鸡群扑杀并作无害化处理。如有特殊需要，也可将病鸡隔离，给予舒适的环境，提供充足的饮水和饲料，饲料和饮水中添加维生素 E、维生素 B_1，避免尚能走动的鸡践踏病鸡等，可减少发病与死亡。成年鸡群发病，没有明显的病态症状，只是产蛋率降低，一般不用采取措施，一段时间后即可恢复，并且产蛋率仍能达到较高的水平。

（十）鸡传染性贫血（CIA）

鸡传染性贫血是由鸡传染性贫血病毒（CIAV）引起的，雏鸡以再生障碍性贫血和全身性淋巴组织萎缩为特征的传染病。该病是免疫抑制性疾病，经常合并、继发和加重病毒、细菌和真菌性感染，危害较大。我国许多鸡场（特别是一些肉鸡场）的鸡群都被本病原感染。由鸡传染性贫血诱发疾病而造成的经济损失已成为一个严重问题。

【病原】鸡传染性贫血的病原为鸡传染性贫血病毒，现归类于圆环病毒科。鸡传染性贫血病毒分离毒株之间无抗原性差异，但在致病力上可能存在差异。鸡传染性贫血病毒对乙醚和氯仿有抵抗力；酸（pH3.0）作用3小时仍然稳定；加热70℃1小时，80℃15分钟仍有感染力；80℃30分钟使病毒部分失活，100℃15分钟完全失活；对90%的丙酮处理24小时也有抵抗力；病毒在50%酚中作用5分钟，在5%次氯酸37℃2小时失去感染力。福尔马林和含氯制剂可用于消毒。

【流行特点】

（1）本病仅感染鸡。各种年龄的鸡均可感染，自然感染常见于2～4周龄的雏鸡，不同品种的雏鸡都可感染发病。肉鸡比蛋鸡易感，公鸡比母鸡易感。随着鸡日龄的增加，鸡对该病的易感性迅速下降，当与IBDV混合感染或有继发感染时，日龄稍大的鸡，如6周龄的鸡也可感染发病。有母源抗体的鸡可以感染，但不出现临诊症状。

（2）鸡传染性贫血病毒可垂直传播，也可水平传播。经孵化的鸡蛋进行垂直传播是本病最重要的传播途径。由感染公鸡的精液也可造成鸡胚的感染。母鸡在感染后8～14天可经卵传播，在野外鸡群垂直传播可能出现在感染后的3～6周。可通过口腔、消化道和呼吸道途径水平传播而引起感染。发病康复的鸡可产生中和抗体。

（3）发病鸡的死亡率受到病毒、细菌、宿主和环境等许多因素的影响。如实验感染的死亡率不超过30%，无并发症的鸡传染性贫血，特别是由水平感染引起的，不会引起高死亡率。如有继发感染，可加重病情，死亡增多。

【临床症状】本病一般在感染后10天发病，14～16天达到高峰。唯一特征性症状是贫血。病鸡表现为精神沉郁，行动迟缓，虚弱，羽毛松乱，喙、肉髯、面部皮肤和可视黏膜苍白；生长发育不良，体重下降；临死前还可见到拉稀。血液稀薄如水，红细胞压积值降到20%以下（正常值在30%以上，降到27%以下便为贫血）。感染后20～28天存活的鸡可逐渐恢复正常。

【病理变化】骨髓萎缩是病鸡的最特征性病变，大腿骨的骨髓呈脂肪色、淡黄色或粉红色。在有些病例，骨髓的颜色呈暗红色。病鸡贫血，消瘦；肌肉与内脏器官苍白；肝脏和肾脏肿大，褪色或呈淡黄色；血液稀薄，凝血时间延长。组织学检查可见明显的病变，胸腺萎缩是最常见的病变，呈深红褐色，可能导致其完全退化。随着病鸡的生长、抵抗力的提高，胸腺萎缩比骨髓病变更容易观察到。法氏囊萎缩不很明显，有的病例法氏囊体积缩小，在许多病例的法氏囊的外壁呈半透明状态，以致可见到内部的皱襞。有时可见到腺胃黏膜出血和皮下与肌肉出血。若有继发细菌感染，可见到坏疽性皮炎，肝脏肿大呈斑驳状以及其他组织的病变。

【诊断】本病根据流行病学特点、症状和病理变化可作出初步诊断，确诊需做病原学和血清学试验。

【防治】

（1）加强饲养管理和保持卫生。加强和重视鸡群日常饲养管理及兽医卫生措施，防止由环境因素及其他传染病导致的免疫抑制，及时接种鸡传染性法氏囊病疫苗和马立克氏病疫苗。本病目前尚无特异的治疗方法，通常可用广谱的抗生素控制与鸡传染性贫血病相关的细菌继发感染。

（2）免疫接种。目前国外有两种商品活疫苗：一是由鸡胚生产的有毒力的鸡传染性贫血病病毒活疫苗，可通过饮水途径免疫，对种鸡在13～15周龄进行免疫接种，可有效地防止亲代发病，本疫苗不能在产蛋前3～4周免疫接种，以防止通过种蛋传播病毒；二是减毒的鸡传染性贫血病毒活疫苗，可通过肌内、皮下或翅膀对种鸡进行接种，十分有效。如果后备种鸡群血清学呈阳性反应，则不宜进行免疫接种。

（3）加强检疫，防止从外界引入带毒鸡而将本病传入健康鸡群。

（十一）鸡白痢（PD）

鸡白痢是由鸡白痢沙门氏菌引起的一种常见和多发的传染病。本病特征为幼雏感染后常呈急性败血症，发病率和死亡率都高，成年鸡感染后，多呈慢性或隐性带菌，可随粪便排出，因卵巢带菌，严重影响孵化率和雏鸡成活率。

【病原】鸡白痢沙门氏菌为革兰氏阴性小杆菌。本菌在有利环境中可以存活数年，但对热、化学消毒剂和不利环境的抵抗力较差，常用消毒药可将其杀死。

【流行特点】

（1）各品种的鸡对本病均有易感性，以2～3周龄以内雏鸡的发病率和病死率最高，呈流行性。随着日龄的增加，鸡的抵抗力也增强。成年鸡感染常呈慢性或隐性经过。现在也常有中雏和成鸡感染发病引起较大危害的情况发生。

（2）本病可经蛋垂直传播，也可水平传播。种鸡可以感染种蛋，种蛋感染雏鸡。孵化过程中也会引起感染。病鸡的排泄物及其污染物是传播本病的媒介物，可以传染给同群未感染的鸡。

（3）本病的发生和死亡受多种诱因影响，环境污染，卫生条件差，温度过低，潮湿，拥挤，通风不良，饲喂不良，以及其他疾病（如霉形体、曲霉菌、大肠杆菌等混合感染），都可加重本病的发生和死亡。

（4）存在本病的老鸡场，雏鸡的发病率在20%～40%左右，但新传入发病的鸡场，其发病率显著增高，甚至有时高达100%，病死率也高。

【临床症状】本病在雏鸡和成年鸡中所表现的症状和经过有显著的差异：

（1）胚胎感染　感染种蛋孵化一般在孵化后期或出雏器中可见到已死亡的胚胎和垂死的弱雏。胚胎感染出壳后的雏鸡，一般在出壳后表现衰弱、嗜睡、腹部膨大、食欲丧失，绝大部分经1～2天死亡。

（2）雏鸡　潜伏期4～5天，故出壳后感染的雏鸡，多在孵出后几天才出现明显症状。7～10天后雏鸡群内病雏逐渐增多，在第二、三周达高峰。发病雏鸡呈最急性者，无症状迅速死亡。稍缓者表现精神委顿，绒毛松乱，两翼下垂，缩头颈，闭眼昏睡，不愿走动，拥挤在一起。病初食欲减少，而后停食，多数出现软嗉症状。同时腹泻，排稀薄如糨糊状粪便，肛门周围绒毛被粪便污染，有的因粪便干结封住肛门周围，影响排粪。鸡只瘦小，羽毛污秽，肛门周围污染粪便、脱水，眼睛下陷，脚趾干枯。由于肛门周围炎症引起疼痛，故常发出尖锐的叫声，最后因呼吸困难及心力衰竭而死。有的病雏出现眼盲，或肢关节呈跛行症状。病程短的1天，一般为4～7天，20天以上的雏鸡病程较长。3周龄以上发病的极少死亡。耐过鸡生长发育不良，成为慢性患者或带菌者。

（3）青年鸡　该病多发生于40～80天的鸡，地面平养的鸡群发生此病较网上和育雏笼育雏育成发生的要多。从品种上看，褐壳蛋鸡发病率高。另外，育成鸡发病多有应激因素的影响。如鸡群密度过大，环境卫生条件恶劣，饲养管理粗放，气候突变，饲料突然改变或品质低下等。本病发生突然，全群鸡只食欲、精神尚可，总是见鸡群中不断出现精神、食欲差和下痢的鸡只，常突然死亡。死亡不见高峰，而是每天都有鸡只死亡，数量不一。该病病程较长，可拖延20～30天，死亡率可达10%～20%。

（4）成年鸡　成年鸡白痢多是由雏鸡白痢的带菌者转化而来的，呈慢性或隐性感染，一般不见明显的临床症状，当鸡群感染比例较大时，明显影响产蛋量，产蛋高峰不高，维持时间短，种蛋的孵化率和出雏率均下降。有的鸡见鸡冠萎缩，有的鸡开产时鸡冠发育尚好，以后则表现出鸡冠逐渐变小、发绀。病鸡时有下痢。

【病理变化】

（1）胚胎感染　胚胎感染主要病理变化是肝脏的肿胀和充血，有时正常黄色的肝脏夹杂着条纹状出血。胆囊扩张，充满胆汁。卵黄吸收不良，内容物有轻微的变化。

（2）雏鸡　雏鸡白痢病死鸡呈败血症经过。卵黄吸收不全，卵黄囊的内容物质变成淡黄色并呈奶油样或干酪样黏稠物；心包增厚，心脏上常可见灰白色坏死小点或小结节；肝脏肿大，并可见点状出血或灰白色针尖状的灶性坏死点；胆囊扩张充满胆汁；脾脏肿大，质地脆弱；肺可见坏死或灰白色结节；肾充血或贫血，输尿管显著膨大，有时在肾小管中有尿酸盐沉积。肠道呈卡他性炎症，特别是盲肠常可出现干酪样栓子。

（3）青年鸡　青年鸡白痢突出的病理变化是肝脏肿至正常的数倍，整个腹腔常被肝脏覆盖，肝的质度极脆，一触即破，被膜上可见散在或较密集的小红色或小白点，腹腔充盈血水或血块；脾脏肿大；心包扩张，心包膜呈黄色不透明，心肌可见数量不一的黄色坏死灶，严重的心脏变形、变圆，整个心脏几乎被坏死组织代替；肠道呈卡他性炎症；肌胃常见坏死。

（4）成年鸡　成年鸡白痢主要病理变化在生殖系统，表现卵巢与卵泡变形、变色及变性。卵巢未发育或发育不全，输卵管细小；卵子变形如呈梨形、三角形、不规则等形状；卵子变色如呈灰色、黄灰色、黄绿色、灰黑色等不正常色泽；卵泡或卵黄囊内的内容物变性，有的稀薄如水，有的呈米汤样，有的较黏稠成油脂样或干酪状。有病理变化的卵泡或卵黄囊常可从卵巢上脱落下来，成为干硬的结块阻塞输卵管，有的卵子破裂造成卵黄性腹膜炎，肠道呈卡他性炎症症状。

【诊断】鸡白痢的诊断主要依据本病在不同年龄鸡群中发生的特点以及病死鸡的主要病理变化。只有在鸡白痢沙门氏菌分离和鉴定之后，才能做出对鸡白痢的确切诊断。

【防治】

(1) 预防措施　种鸡场严格检疫，做好环境、用具、种蛋、孵化过程和孵化间隔的消毒。雏鸡入舍后要做好用具、设备、环境消毒，定期进行带鸡消毒。提高育雏温度 2～3℃；保持饲料和饮水卫生；密切注意鸡群动态，发现糊肛应及时挑出淘汰。雏鸡开食之日起，在饲料或饮水中添加抗菌药物预防。

(2) 药物防治

① 磺胺类　磺胺嘧啶、磺胺甲基嘧啶和磺胺二甲基嘧啶为首选药，在饲料中添加不超过 0.5%，饮水中可用 0.1%～0.2%，连续使用 5 天后，停药 3 天，再继续使用 2～3 次。

② 呋喃唑酮　在饲料中添加 0.03%～0.04%，连喂 1 周，停药 3～5 天，再继续使用，对鸡白痢有较好的效果。

③ 其他抗菌药物　如金霉素、土霉素、四环素、庆大霉素、卡那霉素均有一定疗效。

④ 微生物制剂　近年来微生物制剂在防治鸡白痢方面有较好效果，这些制剂安全、无毒、不产生副作用，细菌不产生耐药性，且价廉，常用的有促菌生、调痢生、乳酸菌等。在用这些药物的同时及其前后 4～5 天应该禁用抗菌药物。如促菌生，每只鸡每次服 0.5 亿个菌，每日 1 次，连服 3 天，效果甚好。剂型有：片剂，每片 0.5 克，含 2 亿个菌；胶囊，每粒 0.25 克，含 1 亿个菌。这些微生物制剂的效果多数情况下相当或优于药物预防的水平。

⑤ 使用中草药

处方 1：白头翁、白术、黄芩各等份共研细末，每只幼雏每日 0.2～0.3 克，中雏每日 0.3～0.5 克，拌入饲料，连喂 10 天，治疗雏鸡白痢疗效很好，病鸡在 3～5 天内病情得到控制而痊愈。

处方 2：黄连、黄芩、苦参、金银花、白头翁、陈皮各等份共研细末，拌匀，按每只雏鸡每日0.3克拌料，防治雏鸡白痢的效果优于抗生素。

（十二）大肠杆菌病（PED）

本病是由大肠埃希氏杆菌的某些致病性血清型菌株引起的疾病的总称。近年来，鸡大肠杆菌病已成为危害鸡场的主要细菌性传染病，给养鸡业造成巨大损失。

【病原】大肠埃希氏杆菌是中等大小杆菌，无芽孢，有的菌株可形成荚膜。大肠杆菌的血清型极多。不同地区有不同的血清型，同一地区不同鸡场有不同的血清型，甚至同一鸡场同一鸡群也可以存在多个血清型。在鸡舍内的水、粪便和尘埃中可以存活数周和数月之久。本菌对一般消毒剂敏感，对抗生素及磺胺类药物等极易产生耐药性。

【流行特点】

（1）各种年龄的鸡都能感染，幼鸡易感性较高，20～45日龄的肉鸡最易发生。发病早的有4日龄、7日龄，也有大雏发病。本病一年四季均可发生，但以冬末春初较为常见。发病率和死亡率与血清型和毒力、有无并发或继发、环境条件是否良好、采取措施是否及时有效等有关。发病率一般在30%～69%之间，死亡率42%～75%。

（2）本病传播途径广泛。

① 消化道传播　本病菌污染饲料和饮水，尤以污染饮水引起发病最为常见。

② 呼吸道传播　携有本菌的尘埃被易感鸡吸入，进入下呼吸道后侵入血流引起发病。

③ 蛋壳穿透　种蛋产出后，被粪便污染，在蛋温降至环境温度的过程中，蛋壳表面沾染的大肠杆菌很容易穿透蛋壳进入蛋内。污染的种蛋常于孵化的后期引起胚胎死亡，或刚出壳的雏鸡发生本病。

④ 经蛋传播　患有大肠杆菌性输卵管炎的母鸡，在蛋的形成过程中本菌即可进入蛋内，这样引起本病经蛋传播。

另外，还可以通过交配、断喙、雌雄鉴别等途径传播。鸡群密集、空气污浊、过冷过热、营养不良、饮水不洁都可促使本病流行。

（3）本病常易成为其他疾病的并发病和继发病。常与沙门氏菌病、传染性法氏囊病、新城疫、支原体病、传染性支气管炎、葡萄球菌病、盲肠肝炎、球虫病等并发或继发。

【临床症状和病理变化】

（1）急性败血型　病鸡不显症状而突然死亡，或症状不明显，部分病鸡离群呆立或拥挤打堆，羽毛松乱，食欲减退或废绝，排黄白色稀粪，肛门周围羽毛污染。发病率和死亡率较高。这是目前危害最大的一个型，通常所说的鸡大肠杆菌病指的就是这个型。剖检可见主要病变：纤维素性心包炎，表现为心包积液，心包膜混浊、增厚、不透明，甚者内有纤维素性渗出物，与心肌相粘连；纤维素性肝周炎，表现为肝脏不同程度肿大，表面有不同程度的纤维素性渗出物，甚者整个肝脏为一层纤维素性薄膜所包裹；纤维素性腹膜炎，表现为腹腔有数量不等的腹水，混有纤维素性渗出物，或纤维素性渗出物充斥于腹腔肠道和脏器间。据我们的经验，这三种纤维素性炎症具有诊断意义。

（2）雏鸡脐炎　一般是由大肠杆菌和其他细菌混合感染，发生在出壳的初期，多数在出壳后2～3天内死亡。病雏软弱，腹胀，畏寒聚集，下痢（白色或黄绿色），脐孔闭合呈蓝黑色，有刺激性恶臭味，死亡率达10%以上。腹部膨大，直肠内积水样粪便，脐孔未闭合呈蓝黑色，卵黄囊不吸收或吸收不良，内有黄绿色、干酪样、黏稠或稀薄的水样、脓样内容物。肝黄土色，质脆，有斑状或点状出血。

（3）气囊炎　病菌经消化道进入气囊，引起急性气囊炎，表现咳嗽和呼吸困难。病死率5%～20%，有时可达50%。气囊壁增厚、混浊，囊内常有白色的干酪样渗出物；心包腔有浆液纤维素性渗出物，心包膜和心外膜增厚；腹腔积液；肝脏肿大，肝周炎，有胶样渗出物包围，肝被膜混浊增厚，有纤维素附着。

（4）大肠杆菌性肉芽肿　病鸡内脏器官上产生典型的肉芽肿，外表无可见症状。可见盲肠、直肠和回肠的浆膜上有土黄色脓肿或肉芽结节，肝脏上有坏死灶。

（5）全眼球炎　舍内污浊、大肠杆菌含量高、年龄大的幼雏易发。其他症状的后期出现一侧性。眼睑封闭，外观肿胀，内有脓性和干酪性物，眼球发炎。部分肝脏大，有心包炎。

（6）卵黄性腹膜炎　又称“蛋子瘟”，这是笼养蛋鸡的一种重要疾病。病鸡的输卵管常因感染大肠杆菌而产生炎症，炎症产物使输卵管伞部粘连，漏斗部的喇叭口在排卵时不能打开，卵泡因此不能进入输卵管而跌入腹腔，引发本病。广泛的腹膜炎产生大量毒素，引起发病母鸡死亡。病、死母鸡，外观腹部膨胀、重坠，剖检可见腹腔积有大量卵黄，卵黄变性凝固，肠道或脏器间相互粘连。

（7）输卵管炎　多见于产蛋期母鸡，输卵管充血、出血，或内有多量分泌物，产生畸形蛋和内含大肠杆菌的带菌蛋，严重者减蛋或停止产蛋。

（8）生殖器官病变　患病母鸡卵泡膜充血，卵泡变形，局部或整个卵泡红褐色或黑褐色，有的硬变，有的卵黄变稀。有的病例卵泡破裂，输卵管黏膜有出血斑和黄色絮状或块状的干酪样物；公鸡睾丸膜充血，交媾器充血、肿胀。

（9）肠炎　肠黏膜充血、出血，肠内容物稀薄并含有黏液血性物，有的腿麻痹，有的病鸡后期眼睛失明。

【诊断】根据流行特点、临床症状和病理变化可做出初步诊断，确诊需要进行细菌学检查。

【防治】

（1）预防措施

① 隔离卫生　选好场址和隔离饲养；从洁净的无病原性大肠杆菌感染的种鸡场购买雏鸡；进鸡前对鸡舍进行彻底的清洁消毒；保持饲料、饮水及用具清洁卫生；做好灭鼠、驱虫工作；鸡舍带鸡消毒，有降尘、杀菌、降温及减少有害气体作用。

② 鸡舍空气良好　加强鸡舍通风换气，及时清理舍内粪便和废弃物，使用酶制剂、微生态制剂和除臭剂等降低舍内有害气体含量，保证舍内空气良好。

③ 科学饲养管理　鸡舍温度、湿度、密度、光照、饲料和管理均应按规定要求进行，减少各种应激反应。

④ 提高鸡体免疫力和抗病力　采用本地区发病鸡群的多个菌株或本场分离的菌株制成的大肠杆菌灭活苗（自家苗）进行免疫接种，有一定的预防效果。需进行二次免疫，第一次在4周龄，第二次在开产前。种鸡接种疫苗有利于提高雏鸡质量。自家菌苗的优点是：一是血清型对号，预防效果好；二是安全，即使1日龄雏鸡注射1毫升也无不良反应，对雏鸡的生长发育和蛋鸡、种鸡的产蛋无不良影响；三是不用冷藏运输，一般可存放于阴凉处，当然如能于4～8℃环境保

存更为理想。免疫时使用免疫促进剂：如维生素 E 300×10^{-6}，左旋咪唑 200 毫克/升；维生素 C 按 0.2%～0.5%拌饲或饮水；维生素 A 1.6 万～2 万单位饲料拌饲；电解多维按 0.1%～0.2%饮水连用 3～5 天；使用亿妙灵，可以用于细菌或细菌、病毒混合感染的治疗，提高疫苗接种免疫效果，对抗免疫抑制和协同抗生素的治疗。使用方法：预防 2000 倍，治疗 1000 倍，加水稀释，每天 1 次，1 小时内饮完，连用 3 天（预防）或 5 天（治疗）。

⑤ 预防其他疾病的发生　搞好新城疫、传染性支气管炎、传染性法氏囊病、马立克氏病、禽流感等病的免疫。还要搞好支原体病、传染性鼻炎等细菌性疾病的防控。

（2）药物防治　应选择敏感药物在发病日龄前 1～2 天进行预防性投药，或发病后进行紧急治疗。

① 青霉素类　氨苄青霉素（氨苄西林），按 0.2 克/升饮水或按 5～10毫克/千克拌料内服；或阿莫西林，按 0.2 克/升饮水。

② 头孢菌素类　头孢菌素类是以冠头孢菌培养得到的天然头孢菌素作原料，经半合成改造其侧链而得到的一类抗生素。常用的有头孢噻肟钠（头孢氨噻肟）、头孢曲松钠（头孢三嗪）、头孢哌酮钠（头孢氧哌唑或先锋必）、头孢他啶（头孢羧甲噻肟、复达欣）、头孢唑肟（头孢去甲噻肟）、头孢克肟（世伏素，FK207）、头孢甲肟（倍司特克）、头孢木诺钠、拉氧头孢钠（羟羧氧酰胺菌素、拉他头孢）。例如：先锋必 1 克/10 升水，饮水，连用 3 天，首次为 1.5 克/10 升水；八仙宝，0.5 克/升水，连用 3 天，首次量加倍。

③ 氨基糖苷类　庆大霉素，2 万～4 万单位/升饮水；卡那霉素，2 万单位/升饮水或 1 万～2 万单位/千克肌注，每日一次，连用 3 天；硫酸新霉素，0.05%饮水或 0.02%拌饲；链霉素，30～120 毫克/千克饮水，13～55 克/吨拌饲，连用 3～5 天；丁胺卡那霉素，每 100 千克水加入 8～10 克，自由饮用 4～5 天，治疗效果较好。

④ 四环素类　土霉素，按 0.1%～0.6%拌饲或 0.04%饮水，连用 3～5 天；强力霉素，0.05%～0.2%拌饲，连用 3～5 天；四环素，0.03%～0.05%拌饲，连用 3～5 天。

⑤ 酰胺醇类　氯霉素，按 0.1%～0.2%拌饲，连用 3～5 天，或按 40 毫克/千克肌注；或甲砜霉素，按 0.01%～0.02%拌饲，连用

3～5 天；或氟苯尼考，每 100 千克水加入 8～10 克，自由饮用3～4天，治疗效果较好。

⑥ 大环内酯类　红霉素，50～100 克/吨拌饲，连用 3～5 天；或泰乐菌素，0.2%～0.5%拌饲，连用 3～5 天；或泰妙菌素，125～250 克/吨饲料，连用 3～5 天。

⑦ 磺胺类　磺胺嘧啶（SD），0.2%拌饲，0.1%～0.2%饮水，连用 3 天；磺胺喹噁啉（SQ），0.05%～0.1%拌饲，0.025%～0.05%饮水，连用 2～3 天，停 2 天，再用 3 天。

⑧ 硝基呋喃类　呋喃唑酮，0.03%～0.04%混饲，0.01%～0.03%饮水，连用 3～5 天，一般不超过 7 天。

⑨ 喹诺酮类　环丙沙星、恩诺沙星、洛美沙星、氧氟沙星等，预防量 25 毫克/升，治疗量 50 毫克/升，连用 3～5 天。

（十三）鸡霍乱（FC）

鸡霍乱是一种侵害鸡和野鸡的接触性疾病，又名鸡巴氏杆菌病、鸡出血性败血症。本病常呈现败血性症状，发病率和死亡率很高，但也常出现慢性或良性经过。

【病原】多杀性巴氏杆菌是两端钝圆、中央微凸的短杆菌，不形成芽孢，也无运动性。本菌对物理和化学因素的抵抗力比较低。在培养基上保存时，至少每月移殖 2 次。在自然干燥的情况下，很快死亡；在 37℃保存的血液、猪肉及肝、脾中，分别于 6 个月、7 天及 15 天死亡；在浅层的土壤中可存活 7～8 天；在粪便中可活 14 天。普通消毒药常用浓度对本菌都有良好的消毒力，1%石炭酸、1%漂白粉、5%石灰乳、0.02%升汞液数分钟至十数分钟死亡。日光对本菌有强烈的杀菌作用，薄菌层暴露阳光 10 分钟即被杀死。热对本菌的杀菌力很强，马丁肉汤 24 小时培养物加热 60℃1 分钟即死。

【流行特点】本病一年四季均可发生，但在高温多雨的夏、秋季节以及气候多变的春季最容易发生。本病常呈散发或地方性流行，16 周龄以下的鸡一般具有较强的抵抗力。鸡霍乱造成鸡的死亡损失通常发生于产蛋鸡群，因这种年龄的鸡较幼龄鸡更为易感。但临床也曾发现 10 天发病的鸡群。自然感染鸡的死亡率通常是 0～20%或更高，经常发生产蛋下降和持续性局部感染。慢性感染鸡被认为是传染的主要来源。细菌经蛋传播很少发生。大多数家禽都可能是多杀性巴氏杆菌的带菌者，污染的笼子、饲槽等都可能传播病原。多杀性巴氏杆菌在鸡群中的传播主要是通过病鸡口腔、鼻腔和眼结膜的分泌物进行的，这些分泌物污染了环境，特别是饲料和饮水。粪便中很少含有活的多杀性巴氏杆菌。鸡群的饲养管理不良、体内寄生虫病、营养缺乏、气候突变、鸡群拥挤和通风不良等，都可使鸡对鸡霍乱的易感性提高。

【临床症状和病理变化】自然感染的潜伏期一般为2～9天，有时在引进病鸡后48小时内也会突然爆发病例。人工感染通常在24～48小时发病。由于鸡的抵抗力和病菌的致病力强弱不同，所表现的病状亦有差异。一般分为最急性、急性和慢性三种病型。

（1）最急性型　常见于流行初期，以产蛋高的鸡最常见。病鸡无前驱症状，晚间一切正常，吃得很饱，次日发病死在鸡舍内。最急性型死亡的病鸡无特殊病变，有时只能看见心外膜有少许出血点。

（2）急性型　此型最为常见。病鸡主要表现为精神沉郁，羽毛松乱，缩颈闭眼，头缩在翅下，不愿走动，离群呆立。病鸡常有腹泻，排出黄色、灰白色或绿色的稀粪。体温升高到43～44℃，减食或不食，渴欲增加。呼吸困难，口、鼻分泌物增加。鸡冠和肉髯变青紫色，有的病鸡肉髯肿胀，有热痛感，产蛋鸡停止产蛋。最后发生衰竭，昏迷而死亡，病程短的约半天，长的1～3天。急性病例病变特征：病鸡的腹膜、皮下组织及腹部脂肪常见小点出血；心包变厚，心包内积有多量不透明淡黄色液体，有的含纤维素絮状液体，心外膜、心冠脂肪出血尤为明显；肺有充血或出血点；肝脏的病变具有特征性，肝稍肿，质变脆，呈棕色或黄棕色，肝表面散布有许多灰白色、针头大的坏死点；脾脏一般不见明显变化，或稍微肿大，质地较柔软；肌胃出血显著，肠道尤其是十二指肠呈卡他性和出血性肠炎，肠内容物含有血液。

（3）慢性型　由急性型的不死鸡转变而来，多见于流行后期。以慢性肺炎、慢性呼吸道炎和慢性胃肠炎较多见。病鸡鼻孔有黏性分泌物流出，鼻窦肿大，喉头积有分泌物而影响呼吸；经常腹泻；病鸡消瘦，精神委顿，冠苍白。有些病鸡一侧或两侧肉髯显著肿大，随后可能有脓性干酪样物质，或干结、坏死、脱落。有的病鸡有关节炎，常局限于脚或翼关节和腱鞘处，表现为关节肿大、疼痛、脚趾麻痹，因而发生跛行。病程可拖至1个月以上，但生长发育和产蛋长期不能恢复。慢性型因侵害的器官不同而有差异。当呼吸道症状为主时，见到鼻腔和鼻窦内有多量黏性分泌物，某些病例见肺硬变。局限于关节炎和腱鞘炎的病例，主要见关节肿大变形，有炎性渗出物和干酪样坏死。公鸡的肉髯肿大，内有干酪样的渗出物；母鸡的卵巢明显出血，有时卵泡变形，似半煮熟样。

【诊断】根据病鸡流行病学、剖检特征、临床症状可以进行初步诊断。确诊须通过实验室诊断。取病鸡血涂片，肝脾触片经美蓝、瑞氏或姬姆萨氏染色，如见到大量两极浓染的短小杆菌，有助于诊断，进一步的诊断须经细菌的分离培养及生化反应。

注意与新城疫鉴别诊断。

【防治】

(1) 预防措施　平时严格执行鸡场兽医卫生防疫措施是防治本病的关键措施。本病的发生经常是由于一些不良的外界因素，降低了鸡体的抵抗力而引起的，如鸡群的拥挤、圈舍的潮湿、营养缺乏、寄生虫感染或其他应激因素都是本病的诱因。必须加强饲养管理，以栋舍为单位采取全进全出的饲养制度，并注意严格执行隔离卫生和消毒制度，从无病鸡场购鸡，预防本病的发生是完全有可能的。定期在饲料中加入抗菌药，每吨饲料中添加40～45克喹乙醇或杆菌肽锌，具有较好的预防作用。

(2) 发病后的措施　及时采取封闭、隔离和消毒措施，加强对鸡舍和鸡群的消毒；有条件的地方应通过药敏试验选择有效药物全群给药。磺胺类药物、氯霉素、红霉素、庆大霉素、环丙沙星、恩诺沙星、喹乙醇均有较好的疗效。土霉素或磺胺二甲基嘧啶按0.5%～1%的比例配入饲料中连用3～4天；喹乙醇0.2～0.3克/千克拌料，连用1周，或30毫克/千克体重，每天一次饲喂，连用3～4天。对病鸡按每千克体重青霉素水剂1万单位肌内注射，每天2～3次。明显病鸡采用大剂量的抗生素进行肌内注射1～2次，这对降低死亡率有显著作用。在治疗过程中，药的剂量要足，疗程合理，当鸡只死亡明显减少后，再继续投药2～3天以巩固疗效，防止复发。

【注意】由于鸡霍乱发病和流行表现的突然性（鸡霍乱为内源性感染的疾病，平时弱毒力的多杀性巴氏杆菌在鸡体内与鸡长期共存而不致病，但有时却因客观条件的改变，使鸡遭受逆境，致使多杀性巴氏杆菌毒力迅速增强，造成鸡霍乱在某一地区的爆发性流行)、鸡霍乱菌苗的防疫作用表现局限性（鸡型多杀性巴氏杆菌血清型很多，而且菌苗免疫持续时间短，使用范围小，机体反应大，致使免疫鸡群仍有发病)、鸡霍乱的死亡率累计数表现规模性等，鸡霍乱仍具有较大危害。

（十四）鸡伤寒（FT）

本病是由鸡伤寒沙门氏菌引起的鸡败血性传染病，呈急性或慢性经过。主要侵害3月龄以上的鸡，病情的急缓、发病率和死亡率的高低，因鸡群不同而有很大差异。对鸡和火鸡的危害小于鸡白痢。本病遍及世界各国。

【病原】病原为鸡伤寒沙门氏菌，为革兰氏阴性、短小、无鞭毛、无芽孢和无荚膜的杆菌，不能运动。抵抗力不强，一般消毒药物和直射阳光均能很快将其杀死。

【流行特点】主要发生于鸡和火鸡，也可感染其他鸡类，一般呈散发性。死亡率为15％～25％，有的高达50％。本病主要发生于成年鸡和3周龄以上的青年鸡，3周龄以下的雏鸡有时也发生；本病传染源主要是病鸡和带菌鸡，其粪便有大量病菌，污染土壤、饲料、饮水、用具、车辆及人员衣物等，不仅使同群鸡感染，而且广为散布。病菌主要以消化道或经眼结膜等途径感染，也能通过种蛋垂直传播。

【临床症状】潜伏期一般为4～7天。雏鸡发病时与鸡白痢相似，成鸡发病时，最急性者常无明显症状而突然死亡。急性经过者，表现精神沉郁、羽毛蓬乱、食欲消失、口渴增加、体温升高、呼吸加快、拉黄绿色水样或泡沫状粪便。有些患鸡共济失调，发病后3～5天死亡。自然发病死亡率差异较大，10％～50％或更高。慢性经过者，表现贫血、冠髯苍白皱缩（个别发紫)、食欲减少，交替出现腹泻、便秘。病程8天以后，死亡较少，多成为带菌鸡。

【病理变化】最急性病鸡死后剖检，眼观病变不明显。急性病例常见肝、脾、肾充血肿大。亚急性和慢性病例的特征性病变是肝脏肿大，充血变红，呈青铜色（暗黄绿色)，表面有灰白色坏死点；胆囊肿大，充满绿色油状胆汁；心肌表面常有灰白色坏死点，病程较长的发生心包炎、心包膜增厚和心外膜粘连；肠道呈卡他性炎症，内容物黏稠含多量胆汁；脾脏肿大，质脆易碎，呈暗紫色。母鸡卵巢中一部分正在发育的卵泡充血、变色和变性，变性的卵泡破裂引起腹膜炎、内出血而死亡。公鸡睾丸可见大小不等的坏死病灶。

【诊断】根据本病流行特点、临床表现和病理剖检变化，特别是肝、脾高度肿大，肝呈青铜色或黄绿色等特点，可以作出初步诊断。确诊需要细菌分离和鉴定，特别是雏鸡发病后较难与鸡白痢区分，更要依靠细菌学诊断。用鸡伤寒多价抗原与病鸡全血或血清做平板凝集试验，可检出阳性鸡。但由于鸡伤寒沙门氏菌与鸡白痢沙门氏菌具有共同的 O 抗原，所以检出的阳性鸡很难分清是鸡白痢还是鸡伤寒，也许两种病同时存在。本病应注意与鸡霍乱和新城疫相区别。

【防治】

（1）预防措施　加强种蛋和孵化、育雏用具的清洁和消毒。每次孵化前，孵房及所有用具要用甲醛消毒，对引进的鸡要注意隔离及检疫。加强饲养管理，鸡舍及一切用具要做好清洁消毒，料槽和饮水器每天清洗一次，并防止被鸡粪污染。

（2）发病时措施

① 发生本病时，要隔离病鸡，对濒死和死亡鸡及鸡群的排泄物要深埋或焚烧。对鸡舍、运动场和所有用具用消毒剂消毒，每日一次，连续 1 周。防止鸟、鼠等进入鸡舍。

② 根据药敏试验，选用最佳药物。一般情况下，磺胺类药物（如复方敌菌净、磺胺二甲氧嘧啶等）有良好疗效，土霉素有中等疗效。也可先用痢特灵（呋喃唑酮）拌料，每千克饲料加 0.4～0.5 克，饲喂 5 天；然后每千克饲料加氯霉素 1.0～1.5 克，使用 3～4 天。或者单用痢特灵 7 天后停 3 天，再减半剂量用 7 天，效果较好。

（十五）葡萄球菌病

鸡葡萄球菌病是由致病性葡萄球菌（金黄色葡萄球菌）引起的一种急性或慢性非接触性传染病。近年来，随着我国养鸡业的发展，本病也成为一些养鸡场的常见病之一。

【病原】典型的金黄色葡萄球菌为圆形或卵圆形，革兰氏阳性，培养物涂片常呈葡萄串状，脓液涂片呈单个或成双排列，致病性菌株的菌体稍小，各个菌体的排列和大小较为整齐。葡萄球菌的抵抗力较强，在干燥的脓汁或血液中可存活数月，加热 70℃ 1 小时、80℃ 30

分钟才能将其杀死。一般消毒药中，以3%～5%石炭酸的消毒效果较好，也可用过氧乙酸消毒。

【流行特点】葡萄球菌在自然界分布很广，在人、畜、鸡的皮肤上也经常存在。鸡对葡萄球菌较易感，主要经皮肤创伤或毛孔入侵。鸡群拥挤互相啄斗，鸡笼破旧致使铁丝刺破皮肤，患皮肤型鸡痘或其他造成皮肤破损等因素，都是引起本病的诱因。各种年龄和品种的鸡均可感染，而以1.5～3月龄的幼鸡多见，常呈急性败血症。中雏和成鸡常为慢性、局灶性感染。

本病一年四季均可发生，以雨季、潮湿季节发生较多。通常本病多为散发，但有时也迅速扩散至全群中。特别是若鸡舍卫生太差，饲养密度太大，发病率更高。

【临床症状和病理变化】

(1) 急性败血型　是本病的常见病型。多发生于中雏，除具有急性病例的一般症状外，还表现体温升高，缩头垂翅，羽毛蓬乱，胸部皮下呈紫红色或紫黑色，有波动感，破溃后流出红色液体污染周围。特别是40～60日龄的笼养肉鸡，突出的表现是翅膀、胸、腹、臀部皮下有浆液性渗出物，皮肤浮肿，有波动感，破溃后流出恶臭色液体，有些皮肤坏死、结痂，常在发病后2～3天死亡。主要病变是皮下、浆膜、黏膜水肿、充血、出血或溶血，有棕黄色或黄红色胶样浸润，特别是胸骨柄处肌肉呈弥漫隆出血斑或条纹状出血；实质脏器充血肿大，肝呈淡紫红色，有花纹斑，肝、脾有白色坏死点；输尿管有尿酸盐沉积；心冠状脂肪、腹腔脂肪、肌胃黏膜等出血水肿，心包有黄红色积液；个别病例有肠炎变化。

(2) 脐炎型　俗称“大肚脐”，是刚出壳不久雏鸡的一种病型。突出表现腹部膨大，脐孔及周围组织发炎肿胀或形成坏死灶，一般2～5天死亡；脐部肿胀膨大，呈紫红或紫黑色，有暗红色水肿液，时间稍久则为脓性干涸坏死；肝脏有出血点，卵黄吸收不全，呈黄红或黑灰色。

(3) 关节炎型　表现为多个关节发炎肿胀，特别是趾、跖关节积液，呈紫红色或紫黑色，有的破溃并结痂，跛行，喜卧，消瘦，最后衰竭死亡。病程多为10天左右，滑膜增厚，充血、出血，关节腔内有渗出液，有时含有纤维蛋白，病程长者则发生干酪样坏死。

（4）其他病型　如眼球炎、骨髓炎、耳炎、浮肿性或化脓性皮炎、腱鞘炎、胸囊肿和心内膜炎等。结膜炎或失明病例，往往在眼内有脓性或干酪样物。有的体表各部可见化脓性或坏疽性皮炎，若有鸡病混合感染时，则皮肤和眼部病变更严重。

【诊断】根据本病的流行特点（有外伤因素存在、卫生条件差、管理不善等），特征表现（败血症、皮炎、关节炎和脐炎等）及病变（皮肤、关节发炎、肿胀、化脓、坏死、结痂等）一般不难作出初步诊断。确诊则依赖于用病变部位脓汁或渗出液、血液等涂片镜检或分离培养，并进一步做生化试验、凝固酶试验、动物试验等，对病原进行鉴定。

应注意与坏疽性皮炎、病毒性关节炎、滑膜霉形体病和硒缺乏症等相区别。

【防治】

（1）预防措施　建立严格的卫生制度，减少鸡体外损的发生；饲喂全价饲料，要保证适当的维生素和矿物质；鸡舍应通风，干燥，饲养密度要合理，防止拥挤；要搞好鸡舍及鸡群周围环境的清洁卫生和消毒工作，可定期对鸡舍用0.2%次氯酸钠或0.3%过氧乙酸进行带鸡喷雾消毒。在疫区预防本病可试用葡萄球菌多价菌苗，21～24日龄雏鸡皮下注射1毫升/只（含菌60亿/毫升），半个月产生免疫力，免疫期约6个月。

（2）发病后措施

① 病鸡应隔离饲养。可从病死鸡分离出病原菌后做药敏试验，选用敏感的药物对病鸡群进行治疗；无此条件时，可选择新霉素、卡那霉素或庆大霉素进行治疗。

② 中草药治疗

处方1：黄芩、黄连叶、焦大黄、黄柏、板蓝根、茜草、大蓟、车前子、神曲、甘草各等份加水煎汤，取汁拌料，按每只每天2克生药计算，每天一剂，连用3天，对急性鸡葡萄球菌病有治疗效果。

处方2：鱼腥草、麦芽各90克，连翘、白及、地榆、茜草各45克，大黄、当归各40克，黄柏50克，知母30克，菊花80克，粉碎混匀，按每只鸡每天3.5克拌料，4天为一疗程，对鸡葡萄球菌病有很好的治疗效果。

(十六)慢性呼吸道病(CRD)

慢性呼吸道病是由鸡毒支原体感染引起鸡呼吸道症状的一种疾病。其特征是病程长，病理变化发展慢，是危害蛋鸡业的常见病。

【病原】鸡毒支原体属支原体科支原体属，革兰氏染色阴性。鸡毒支原体对环境抵抗力低。一般消毒药物均能将它迅速杀死，但对青霉素有抵抗力。其在水中立刻死亡；在20℃的鸡粪内可生存1～3天；在卵黄内37℃能生存18周，20℃存活6周，在45℃中经12～14小时死亡；液体培养物在4℃中不超过1个月，在－30℃中可保存1～2年，在－60℃中可生存多年。但各个分离株保存时间极不一致，有的分离株远远达不到这么长的时间。

【流行特点】

(1)本病主要感染鸡和火鸡，鸡以4～8周龄最易感，纯种鸡较杂交鸡严重，成年鸡常为隐性感染；一年四季均可发生，但以寒冷的季节流行较严重。本病在我国的鸡场普遍存在，感染率达20%～70%，病死率的高低决定于管理条件和有否继发感染，一般达20%～30%。本病的危害还在于使病鸡生长发育不良，成年鸡的产蛋量减少，饲料的利用率下降。

(2)本病的传播方式有水平传播和垂直传播，水平传播是病鸡通过咳嗽、喷嚏或排泄物污染空气，经呼吸道传染，也能通过饲料或水源由消化道传染，也可经交配传播。垂直传播是由隐性或慢性感染的种鸡经卵传递给后代，这种垂直传播可造成本病代代相传。隐性或慢性感染的种鸡所产的带菌蛋，可使14～21日龄的胚胎死亡或孵出弱雏，这种弱雏因带病原体又能引起水平传播。

(3)本病在鸡群中流行缓慢，仅在新疫区表现急性经过，当鸡群遭到其他病原体感染或寄生虫侵袭时，以及影响鸡体抵抗力降低的应激因素如预防接种、卫生不良、鸡群过分拥挤、营养不良、气候突变等均可促使或加剧本病的发生和流行，带有本病病原体的幼雏，用气雾或滴鼻的途径免疫时，能诱发致病。若用带有病原体的鸡胚制作疫苗时，则能造成疫苗的污染。

【临床症状和病理变化】本病的潜伏期，人工感染约4～21天，自然感染可能更长。病鸡先是流稀薄或黏稠鼻液，打喷嚏，鼻孔周围和颈部羽毛常被沾污。其后炎症蔓延到下呼吸道即出现咳嗽，呼吸困难，呼吸有气管啰音等症状。病鸡食欲不振，体重减轻消瘦。到了后期，如果鼻腔和眶下窦中蓄积渗出物，就引起眼睑和眶下窦肿胀、发硬，眼部突出如肿瘤状。眼球受到压迫，发生萎缩和造成失明，可以侵害一侧眼睛，也可能两侧。同时发生病鸡食欲不振，体重减轻。母鸡常产出软壳蛋，同时产蛋率和孵化率下降，后期常蹲伏一隅，不愿走动。公鸡的症状常较明显。本病在成年鸡多呈散发，幼鸡群则往往大批流行，特别是冬季最严重。

肉眼可见的病变主要是鼻腔、气管、支气管和气囊中有渗出物，气管黏膜常增厚。胸部和腹部气囊变化明显，早期为气囊轻度混浊、水肿，表面有增生的结节病灶，外观呈念珠状。随着病情的发展，气囊增厚，囊腔内有大量干酪样渗出物，有时能见到一定程度的肺炎病变。在严重的慢性病例，眶下窦黏膜发炎，窦腔中积有混浊黏液或干酪样渗出物，炎症蔓延到眼睛，往往可见一侧或两侧眼部肿大，眼球破坏，剥开眼结膜可以挤出灰黄色的干酪样物质。病鸡严重者常发生纤维性或纤维素性化脓性心包炎、肝周炎和气囊炎，此时经常可以分离到大肠杆菌。出现关节症状时，尤其是跗关节，关节周围组织水肿，关节液增多，开始时清亮而后混浊，最后呈奶油状黏稠度。

【诊断】根据流行病学、临床症状和病理变化可以做出初步诊断。要确诊必须做病原分离鉴定和血清学试验。

临床上注意和鸡流感、传染性鼻炎、传染性支气管炎、传染性喉气管炎、黏膜性鸡痘以及维生素缺乏症等相区别。

【防治】

（1）预防措施

① 建立无支原体病的种鸡群　加强对种鸡场和种鸡群的严格管理，如定期检疫、定期消毒、定期投药和隔离饲养等。要从确定无本病的种鸡场和孵化场引种。

② 加强饲养管理　鸡舍环境要清洁卫生，经常清扫、消毒，保持适宜温湿度和新鲜的空气，避免氨气、硫化氢等有害气体超标，及时接种疫苗，预防其他呼吸道疾病的发生。搞好局部免疫和呼吸道黏膜的保护，提高局部抵抗力。保持饲料营养全面平衡，使用抗应激添加剂，减少和避免应激发生。

③ 疫苗接种　1～3 日龄用敏感药物防止鸡群感染，15 日龄用弱

毒苗免疫，可以使鸡群得到良好的保护。种鸡群在弱毒苗免疫的基础上在产蛋前注射油乳剂灭活苗，可以大大减少经蛋的传播。

（2）发病后措施　链霉素、土霉素、泰乐菌素、壮观霉素、林可霉素、四环素、红霉素治疗本病都有一定疗效。罗红霉素、链霉素的剂量在成年鸡为每只肌内注射 20 万单位；5～6 周龄幼鸡为 5 万～8 万单位。早期治疗效果很好，2～3 天即可痊愈。土霉素和四环素的用量，一般为肌内注射 10 万单位/千克体重；大群治疗时，可在饲料中添加土霉素 0.4%（每千克饲料添加 2～4 克），充分混合，连喂 1 周。支原净饮水含量为 120～150 毫克/升。氟哌酸对本病也有疗效。注意有些鸡支原体菌株对链霉素和红霉素具有耐药性。此外，本病的药物治疗效果与有无并发感染的关系很大，病鸡如果同时并发其他病毒病（例如传染性喉气管炎），疗效不明显。

使用中药方剂治疗：麻黄、杏仁、石膏、桔梗、黄芩、连翘、金荞麦根、牛蒡子、穿心莲、干草，共研细末，混匀拌料，每只按每天 0.5～1 克，连续使用 5～6 天，效果良好。

（十七）传染性鼻炎（IC）

传染性鼻炎是由鸡嗜血杆菌和副鸡嗜血杆菌所引起的鸡的急性呼吸系统疾病。主要症状为流鼻涕，脸部肿胀和打喷嚏。

【病原】鸡嗜血杆菌和副鸡嗜血杆菌为呈多形性、革兰氏阴性的小球杆菌，两极染色，不形成芽孢，无荚膜，无鞭毛，不能运动。本菌的抵抗力很弱，培养基上的细菌在 4℃时能存活 2 周，在自然环境中数小时即死。对热及消毒药也很敏感，在 45℃存活不超过 6 分钟，在真空冻干条件下可以保存 10 年。

【流行特点】

（1）本病发生于各种年龄的鸡，老龄鸡感染较为严重。4 周龄至 3 年的鸡易感。在较老的鸡中，潜伏期较短，而病程长。本病发病率虽高，但死亡率较低，尤其是在流行的早、中期鸡群很少有死鸡出现。在鸡群恢复阶段，死淘增加，但不见死亡高峰。这部分死淘鸡多属继发感染所致。本病可使产蛋鸡产蛋率显著下降，育成鸡生长停滞。

（2）病鸡及隐性带菌鸡是传染源，而慢性病鸡及隐性带菌鸡是鸡群中发生本病的重要原因。其传播途径主要以飞沫及尘埃经呼吸传染，但也可通过污染的饲料和饮水经消化道传染。

（3）本病的发生与一些能使机体抵抗力下降的诱因密切相关。如鸡群拥挤，不同年龄的鸡混群饲养，通风不良，鸡舍内闷热或鸡舍寒冷潮湿，氨气浓度大，缺乏维生素A，受寄生虫侵袭等，都能促使鸡群严重发病。鸡群接种鸡痘疫苗引起的全身反应，也常常是传染性鼻炎的诱因。本病多发于秋冬季，这可能与气候和饲养管理条件有关。

【临床症状和病理变化】疾病的损害在鼻腔和鼻窦，发生炎症者常仅表现鼻腔流稀薄清液，常不令人注意。一般常见症状为鼻孔先流出清液以后转为浆液性分泌物，有时打喷嚏。脸肿胀或显示水肿；眼结膜炎，眼睑肿胀。食欲及饮水减少，或有下痢，体重减轻。病鸡精神沉郁，面部浮肿，缩头，呆立。仔鸡生长不良，成年母鸡产卵减少；公鸡肉髯常见肿大。如炎症蔓延至下呼吸道，则呼吸困难，病鸡常摇头欲将呼吸道内的黏液排出，并有啰音。咽喉亦可积有分泌物的凝块。最后常窒息而死。

病理剖检变化也比较复杂多样，有的死鸡具有一种疾病的主要病理变化，有的鸡则兼有2～3种疾病的病理变化特征。具体来说，在本病流行中由于继发症致死的鸡中常见鸡慢性呼吸道疾病、鸡大肠杆菌病、鸡白痢等。病死鸡多瘦弱，不产蛋；育成鸡主要病变为鼻腔和窦黏膜呈急性卡他性炎症，黏膜充血肿胀，表面覆有大量黏液，窦内有渗出物凝块，后成为干酪样坏死物。常见卡他性结膜炎，结膜充血肿胀。脸部及肉髯皮下水肿。严重时可见气管黏膜炎症，偶有肺炎及气囊炎。

【诊断】根据典型的病史、临床症状和病理变化可首先怀疑本病。确诊必须进行细菌的分离培养、鉴定、血清学试验和动物接种。

【防治】

（1）预防措施

① 加强饲养管理　改善鸡舍通风条件，保持适宜的密度，做好鸡舍内外的兽医卫生消毒工作和病毒性呼吸道疾病的防治工作，提高鸡只抵抗力；鸡场内每栋鸡舍应做到全进全出，禁止不同日龄的鸡混养。清舍之后要彻底进行消毒，空舍一定时间后方可让新鸡群进入。

② 免疫接种　使用传染性鼻炎油佐剂灭活苗免疫接种，30～40日龄首免，每只鸡0.3毫升；18～19周第二次免疫，每只鸡0.5毫

升。污染鸡群免疫时要使用5～7天抗生素，以防带菌鸡发病。

（2）发病后措施　发病后及早使用药物治疗，磺胺类药物和抗生素效果良好。当鸡群食欲尚好时，可投服易吸收的磺胺类药物和抗生素。如饲料中添加0.05%～0.1%的复方磺胺嘧啶，连用5天；当采食少时，可采用饮水或注射给药，可用链霉素（成鸡每只15万～20万国际单位）、庆大霉素（每只2000～3000国际单位）等连用3天。治疗本病应注意：

① 多种磺胺和抗生素类药物对本病都有疗效，但只能减轻病的症状和缩短病程，而不能消除带菌状态。

② 饮水比拌料的效果好，用药的同时补充一定量的维生素A、维生素D及维生素E效果更好；当有霉形体、葡萄球菌合并感染时，必须同时使用泰乐菌素和青霉素才有效；为防止耐药菌株的产生，可并用两种药物；在不引起中毒的前提下，用药剂量要足，并要连续用够一个疗程；早期用药效果好，而且可避免对产蛋鸡造成卵巢感染。

③ 国外已研制出预防本病的灭活菌苗和弱毒菌苗。但因其免疫效果差、免疫期短（2～3个月），故需连续进行2～3次菌苗接种，以后每3个月进行1次。免疫过的鸡群也只有80%的保护率。因此，防治本病主要靠综合防治措施，重点改善饲养管理，多喂一些含维生素A的饲料。

（十八）鸡曲霉菌病

鸡曲霉菌病是由曲霉菌属中的多种曲霉菌引起的幼鸡的一种疾病，多发且呈急性群发性，发病率和死亡率都很高，成鸡则为散发。

【病原】病原主要是烟曲霉，其次是黑曲霉、黄曲霉和土曲霉。偶尔可见青霉菌、白霉菌等。致病性最强的是烟曲霉。曲霉菌在自然界适应能力很强，一般冷、热、干、湿的条件下均不能破坏其孢子的生活能力，煮沸5分钟才能杀死，一般的消毒药须经1～3小时才能灭活。

【流行特点】胚胎期及6周龄以下的雏鸡比成年鸡易感，4～12日龄最为易感，幼雏常呈急性爆发，发病率很高，死亡率一般在10%～50%之间，成年鸡仅为散发，多为慢性。本病可通过多种途径而感染：曲霉菌可穿透蛋壳进入蛋内，引起胚胎死亡或雏鸡感染；此外，也可通过呼吸道吸入或通过肌内注射、静脉注射、眼睛接种、气雾、阉割伤口等感染本病。曲霉菌经常存在于垫料和饲料中，在适宜条件下大量生长繁殖，形成曲霉菌孢子，若严重污染环境与种蛋，可造成曲霉菌病的发生。

【临床症状和病理变化】幼鸡发病多呈急性经过，病鸡表现呼吸困难，张口呼吸，喘气，有浆液性鼻漏。食欲减退，饮欲增加，精神委顿，嗜睡。羽毛松乱，缩颈垂翅。后期病鸡迅速消瘦，发生下痢。若病原侵害眼睛，可能出现一侧或两侧眼睛发生灰白色混浊，也可能引起一侧眼肿胀，结膜囊有干酪样物。若食道黏膜受损，则吞咽困难。少数鸡由于病原侵害脑组织，引起共济失调、角弓反张、麻痹等神经症状。一般发病后2～7天死亡，慢性者可达2周以上，死亡率一般为5%～50%。若曲霉菌污染种蛋及孵化后，常造成孵化率下降，胚胎大批死亡。成年鸡多呈慢性经过，引起产蛋下降，病程有的拖延数周，死亡率不定。

病理变化主要在肺和气囊上，肺脏可见散在的粟粒，大至绿豆大小的黄白色或灰白色结节，质地较硬，有时气囊壁上可见大小不等的干酪样结节或斑块。随着病程的发展，气囊壁明显增厚，干酪样斑块增多、增大，有的融合在一起。后期病例可见在干酪样斑块上以及气囊壁上形成灰绿色霉菌斑。严重病例的腹腔、浆膜、肝或其他部位表面有结节或圆形灰绿色斑块。

【诊断】根据发病特点（饲料、垫草的严重污染发霉，幼鸡多发且呈急性经过）、临床特征（呼吸困难）、剖检病理变化（在肺、气囊等部位可见灰白色结节或霉菌斑块）等，作出初步诊断。确诊必须进行微生物学检查和病原分离鉴定。

【防治】

（1）预防措施　应防止饲料和垫料发霉，使用清洁、干燥的垫料和无霉菌污染的饲料，避免鸡类接触发霉堆放物，改善鸡舍通风和控制湿度，减少空气中霉菌孢子的含量。为了防止种蛋被污染，应及时收蛋，保持蛋库与蛋箱卫生。

（2）发病后的措施

① 隔离消毒　及时隔离病雏，清除污染霉菌的饲料与垫料，清扫鸡舍，喷洒1∶2000的硫酸铜溶液，换上不发霉的垫料。严重病例扑杀淘汰，轻症者可用1∶2000或1∶3000的硫酸铜溶液饮水，连用

3～4 天，可以减少新病例的发生，有效地控制本病的继续蔓延。

② 药物治疗　制霉菌素，成鸡 15～20 毫升，雏鸡 3～5 毫克，混于饲料喂服 3～5 天，有一定疗效。病鸡用碘化钾口服治疗，每升水加碘化钾 5～10 克，具有一定疗效。也可利用如下中草药方剂治疗：

方剂 1：金银花、连翘、莱菔子（炒）各 30 克，丹皮、黄芩各 15 克，柴胡 18 克，桑白皮、枇杷叶、甘草各 12 克，水煎取汁 1000 毫升，为 500 只鸡的一日量，每日分 4 次拌料喂服，每天 1 剂，连用 4 剂，治疗鸡曲霉菌病效果显著。

方剂 2：桔梗 250 克，蒲公英、鱼腥草、苏叶各 500 克，水煎取汁，为 1000 只鸡的用量，用药液拌料喂服，每天 2 次，连用 1 周。

另在饮水中加 0.1%高锰酸钾，对曲霉菌病鸡用药 3 天后，病鸡群停止死亡，用药 1 周后痊愈。

（十九）链球菌病

鸡链球菌病是由一定血清型的链球菌引起的急性或慢性传染病，又称嗜眠症。一般认为鸡链球菌病是继发性、散发性的。该病在世界各地均有发生，死亡率在 0.5%～50%不等。

【病原】病原主要是 C 群链球菌中的兽疫链球菌和 D 群链球菌中的粪链球菌及肠球菌等。本菌抵抗力较弱，对热和一般消毒药较敏感。

【流行特点】各种家鸡均可感染，而且不分年龄、品种，也无明显季节性。鸡是链球菌的天然宿主，病鸡是主要的传染源，病愈鸡可长期带菌。通过消化道、呼吸道或接触感染。鸡扁虱也可能成为病原体的传播者。有人认为此病的发生，是因饲养管理不当或其他因素，使机体抵抗力下降，致使存在于上述部位的链球菌毒力增强所致。

【临床症状和病理变化】急性病例仅见几分钟的抽搐，无明显的临床症状。病程较长者，可出现高热和下痢，常有麻痹现象，急性病例死亡率可达 50%；慢性病例见食欲减少，羽毛蓬松，头藏于翅下，闭眼，昏迷，呼吸困难，有时高度昏睡，冠及肉髯苍白。持续性下痢，很快消瘦，并出现腹膜炎、输卵管炎，产卵停止。慢性者死亡率较低。

皮下、全身浆膜水肿、出血，心包、腹腔有浆液性出血性或纤维素性炎症。肺充血出血，脾、肾肿大而出血。肝脏脂肪变性并有坏死灶。输卵管炎、卵黄性腹膜炎或出血性肠炎。有些病例还可见到关节炎、肝周炎，慢性病例主要变化为肠炎、心内膜炎等。

【诊断】主要依靠实验室显微镜检查和细菌分离鉴定。同时应注意与鸡白痢、大肠杆菌病和慢性鸡霍乱的区别，其鉴别方法主要也是病原学的诊断。

【防治】

(1) 预防措施　注意改善饲养管理，增强鸡的体质，加强卫生、消毒制度，出现病鸡及时隔离。

(2) 发病后措施　可用土霉素或四环素按0.04%～0.08%拌料，连喂3～5天；或用磺胺嘧啶按0.2%～0.4%拌料，连用3天；或用青霉素，每只鸡1万～5万单位饮水，连用3～5天。急性病例效果较好，慢性病例则疗效较差，建议淘汰处理。

(二十) 铜绿假单胞菌病

铜绿假单胞菌病是由铜绿假单胞菌引起雏鸡的一种急性败血性疾病。多见雏鸡发病，发病率和死亡率都很高，对雏鸡造成极大的危害。近年来，随着养鸡业的不断发展，鸡的铜绿假单胞菌病也经常发生。

【病原】铜绿假单胞菌是一种能运动的革兰氏阴性杆菌，单在或成双，有时呈短链。本菌可分解葡萄糖、木糖等产酸，过氧化氢酶阳性，氧化酶阳性，需氧。

【流行特点】铜绿假单胞菌在自然界中分布广泛，土壤、水、肠内容物、体表等处都存在。本病主要感染1周内的雏鸡。近年来我国部分鸡场流行，主要是由于注射马立克氏病疫苗而感染铜绿假单胞菌所致。当气温升高，或再经过长途运输，会降低雏鸡机体的抵抗力，从而会导致雏鸡发病而且死亡快。

【临床症状和病理变化】本病的病程比较短，病鸡临床表现多呈急性经过，精神沉郁，饮食废绝，体温升高达43℃，腹部膨胀，手压软而无弹性，拉白色、绿色或褐色稀便，肛门水肿外翻，其周围被粪便污染，被毛蓬乱，闭目站立不稳，死亡率可达70%～90%以上。

病死雏鸡，皮下特别是头部周围皮下有浆液浸润，肝轻度肿大，包膜下有小坏死灶，心包混浊肥厚，外膜有纤维素性渗出物，肾脏肿大，淤血；卡他性出血性肠炎，肠黏液增多，或混有血液；关节肿大，关节液混浊增多。

【诊断】雏鸡患铜绿假单胞菌病，往往发生在注射MD疫苗后的当天深夜或第二天；发病急，且死亡率高，可根据疫病的流行病学特点、症状和病理变化作出初步诊断。确诊必须借助于细菌分离鉴定。

【防治】

(1) 预防措施　搞好孵化的消毒卫生工作。孵化用的种蛋在孵化之前可用福尔马林熏蒸后再入孵。对孵出的雏鸡进行MD疫苗注射，一定要注意针头的消毒卫生，避免通过注射感染发病。

(2) 发病后措施　一旦爆发本病，选用高敏药物，如庆大霉素、妥布霉素、新霉素、多黏菌素、丁胺卡那霉素进行紧急注射或饮水治疗，可很快控制疫情。

(二十一) 鸡弧菌性炎

鸡弧菌性炎是由弧菌所引起的青年鸡和产蛋鸡一种急性或慢性传染病，往往症状不明显，病程较长，感染率高，死亡率低，常被忽视，但影响生长和产蛋。

【病原】病原是一种尚未正式命名的弧菌，革兰氏阴性。对外界环境有一定抵抗力，在污染环境中可存活15～60天。对链霉素、痢特灵及土霉素等敏感，对青霉素及氯霉素有耐药性。

【流行病学】在自然情况下，只有鸡易感，多见于开产前后的鸡。病鸡和带菌鸡是主要传染源，通过其粪便污染饲料、饮水、用具等而经口感染健康鸡，多为散发或地方流行性。饲养管理不良、应激、球虫病以及滥用抗生素药物而使肠道内正常菌群失调等，都是发生本病的诱因。

【临床症状和病理变化】人工感染潜伏期5～14天。自然感染无典型症状，并可能长期无症状，在鸡群中缓慢发生，持续很久，当受应激因素影响时可出现症状，表现精神沉郁，羽毛无光，鸡冠皱缩带有皮屑。水泻带泡沫，粪便呈黄灰色，消瘦。体温升高，不食、喜饮。开产期推迟或产蛋减少。有时见到很肥的鸡死于急性感染。康复鸡仍可带菌并向外排菌。

病变主要在肝脏，但仅在一部分鸡出现，而且病变多见于急性病例，肝肿大、发黄、质脆，表面有较多星芒状或菜花样黄白或灰白色坏死灶；有的肝脏充血肿大，肝局部破裂，在肝膜下形成血囊或直接导致肝出血；还有的肝脏大小及颜色无变化，仅表面散布有出血斑。慢性病例肝脏发生萎缩。雏鸡病变主要是肝脏小点状坏死和卡他性出血性肠炎。心脏松软灰白，有大面积病变，心包大量积液。个别脾肿大。

【诊断】对本病一般根据流行病学、症状和病变可作出现场初步诊断。确诊则须进行实验室检验。

【防治】

（1）预防措施　搞好饲养管理，控制好其他疾病；保持环境适宜，保持环境和用具清洁卫生；供给充足的营养，增强鸡的抵抗力。

（2）发病后措施　呋喃唑酮0.04%拌料，连用3天，然后减半，再用7天；将重病鸡挑出，每只肌注链霉素5万～10万单位，每日两次，连用3天，再用0.04%痢特灵拌料，连用5～7天；土霉素每千克饲料2克，连用3～5天，然后减半，再用5天。

二、寄生虫病

（一）鸡球虫病

鸡球虫病是一种或多种球虫寄生于鸡肠道黏膜上皮细胞内引起的一种急性流行性原虫病，是鸡常见且危害十分严重的寄生虫病，它造成的经济损失是惊人的。雏鸡的发病率和致死率均较高。病愈的雏鸡生长受阻，增重缓慢；成年鸡多为带虫者，但增重和产蛋能力降低。

【病原】病原为原虫中的艾美耳科艾美耳属球虫。我国已发现9个种，即柔嫩艾美耳球虫、毒害艾美耳球虫、巨型艾美耳球虫、堆型艾美耳球虫、和缓艾美耳球虫、哈氏艾美耳球虫、早熟艾美耳球虫、布氏艾美耳球虫、变位艾美耳球虫。前两种的致病力较强。

球虫虫卵的抵抗力较强，在外界环境中一般的消毒剂不易破坏，在土壤中可保持生活力达4～9个月，在有树荫的地方可达15～18个月。卵囊对高温和干燥的抵抗力较弱。当相对湿度为21%～33%时，柔嫩艾美耳球虫的卵囊在18～40℃温度下，经1～5天就死亡。

【流行特点】粪便排出的卵囊，在适宜的温度和湿度条件下，约经1～2天发育成感染性卵囊。这种卵囊被鸡吃了以后，子孢子游离出来，钻入肠上皮细胞内发育成裂殖子、配子、合子。合子周围形成一层被膜，被排出体外。鸡球虫在肠上皮细胞内不断进行有性和无性生殖，使上皮细胞遭受到严重破坏，引起发病。各个品种的鸡均有易感性，15～50日龄的鸡发病率和致死率都较高，成年鸡对球虫有一定的抵抗力。11～13日龄内的雏鸡因有母源抗体保护，极少发病。病鸡是主要传染源，苍蝇、甲虫、蟑螂、鼠类和野鸟都可以成为机械传播媒介。凡被带虫鸡污染过的饲料、饮水、土壤和用具等，都有卵囊存在。鸡吃了感染性卵囊就会爆发球虫病。

饲养管理条件不良，鸡舍潮湿、拥挤，卫生条件恶劣时，最易发病。在潮湿多雨、气温较高的梅雨季节易爆发球虫病。

【临床症状和病理变化】病鸡精神沉郁，羽毛蓬松，头卷缩，食欲减退，嗉囊内充满液体，鸡冠和可视黏膜贫血、苍白，逐渐消瘦。病鸡常排红色胡萝卜样粪便，若感染柔嫩艾美耳球虫，开始时粪便为咖啡色，以后变为完全的血粪，如不及时采取措施，致死率可达50%以上。若多种球虫混合感染，粪便中带血液，并含有大量脱落的肠黏膜。

病鸡内脏变化主要发生在肠管，病变部位和程度与球虫的种类有关。柔嫩艾美耳球虫主要侵害盲肠，两支盲肠显著肿大，可为正常的3～5倍，肠腔中充满凝固的或新鲜的暗红色血液，盲肠上皮变厚，有严重的糜烂。毒害艾美耳球虫损害小肠中段，使肠壁扩张、增厚，有严重的坏死。在裂殖体繁殖的部位，有明显的白色斑点，黏膜上有许多小出血点。肠管中有凝固的血液或有胡萝卜色胶冻样内容物。巨型艾美耳球虫损害小肠中段，可使肠管扩张，肠壁增厚；内容物黏稠，呈淡灰色、淡褐色或淡红色。堆型艾美耳球虫多在上皮表层发育，并且同一发育阶段的虫体常聚集在一起，在被损害的肠段出现大量白色斑点。哈氏艾美耳球虫损害小肠前段，肠壁上出现针头大小的出血点，黏膜有严重的出血。若多种球虫混合感染，则肠管粗大，肠黏膜上有大量的出血点，肠管中有大量的带有脱落的肠上皮细胞的紫黑色血液。

【诊断】生前用饱和盐水漂浮法或粪便涂片查到球虫卵囊，或死后取肠黏膜触片或刮取肠黏膜涂片查到裂殖体、裂殖子或配子体，均可确诊为球虫感染。由于鸡的带虫现象极为普遍，因此，是不是由球虫引起的发病和死亡，应根据临诊症状、流行病学资料、病理剖检情况和病原检查结果进行综合判断。

【防治】

（1）预防措施　保持鸡舍干燥、通风和鸡场卫生，定期清除粪便，堆积发酵以杀灭卵囊。保持饲料、饮水清洁，笼具、料槽、水槽定期消毒，一般每周一次，可用沸水、热蒸汽或3％～5％热碱水等处理。据报道：用球杀灵和1∶200的农乐溶液消毒鸡场及运动场，均对球虫卵囊有强大杀灭作用。每千克日粮中添加0.25～0.5毫克硒可增强鸡对球虫的抵抗力。补充足够的维生素K和给予3～7倍推荐量的维生素A可促进鸡患球虫病后的康复。成鸡与雏鸡分开喂养，以免带虫的成年鸡散播病原导致雏鸡爆发球虫病。

（2）药物防治　迄今为止，国内外对鸡球虫病的防治主要是依靠药物。使用的药物有化学合成药物和抗生素两大类，从1936年首次出现专用抗球虫药以来，已报道的抗球虫药达40余种，现今广泛使用的有20种。我国养鸡生产上使用的抗球虫药品种，包括进口的和国产的，有十多种。球虫病的预防用药程序是：雏鸡从13～15日龄开始，在饲料或饮水中加入预防用量的抗球虫药物，一直用到上笼后2～3周停止，选择3～5种药物交替使用，效果良好。常用的药物如下：

① 氯苯胍　预防按30～33毫克/千克浓度混饲，连用1～2个月，治疗按60～66毫克/千克混饲3～7天，后改预防量予以控制。

② 磺胺类药

a. 磺胺喹噁啉（SQ），预防按150～250毫克/千克浓度混饲或按50～100毫克/千克浓度饮水；治疗按500～1000毫克/千克浓度混饲或250～500毫克/千克饮水，连用3天，停药2天，再用3天。16周龄以上鸡限用。与氨丙啉合用有增效作用。

b. 磺胺间二甲氧嘧啶（SDM），预防按125～250毫克/千克浓度混饲，16周龄以下鸡可连续使用；治疗按1000～2000毫克/千克浓度混饲或按500～600毫克/千克饮水，连用5～6天，或连用3天，停药2天，再用3天。

c. 磺胺间六甲氧嘧啶（SMM，DS-36，制菌磺），预防浓度为100～200毫克/千克混饲；治疗按100～2000毫克/千克浓度混饲或600～1200毫克/千克饮水，连用4～7天。与乙胺嘧啶合用有增效作用。对治疗已发生感染的优于其他药物，故常用于球虫病的治疗。

③ 氯羟吡啶（可球粉，可爱丹） 混饲预防浓度为125～150毫克/千克，治疗量加倍。育雏期连续给药。

④ 氨丙啉 可混饲或饮水给药。预防浓度为100～125毫克/千克混饲，连用2～4周；治疗浓度为250毫克/千克混饲，连用1～2周，然后减半，连用2～4周。应用本药期间，应控制每千克饲料中维生素B_1的含量以不超过10毫克为宜，以免降低药效。

⑤ 硝苯酰胺（球痢灵） 预防浓度为125毫克/千克混饲，治疗浓度为250～300毫克/千克混饲，连用3～5天。

⑥ 莫能霉素 预防按80～125毫克/千克浓度混饲连用。与盐霉素合用有累加作用。

⑦ 盐霉素（球虫粉，优素精） 预防按60～70毫克/千克浓度混饲连用。

⑧ 马杜拉霉素（抗球王、杜球、加福） 预防按5～6毫克/千克浓度混饲连用。

⑨ 常山酮（速丹） 预防按3毫克/千克浓度混饲，连用至蛋鸡上笼；治疗用6毫克/千克混饲，连用1周，后改用预防量。

另外，主要作预防用药的有杀球灵，按1毫克/千克浓度混饲连用；百球清按25～30毫克/千克浓度饮水，连用2天；尼卡巴嗪，预防浓度为100～125毫克/千克混饲，育雏期可连续给药。

（3）免疫预防 资料表明，应用鸡胚传代致弱的虫株或早熟选育的致弱虫株给鸡免疫接种，可使鸡对球虫病产生较好的预防效果。也有人利用强毒株球虫采用少量多次感染的滴口免疫法给鸡接种，可使鸡获得坚强的免疫力，但此法使用的是强毒球虫，易造成病原散播，生产中应慎用。此外，有关球虫疫苗的保存、运输、免疫时机、免疫剂量、免疫保护性和疫苗安全性等诸多问题，均有待进一步研究。

（二）鸡住白细胞原虫病

鸡住白细胞原虫病（鸡白冠病、鸡出血性病）是血孢子虫亚目的住白细胞原虫引起的急性或慢性血孢子虫病。本病多发生在炎热地区或炎热季节，常呈地方性流行，对雏鸡危害严重，常引起大批死亡。

【病原】鸡住白细胞原虫分为卡氏住白细胞原虫、沙氏住白细胞原虫和休氏住白细胞原虫3种，我国已发现了前2种。卡氏住白细胞原虫是毒力最强、危害最严重的一种。住白细胞原虫寄生于鸡的红细胞、白细胞等组织细胞中。卡氏住白细胞原虫的发育需要库蠓参加。成熟的卵囊内含有许多子孢子，聚集在库蠓的唾液腺内，库蠓吸鸡血时，便可传染给鸡。

【流行特点】本病的发生有明显的季节性，北京地区一般在7～9月份发生流行。3～6周龄的雏鸡发病率高，死亡率可达到10％～30％。产蛋鸡的死亡率是5％～10％。前一年曾感染过的大鸡有一定的免疫力，一般无症状，也不会死亡。但未感染过此病的鸡会发病，出现贫血，产蛋率明显下降，甚至停产。

【临床症状和病理变化】病雏伏地不动，食欲消失，鸡冠苍白。拉稀，粪便青绿色。脚软或轻瘫。产蛋鸡产蛋减少或停产，病程可长达1个月。

病死鸡口流鲜血，冠白，全身性出血（皮下、胸肌、腿肌有出血点或出血斑，各内脏器官广泛出血，消化道也可见到出血斑点），肌肉及某些内脏器官有白色小结节，骨髓变黄。

【诊断】根据发生季节、症状和病理变化可以初步作出诊断。确诊需要进行实验室检查。用血液和肝脏制成涂片，经瑞氏或姬姆萨氏染色，显微镜检查，可以见到一些血细胞内含有住白细胞原虫的配子体，这些细胞形态改变；肝、脑组织的病理切片常发现巨型裂殖体或小的裂殖体。

【防治】

（1）预防措施

① 杀灭媒介昆虫　杀灭媒介昆虫是预防本病的重要环节。库蠓的幼虫生活于水质较为干净的流动水沟或水田中，而不是在污水及粪便中，因此较难针对库蠓幼虫采取有效杀灭措施，但可用杀虫剂消灭鸡舍内及周围环境中的库蠓成虫。在6～10月份流行季节对鸡舍内外喷药消毒，如用0.03％蝇毒磷进行喷雾杀虫。也可先喷洒0.05％除虫菊酯，再喷洒0.05％百毒杀，既能抑杀病原微生物，又能杀灭库蠓等有害昆虫。消毒时间一般选在傍晚6:00～8:00，因为库蠓在这一段时间最为活跃。如鸡舍靠近池塘，屋前、屋后杂草矮树较多，且通风不良时，库蠓繁殖较快，因此建议在6月份之前在鸡舍周围喷洒草甘膦除草，或铲除鸡舍周围杂草。同时要加强鸡舍通风。

② 防止库蠓进入鸡舍　鸡舍门可安装门帘，窗户和进气口安装纱。纱窗上喷洒6%～7%马拉硫磷或5%DDT等药物，可杀灭库蠓等吸血昆虫，经处理过的纱窗能连续杀死库蠓3周以上。

③ 药物预防　鸡住白细胞原虫的发育史为22～27天，因此可在发病季节前1个月左右，开始用有效药物进行预防，一般每隔5天，投药5天，坚持3～5个疗程，这样比发病后再治疗能起到事半功倍的效果。常用有效药物有：复方泰灭净30～50毫克/千克混饲；痢特灵粉100毫克/千克拌料；乙胺嘧啶1毫克/千克混饲；磺胺喹噁啉50毫克/千克混饲或混水；可爱丹125毫克/千克混饲。

④ 疫苗　将含有第二代裂殖体的器官用福尔马林灭活制作疫苗，在2周龄和4周龄分别皮下接种0.25毫升和0.5毫升，可有效保护子孢子的攻击。不过疫苗预防仍在探索中。

⑤ 增强鸡体抵抗力　做好防暑降温工作，加强鸡舍的通风换气，降低饲养密度；适当提高饲料的营养浓度，增加维生素、动物性蛋白饲料的用量，保持较好的适口性；添加抗应激剂；做好夏季易发生的传染病和其他寄生虫病的综合防治。

（2）发病后措施

① 常用的治疗药物　复方泰灭净，按100毫克/千克混水或按500毫克/千克混料，连用5～7天；或血虫净，按100毫克/千克混水，连用5天，有效率100%，治愈率99.6%；或克球粉，按250毫克/千克混料，连用5天；或氯苯胍，按66毫克/千克混料，连用3～5天；或中药卡白灵，1%混料连喂5～7天，效果显著。选用上述药物治疗，病情稳定后可按预防量继续添加一段时间，以彻底杀灭鸡体的白细胞虫体。

② 综合用药治疗效果良好　鸡群发病时，水溶性泰灭净通过饮水投服，按0.05%的浓度，连用3～5天，此药特效且对产蛋无不良影响。同时在饲料中拌入复方敌菌净，60～120毫克/千克饲料，用3～5天。对严重的病鸡，肌注复方磺胺嘧啶，每只鸡0.05～0.10克，同时投服敌菌净30～50毫克/只，然后把鸡放到安静的环境中让其自由活动。用药3天后病情得到了控制，5天停止死亡，8天恢复正常。

③ 辅助治疗措施　在饲料中加入添加维生素C以减少应激，促进伤口愈合，加入维生素K以维持鸡体正常的凝血功能，加入维生

素 A 以维持鸡体内管道等上皮组织的完好性，还可添加硫酸铜、硫酸亚铁和维生素 E，添加量是正常需要量的 2～4 倍，能提高治疗效果；适当进行调整饲养。适当提高饲料中的蛋白质水平，增加蛋氨酸、色氨酸的含量。在饲料中添加酶制剂、酸制剂和其他助消化物质，增进鸡的食欲，促进消化和维持鸡的肠道菌群平衡，增强抵抗力，加快体质恢复。

（三）组织滴虫病

组织滴虫病（盲肠肝炎或黑头病）是由组织滴虫引起鸡和火鸡的一种疾病。本病以肝的坏死和盲肠溃疡为特征。

【病原】组织滴虫病是一种很小的原虫。该原虫有两种形式：一种是组织原虫，寄生在细胞里，虫体呈圆形或卵圆形；另一种是腔型原虫，寄生在盲肠腔的内容物中，具有一根鞭毛，在显微镜下可以见到鞭毛的运动。本虫有强、弱和无毒株三种：强毒株可致盲肠和肝脏病变，引起死亡；弱毒株只在盲肠引起病变；无毒株不产生病变。

【流行特点】本病易发生在温暖潮湿的夏秋季节。2～17 周龄的鸡最易感。成年鸡也可感染，但呈隐性感染，成为带虫者，有的慢性散发。传播途径有两种：一种是随病鸡粪排出的虫体，在外界环境中能生存很久，鸡食入这些虫体便可感染；另一种是通过寄生在盲肠内的异刺线虫的卵而传播的。当异刺线虫在病鸡体内寄生时，其虫卵内可带上组织滴虫。异刺线虫卵中约有 0.5%带有这种组织滴虫。这些虫在线虫卵壳的保护下，随粪便排出体外，在外界环境中能生存 2～3 年。当外界环境条件适宜时，则发育为感染性虫卵。鸡吞食了这样的虫卵后，卵壳被消化，线虫的幼虫和组织滴虫一起被释放出来，共同移行至盲肠部位繁殖，进入血流。线虫幼虫对盲肠黏膜的机械性刺激，促进盲肠肝炎的发生。组织滴虫钻入肠壁繁殖，进入血流，寄生于肝脏。这是主要的传染方式。

鸡群过分拥挤，鸡舍和运动场不清洁，饲料中营养缺乏（尤其是维生素 A），都可诱发和加重本病。

【临床症状和病理变化】本病的潜伏期一般为 15～20 天，最短的为 3 天。病鸡精神委顿，食欲不振，缩头，羽毛松乱，翅膀下垂，身体蜷缩，畏寒怕冷，腹泻，排出淡黄色或淡绿色稀粪。急性的严重病例，排出的粪便带血或完全是血液。有些鸡的头皮常呈紫蓝色或黑色，所以叫黑头病。本病的病程一般为1～3周，3～12周的小鸡死亡率高达50%。康复鸡的粪便中仍然含有原虫。5～6月龄以上的成年鸡很少呈现临诊症状。

组织滴虫病的损害常限于盲肠和肝脏。盲肠的一侧或两侧发炎、坏死，肠壁增厚或形成溃疡，有时盲肠穿孔，引起全身性腹膜炎。盲肠表面覆盖有黄色或黄灰绿色渗出物，并有特殊恶臭。有时这种黄灰绿色干硬的干酪样物充塞盲肠腔，呈多层的栓子样。外观呈明显的肿胀和混杂有红、灰、黄等颜色。有的慢性病例，这些盲肠栓子可能已被排出体外。肝脏出现颜色各异，不整圆形稍有凹陷的溃疡病灶。通常呈黄灰色，或是淡绿色。溃疡灶的大小不等，但一般为1～2厘米的环形病灶，也可能相互融合成大片的溃疡区。大多数感染群，通常只有剖检足够数量的病死鸡只，才能发现典型病理变化。

感染组织滴虫后，引起白细胞总数增加，主要是异嗜细胞增多，但在恢复期单核细胞和嗜酸性粒细胞显著增加。淋巴细胞、嗜碱性粒细胞和红细胞总数不变。感染后21天血细胞计数恢复到正常值。

【诊断】本病根据流行病学、症状和病理变化进行综合诊断。特别是肝脏和盲肠典型病理变化可以初步确诊。从剖检的鸡只取病理变化边缘刮落物作涂片，能够检出其中的病原体，或在染色处理较好的肝病理变化组织切片中，通常可以发现组织滴虫，从而可以确诊。注意与一些症状相似病的鉴别诊断，见表6-13。

表6-13　鸡组织滴虫病与症状相同病的鉴别诊断

病名	相同点	区别点
鸡大肠杆菌病（败血型）	精神不振，减食畏寒，羽毛松乱，腹泻，粪淡黄色有时带血	鸡大肠杆菌病的病原为大肠杆菌，病鸡腹泻剧烈，口渴。剖检可见心包、肝表面、腹腔流满纤维素渗出物，分离病原接种于伊红美蓝培养基上，大多数菌落呈特征性黑色
鸡亚利桑那菌病	精神沉郁，减食，羽毛松乱，翅膀下垂，下痢。粪黄绿色有时带血；腹膜炎（盲肠穿孔时），盲肠有干酪样肠芯	鸡亚利桑那菌病病原为亚利桑那菌，病鸡头低向一侧旋转如观星状，步履失调。一侧或两侧结膜炎，角膜混浊。剖检可见腹膜炎，肝肿大2～3倍，发炎，有淡黄斑点，胆囊肿大1～5倍。分离培养亚利桑那菌有其特征性的菌落

续表

病名	相同点	区别点
鸡坏死性肠炎	精神沉郁，减食或废食，羽毛粗乱，排含血粪便	鸡坏死性肠炎病原为魏氏梭菌，病鸡粪便有时发黑，剖开尸体有尸腐臭味，小肠后段扩张2～3倍，表面污黑或污黑绿色，肠内容物呈液状，有泡沫血样或黑绿色。其他内脏无特异变化，将肠黏膜刮取物或肝触片革兰氏染色镜检，可见到革兰氏阳性两极钝圆大杆菌，着色均匀，有荚膜
鸡球虫病	精神委顿，食欲不振，翅膀下垂，羽毛松乱，闭目畏寒，下痢，排含血或全血稀粪，消瘦；并均有盲肠扩大，壁增厚，内容物混有血液样干酪样物等	鸡球虫病的病原为球虫，病鸡冠髯苍白。剖检可见盲肠内容物主要是凝血块、血液、小肠壁发炎、增厚，浆膜可见白色小斑点，黏膜发炎、肿胀，覆盖一层黏液分泌物且混有小血块。刮取黏膜镜检可观察到卵囊和大配子
鸡六鞭原虫病	精神萎靡，翅膀下垂，畏寒，扎堆，下痢，粪黄	鸡六鞭原虫病的病原为六鞭原虫，病鸡粪水样多泡沫，晚期惊厥和昏迷。剖检肠可见卡他性炎症、膨胀，内容物水样，有气泡。取十二指肠刮取物镜检，见大量运动快、体积小的六鞭原虫
鸡副伤寒	精神不振，羽毛松乱，翅膀下垂，闭目畏寒，厌食下痢。有肠炎症、盲肠有栓子等	鸡副伤寒的病原为副伤寒沙门氏菌，病鸡水样下痢，肛周粪污。剖检可见心包有粘连，十二指肠出血性、坏死性肠炎。成年鸡卵巢化脓性、坏死性特征。以克隆抗体和核酸探针为基础的检测沙门氏菌诊断盒易确诊

【防治】

（1）预防措施　进鸡前，必须清除鸡舍杂物并用水冲洗干净，严格消毒；严格做好鸡群的卫生管理，饲养用具不得混用，饲养人员不能串舍，免得互相传播疾病；及时检修供水器，定期移动饲料槽和饮水器的位置，以减少这些地区湿度过高和粪便堆积。用驱虫净定期驱除异刺线虫，每千克体重用药40～50毫克，直到6周龄为止。

（2）发病后措施　常用以下几种药物进行治疗：

① 二甲硝基咪唑（达美素）　按每天40～50毫克/千克体重投药，如为片剂、胶囊剂可直接投喂；如为粉剂可混料，连续3～5天，之后剂量改为25～30毫克/千克体重，连喂2周。

② 卡巴砷　预防浓度 150～200 毫克/千克混料，治疗浓度为 400～800 毫克/千克混料，7 天一个疗程。

③ 4-硝基苯砷酸　预防浓度 187.5 毫克/千克混料，治疗浓度为 400～800 毫克/千克混料。

④ 甲硝基羟乙唑（灭滴灵）按 0.05%浓度混水，连用 7 天，停药 3 天后再用 7 天。

⑤ 呋喃唑酮　400 毫克/千克混料，连喂 7 天为一个疗程。

治疗时应注意补充维生素 K_3，以阻止盲肠出血；补充维生素 A，促进盲肠和肝组织的恢复。

（四）鸡蛔虫病

鸡蛔虫病是鸡蛔虫寄生于小肠内所引起的一种线虫病，多发于 3 月龄左右的鸡。一般无特殊症状，只是表现生长缓慢，发育不良，贫血，消瘦，不易引起注意。大群饲养可以引起死亡。

【病原】鸡蛔虫是鸡线虫中最大的一种，虫体黄白色，像豆芽菜的梗，雌虫大于雄虫。虫卵椭圆形，深灰色。对外界因素和消毒药抵抗力很强，但在阳光直射、沸水处理和粪便堆沤等情况下，可使之迅速死亡。

【流行特点】3 月龄以内的鸡最易感染，病情也较重，尤其是平养鸡群和散养鸡，发病率较高。超过 3 月龄的鸡抵抗力较强，1 岁以上鸡不发病，但可带虫；本病的发生和流行，与雏鸡的营养水平、环境条件、清洁卫生、温度、湿度、管理质量等因素有关。

【临床症状和病理变化】感染鸡生长不良，精神萎靡，行动迟缓，羽毛松乱，贫血，食欲减退，异食，泻痢，粪中常见蛔虫排出。

剖检时，小肠内见有许多淡黄色豆芽梗样的线虫，雄虫长约 50～76毫米，雌虫长约 65～110 毫米。粪便检查可发现蛔虫卵。

【诊断】根据临床症状可初诊。但必须经粪便检查到虫卵、尸体剖检找到虫体才能最后确诊。虫卵检查时注意与鸡异刺线虫卵区别。

【防治】

（1）预防措施　及时清除积粪和垫料，清洗消毒饮水器和饲料槽；4 月龄以内的鸡要与成鸡分开饲养。鸡群定时驱虫可预防本病发生。

（2）发病后措施　本病可用驱蛔灵、驱虫净、左旋咪唑、硫化二苯胺等药物进行治疗。

（五）鸡绦虫病

鸡绦虫病是由多种绦虫寄生于鸡小肠而引起的鸡常见的寄生虫病，该病遍布世界各地。在我国常见的是赖利绦虫病和戴文绦虫病。

【病原】绦虫虫体为扁平带状，乳白色。在绦虫头部有吸盘，可附着在鸡的肠壁上。体部由节片组成，能产生新节片，再往下的节片逐渐宽而厚和成熟，都有雌雄两套生殖器官，能产卵，最后一个或数个节片可带卵脱落，随鸡粪排出。绦虫生活史是孕节片随粪排出，被蚂蚁、蜗牛和甲虫等吞食，经14～45天发育成类囊尾蚴，鸡吞食这些中间宿主后，约经2～3周在小肠内发育为成虫。

【临床症状和病理变化】感染绦虫种类不同，鸡的症状也有差异，但均可损伤肠壁，引起肠炎、腹泻，有时带血，可视黏膜苍白或黄染，精神沉郁，采食减少，饮水增多。有的绦虫能使鸡中毒，引起腿脚麻痹、进行性瘫痪及头颈扭曲等症状。一些病鸡因瘦弱、衰竭而死亡。

剖检死鸡可在小肠内发现虫体，严重时阻塞肠道。肠黏膜有点状出血和卡他性肠炎。

【诊断】可检查粪便中的孕卵节片或镜检虫卵，但因病鸡每次排出的节片或虫卵很少，而使检出率不高，因此常用药物进行诊断性驱虫，观察排出的虫体，或通过剖检找到虫体来确诊。

【防治】

（1）预防措施　经常清除鸡粪，鸡粪要发酵处理，彻底清除鸡场中的污物，消灭中间宿主蚂蚁、蜗牛等；幼鸡与成鸡分开饲养。

（2）发病后措施　可按每千克体重加丙硫苯咪唑5～10毫克，或驱绦灵20毫克、硫双二氯酚300毫克，拌料一次喂给。

（六）鸡螨病

鸡螨病是由鸡螨（疥癣虫）寄生在鸡体表而引起炎症的一种寄生虫病。对鸡危害较大的是鸡刺皮螨和突变膝螨。

【病原】鸡螨大小约0.3～1毫米，肉眼不易看清。鸡刺皮螨呈椭圆形，吸血后变为红色，故又叫红螨。当鸡严重感染时，贫血、消瘦、产蛋减少或发育迟滞。雏鸡严重失血时可造成死亡；突变膝螨又称鳞足螨，其全部生活史都在鸡身上完成。成虫在鸡脚皮下穿行并产卵，幼虫蜕化发育为成虫，藏于皮肤鳞片下面，引起炎症。

【临床症状】腿上先起鳞片，以后皮肤增生、粗糙，并发生裂缝。有渗出物流出，干燥后形成灰白色痂皮，如同涂上一层石灰，故又叫石灰脚病。若不及时治疗，可引起关节炎、趾骨坏死，影响生长发育和产蛋。

【防治】

(1) 预防措施　搞好环境卫生，定期消毒环境，以杀死鸡螨。

(2) 发病后措施　发生刺皮螨后，可用20%杀灭菊酯乳油剂稀释4000倍，或0.25%敌敌畏溶液对鸡体喷雾，但应注意防止中毒。环境可用0.5%敌敌畏喷洒；对于感染膝螨的患鸡，可用0.03%蝇毒磷或20%杀灭菊酯乳油剂2000倍稀释液药浴或喷雾治疗，间隔7天，再重复1次。大群治疗可用0.1%敌百虫溶液，浸泡患鸡脚、腿4～5分钟，效果较好。

三、营养代谢病

(一) 痛风

鸡痛风是一种蛋白质代谢障碍引起的高尿酸血症，其病理特征为血液尿酸水平增高，尿酸盐在关节囊、关节软骨、内脏、肾小管及输尿管中沉积。临诊表现为运动迟缓，腿、翅关节肿胀，厌食，衰弱，腹泻。

【病因】

(1) 大量饲喂富含核蛋白和嘌呤碱的蛋白质饲料　如大量饲喂动物内脏、肉屑、鱼粉、大豆、豌豆等。

(2) 饲料含钙或镁过高　如用蛋鸡料喂雏鸡、育成鸡，可以引起痛风。

(3) 维生素A缺乏　日粮中长期缺乏维生素A，可发生痛风性肾炎，病鸡呈现明显的痛风症状。若是种鸡，所产的蛋孵化出的雏鸡往往易患痛风，在20日龄时即提前出现病症，而一般是在110～120日龄。

(4) 肾功能不全　凡是能引起肾功能不全（肾炎、肾病等）的因素皆可使尿酸排泄障碍，导致痛风。如磺胺类药中毒，引起肾损害和结晶的沉淀；慢性铅中毒、石炭酸、升汞、草酸、霉玉米等中毒，引起肾病；鸡患肾病变型传染性支气管炎、传染性法氏囊病、鸡腺病毒鸡包涵体肝炎和鸡产蛋下降综合征-76（EDS-76）等传染病。患雏鸡白痢、球虫病、盲肠肝炎等寄生虫病以及患淋巴性白血病、单核细胞增多症和长期消化系紊乱等疾病，都可能继发或并发痛风。

（5）环境条件　饲养在潮湿、阴暗的禽舍、密集的管理、运动不足、日粮中维生素缺乏和衰老等因素皆可能成为促进本病发生的诱因。

（6）遗传因素　也是致病原因之一，如新汉普夏鸡就有关节痛风的遗传因子。

【临床症状与病理变化】

（1）一般症状　本病多呈慢性经过，早期发现的病鸡，食欲不振，饮水量增加，精神沉郁，不喜运动，脱毛，排白色石灰样稀粪，有的混有绿色或黑色粪，并污染肛门周围羽毛。以后鸡冠、肉髯苍白、贫血，有时呈紫蓝色。鸡只消瘦，嗉囊常充满糊状内容物，停食，衰竭而死。少数病鸡口流淡褐色或暗红色黏液。个别病鸡关节肿胀，运动障碍，腿发干且褪色。若严重时出现跛行，进而不能站立，腿和翅关节增大、变形。

（2）内脏型痛风　比较多见，但临诊上通常不易被发现。主要呈现营养障碍、腹泻和血液中尿酸水平增高。此特征颇似家鸡单核细胞增多症。死后剖检的主要病理变化，在胸膜、腹膜、肺、心包、肝、脾、肾、肠及肠系膜的表面散布许多石灰样的白色尖屑状或絮状物质，此为尿酸钠结晶。有些病例还并发有关节型痛风。

（3）关节型痛风　多在趾前关节、趾关节发病，也可侵害腕前、腕及肘关节引起肿胀，起初软而痛，界限多不明显，以后肿胀部逐渐变硬，微痛，形成不能移动或稍能移动的结节，结节有豌豆或蚕豆大小。病程稍久，结节软化或破裂，排出灰黄色干酪样物，局部形成出血性溃疡。病鸡往往呈蹲坐或独肢站立姿势，行动迟缓，跛行。剖检时切开肿胀关节，可流出浓厚、白色黏稠的液体，滑液含有大量由尿酸、尿酸铵、尿酸钙形成的结晶，沉着物常常形成一种所谓“痛风石”。

【诊断】根据病因、病史、特征性症状和病理变化即可诊断。必要时采病鸡血液检测尿酸的量，以及采取肿胀关节的内容物进行化学检查，呈紫尿酸铵阳性反应，显微镜观察见到细针状和禾束状尿酸钠结晶或放射形尿酸钠结晶，即可进一步确诊。

【防治】

（1）预防措施

① 加强饲料管理，防止饲料霉变　鸡采食了品质差或掺杂使假的饲料也可能引起痛风，所以要把好饲料质量关，不使用劣质原料，对饲料的加工、运输、贮存、饲喂等过程，保证不受污染，妥善保管，防止霉变。避免过量饲喂动物性蛋白饲料，如动物内脏、肉屑、鱼粉等。另外，大豆粉、豌豆、菠菜、莴苣、开花甘蓝、蘑菇等植物也可引起发病。多喂新鲜青绿饲料，多给新鲜饮水，供给富含维生素A或胡萝卜素的饲料。

② 饲料中蛋白质和钙含量适宜　生产中由于育成鸡过早饲喂蛋鸡饲料，日粮中钙、磷比例失调、缺乏等发生痛风。由于鸡体内蛋白质代谢产生氨的排泄与哺乳动物不同，不能在肝脏将其合成尿素，而只能在肝脏和肾脏内合成尿酸由尿排出，形成白色粪便；核蛋白水解后的核酸也能合成尿酸，当蛋白质在饲料里的比例过大时，生成尿酸就增多，当其超过了肾脏排泄的最大阈值时，就以尿酸盐的形式在体内沉积，形成痛风。高钙饲料可严重损害肾脏而影响尿酸的排泄，也可导致痛风。所以要根据不同品种和周龄的鸡群提供蛋白质和钙含量适宜的饲料。

③ 科学用药　为预防鸡群发病，滥用药物，如长期使用磺胺类药物拌料，使肾功能受损，尿酸盐排泄受阻，就会引发痛风。在鸡群发病时应按量、按疗程科学投药。另外，饲料中添加药物用于预防疾病，也应严格控制剂量和使用时间。因为多数药物是通过肾脏排出体外的，某种药物即使对肾脏无害，若长期使用治疗量也可能影响肾脏的功能。投服磺胺类药物时，控制用药周期，避免剂量过大，多给饮水以防中毒引起的结晶尿及肾组织损伤。

④ 科学饲养管理　防止饲养密度过大，供给清洁充足饮水，合理光照，保持舍内外良好的卫生环境。鸡舍要保持清洁，定期消毒，严格免疫程序，增强机体的抵抗力，防止疾病发生。

(2) 发病后的措施　鸡群发生痛风后，首先要降低饲料中蛋白质含量，适当给予青绿饲料。投以肾肿解毒药，按说明书进行饮水投服，连用3～5天，严重者可增加一个疗程。可以使用如下药物治疗：

① 大黄苏打片拌料，每千克体重1.5片，每天2次，连用3天，重病鸡可逐只直接投服或口服补盐液饮水。双氢克尿噻拌料，每只鸡每次10～20毫克，1～2次/天，连用3天。

② 连翘20克、银花15克、猪苓20克、泽泻15克、车前15克、甘草5克，此为40～80只鸡用量，煎水2000毫升，作饮水用，每日1剂，连用3～5天。

③ 中西医结合疗法　饲料中添加鱼肝油，每100千克饲料加250毫升鱼肝油，连喂6天；中药用车前草、金钱草、金银花、甘草煎水，加入1.5%的红糖，让鸡饮用，连用3天。

(二) 鸡脂肪肝综合征 (FIS)

鸡脂肪肝综合征是产蛋鸡的一种营养代谢病。发病的特点是多出现在产蛋量高的鸡群或产蛋期高峰，产蛋量明显下降，多数的鸡体况良好，有的突然死亡，其肝脏异常脂肪变性。

【病因】

(1) 能量摄入过多　长期饲喂过量饲料或高能量饲料会导致脂肪量增加，作为在能量代谢中起关键作用的肝脏不得不最大限度地发挥作用，肝脏脂肪来源大大增加，大量的脂肪酸在肝脏合成，但是肝脏无力完全将脂肪酸通过血液运送到其他组织或在肝脏氧化，而产生脂肪代谢平衡失调，从而导致脂肪肝综合征。

(2) 高产蛋量品系鸡、笼养和环境温度高等因素　高产蛋量品系鸡对脂肪肝综合征较为敏感，由于高产蛋量是与高雌激素活性相关的，而雌激素可刺激肝脏合成脂肪。笼养鸡活动空间缺少，再加上采食量过高，不能采食其他富含B族维生素的物质而缺乏B族维生素，就可刺激脂肪肝综合征的发生；环境高温可使代谢强度过大，以致失去应有的平衡，所以FIS主要在温度高时发生；营养良好缺乏运动，如笼养鸡活动空间过小，不进行限制饲养容易发生；饲料中真菌毒素（黄曲霉毒素、红青霉毒素等）可引起；菜籽制品中的芥子酸也可引起肝脏变性。

【临床症状和病理变化】发病和死亡的鸡都是母鸡，发生于高产的笼养母鸡。尤其体况良好的鸡和肥胖鸡更易发病，发病率为50%左右，死亡率为发病数的6%以下。产蛋量明显下降，从75%～85%的高产蛋率突然下降到35%～55%。病鸡一般无明显的症状，只是产蛋量明显下降，甚至停产。往往突然爆发，病鸡喜卧，腹大而软绵下垂，鸡冠、肉髯褪色乃至苍白，严重的嗜眠、瘫痪，体温41.5～42.8℃，进而鸡冠、肉髯及脚变冷，可在数小时内死亡，一般从发病到死亡约1～2天。

病死鸡的皮下、腹腔及肠系膜均有多量的脂肪沉积。肝脏肿大，边缘钝圆，呈黄色油腻状，表面有出血点和白色坏死灶，质地极脆，易破碎如泥样，用刀切时，在刀的表面下有脂肪滴附着。有的鸡由于肝破裂而发生内出血，肝脏周围有大小不等的血凝块；有的鸡心肌变性呈黄白色；有的鸡的肾略变黄，脾、心、肠道有程度不同的小出血点。

【诊断】根据病因、发病特点、临诊症状、血液化验指标以及病理变化特征即可初步诊断。

【防治】对严重的病鸡淘汰，无治疗价值。主要是对病情轻的和可能发病的鸡群采取措施。

（1）降低日粮中的代谢能或限制采食。在对每只鸡每天营养物质绝对需要量标准化的前提下实行能量限制，避免摄入过多的能量。保持日粮中蛋氨酸、胆碱和维生素E等嗜脂因子的正常含量，以促进中性脂肪在肝中合成磷脂，避免中性脂肪在肝中沉积。

（2）控制损害肝脏的疾病发生。避免鸡霍乱、黄曲霉毒素中毒等病的发生，防止引起肝脏的脂肪变性。

（3）发病时每吨饲料中加入氯化胆碱1000克、蛋氨酸500克、维生素E 5500国际单位和维生素C 500克，使用3周，病情能够控制。

（三）笼养蛋鸡产蛋疲劳症

笼养蛋鸡产蛋疲劳症是因矿物质缺乏或代谢障碍所引起的笼养母鸡特有的营养代谢病。

【病因】笼养蛋鸡，特别是高产蛋鸡，由于形成蛋壳需要消耗大量的钙，如果不能在饲料中及时增加钙，或钙、磷不平衡，或缺乏维生素D，便会消耗骨骼中的钙，导致体内矿物质代谢紊乱而发生本病。

【临床症状和病理变化】肌肉松弛，腿麻痹，骨质疏松脆弱。由于肌肉松弛，鸡翅膀下垂，腿麻痹，不能正常活动，出现脱水、消瘦而死亡。鸡群中有5%～10%的鸡表现出临床症状，产蛋鸡多出现在产蛋高峰期间。笼养蛋鸡产蛋疲劳症与产蛋鸡缺钙有关。产蛋高峰期，每只鸡每天形成蛋壳要从体内带走2～2.2克钙，如果不注意钙的及时补给，饲料中钙量不足，只好动用鸡骨骼中的钙。高产的母鸡受害最大，瘫鸡最多。此病往往造成死亡，死亡原因多是被其他鸡践踏。如及早发现，单独饲养在平整柔软的地面上，一般不会死亡，但停产。平养条件下，因有足够的运动量，未见此病。解剖可见肋骨处呈串珠状，第4～5椎骨可能骨折。

【防治】预防本病应保证钙的充足和磷、钙比例平衡。每天每只鸡应保证钙的总供给量为3.3～4.2克。最好在正常含钙日粮外，下午让鸡自由采食贝壳碎粒或石灰石碎粒。每千克饲料含维生素 D_3 2500国际单位。饲料被黄曲霉污染，会发生鸡的继发性缺钙，也会促进疲劳症的发生。如果出现有病鸡，大群应立即在饲料中添加维生素 D_3 和骨粉。

（四）维生素A缺乏症

本病是由于日粮中维生素A供应不足或消化吸收障碍所致，以黏膜、皮肤上皮角化变质，生长停滞，干眼病和夜盲症为主要特征的营养代谢性疾病。

【病因】

（1）维生素A不足　日粮中缺乏维生素A或胡萝卜素（维生素A原）。

（2）饲料调制加工不当　如饲料经过长期贮存、烈日曝晒、高温处理等，皆可使其中脂肪酸败变质，加速饲料中维生素A类物质的氧化分解过程，导致维生素A缺乏。

（3）日粮中蛋白质和脂肪不足　即使在维生素A足够的情况下，也可发生功能性的维生素A缺乏症。因为处于蛋白质缺乏的状态下，不能合成足够的视黄醛结合蛋白质去运送维生素A，脂肪不足会影响维生素A类物质在肠中的溶解和吸收。

（4）需要量增加　鸡的快速生长或高产，按照原来的营养标准配制日量，不能满足需要。

（5）其他　胃肠吸收障碍，发生腹泻或其他疾病，使维生素 A 消耗或损失过多；肝病使其不能利用及储藏维生素 A，皆可引起维生素 A 缺乏。

【临床症状和病理变化】1 周龄的鸡发病，则与母鸡缺乏维生素 A 有关；成年鸡通常在 2～5 个月内出现症状。

雏鸡主要表现精神委顿，衰弱，运动失调，羽毛松乱，生长缓慢，消瘦，喙和小腿部皮肤的黄色消褪，流泪，眼睑内有干酪样物质积聚，常将上下眼睑粘在一起，角膜混浊不透明，严重的角膜软化或穿孔，失明，口黏膜有白色小结节或覆盖一层白色的豆腐渣样的薄膜，剥离后黏膜完整并无出血溃疡现象。有些病鸡受到外界刺激即可引起阵发性的神经症状。

成年鸡发病呈慢性经过，主要表现为食欲不佳，羽毛松乱，消瘦，冠白有皱褶，趾爪蜷缩，两肢无力，步态不稳，往往用尾支地。母鸡产蛋量和孵化率降低，公鸡性机能降低，精液品质退化。鸡群的呼吸道和消化道黏膜抵抗力降低，易感染传染病等多种疾病，使死亡率增高。

该病的病变主要特点是：眼、口、咽、消化道、呼吸道和泌尿生殖器官等上皮的角质化，肾及睾丸上皮的退行性变化。病鸡口腔、咽喉黏膜上散布有白色小结节或覆盖一层白色的豆腐渣样的薄膜，剥离后黏膜完整并无出血溃疡现象，此点可与鸡白喉区别。呼吸道黏膜被一层鳞状角化上皮代替，鼻腔内充满水样分泌物，液体流入副鼻窦后，导致一侧或两侧颜面肿胀，泪管阻塞或眼球受压，视神经损伤。严重病例角膜穿孔，肾呈灰白色，肾小管和输尿管充塞着白色尿酸盐沉积物，心包、肝和脾表面也有尿酸盐沉积。

【防治】

（1）预防措施　根据鸡的生长与产卵不同阶段的营养要求特点，调节维生素、蛋白质和能量水平，保证其生理和生产需要；防止饲料酸败、霉变、发酵、产热和氧化，以免维生素被破坏。

（2）发病后措施　病鸡每 100 千克饲料添加多维素 50 克；也可投服鱼肝油，每只每天喂 1～2 毫升，雏鸡则酌情减少。对发病的大群鸡，可在每千克饲料中拌入 2000～5000 国际单位的维生素 A。在短期内给予大剂量的维生素A，对急性病例疗效迅速而安全，但慢性病例不可能完全康复。由于维生素A不易从机体内迅速排出，注意防止长期过量使用引起中毒。

（五）维生素D缺乏症

维生素D是家禽正常骨骼和蛋壳形成中所必需的物质。因此，当日粮中维生素D供应不足、光照不足或消化吸收障碍等皆可致病，使家禽的钙、磷吸收和代谢障碍，发生以骨骼、喙和蛋壳形成受阻（佝偻病、软骨病）为特征的维生素D缺乏症。

【病因】日粮中维生素D缺乏、日光照射不足（因动物皮肤表面及食物中含有维生素D原，经紫外线照射转变为维生素D）消化吸收功能障碍等因素影响脂溶性维生素D的吸收或患有肾、肝疾病等。

【临床症状和病理变化】雏鸡通常在2～3周龄时出现明显的症状，除了生长迟缓、羽毛生长不良外，主要呈现以骨骼极度软弱为特征的佝偻病。其喙与爪变柔软，行走极其吃力，躯体向两边摇摆，不稳定地移行几步后即以跗关节伏下；产蛋母鸡往往在缺乏维生素D 2～3个月才开始出现症状。产薄壳蛋和软壳蛋的数量显著增多，随后产蛋量明显减少。孵化率同时也明显下降。有的母鸡可能出现暂时性的不能走动，常在产一个无壳的蛋之后即能复原。有的蹲伏、麻痹，行走困难，身体直立呈企鹅状。

维生素D缺乏症病死的雏鸡，其最特征的病理变化是肋骨与脊椎连接处出现珠球状，肋骨向后弯曲。在胫骨或股骨的骨髓部可见钙化不良。成年产蛋和种用的鸡死于维生素D缺乏症时，其尸体剖检所见的特征性病变是骨骼软而容易折断，在肋骨内侧面的硬软肋连接处出现明显的串珠状结节。

【防治】舍内饲养，缺乏阳光照射，饲料中要保证充足的维生素D和钙、磷的供应。根据需要在饲料中添加维生素AD_3粉进行预防；给病鸡喂服1～2滴鱼肝油或维生素D_3 1500国际单位。

（六）维生素E缺乏症

维生素E缺乏能引起小鸡脑软化症、渗出性素质和肌肉萎缩症；公鸡睾丸退化，性欲不强，精液品质下降；母鸡种蛋受精率降低，死胚蛋增多。

【病因】供给量不足，饲料贮存过长时间或被维生素 E 的拮抗物质（饲料酵母曲、四氯化碳、硫酸铵制剂等）刺激脂肪过氧化使饲粮中维生素 E 损失等。

【临床症状和病理变化】成年鸡长时期饲喂低水平的维生素 E 饲料，并不出现外观的症状，只是种蛋孵化率降低，胚胎死亡率升高。成年公鸡性欲不强，精液品质不良，睾丸变小和退化。雏鸡维生素 E 缺乏症时可发生脑软化症，出现最早的在 7 日龄，晚的迟至 56 日龄，通常在 15～30 日龄之间发病。呈现共济失调，头向后或向下挛缩，有时伴有侧方扭转，向前冲，两腿急收缩与急放松等特征症状。小鸡的渗出性素质，是雏鸡或育成鸡常因维生素 E 和硒同时缺乏而引起的一种伴有毛细血管壁通透性异常的皮下组织水肿。由于病鸡腹部皮下水肿积液，使两腿向外叉开，水肿处呈蓝绿色，若穿刺或剪开水肿处可流出较黏稠的蓝绿色液体。

主要病变在脑，小鸡出现脑软化症状后立即宰杀，可见到小脑表面轻度出血和水肿，脑回展平，小脑柔软而肿胀，脑组织中的坏死区呈黄绿色混浊样。在纹状体中，坏死组织常呈苍白、肿胀而湿润，在早期即与其余的正常组织有明显的界线。脑膜、小脑与大脑的血管明显充血，水肿。水肿后发生毛细血管出血，形成血栓，常导致不同程度的坏死。死于渗出性素质的小鸡，可见贫血、腹部皮下水肿，透过皮肤即可看到蓝绿色黏性液体，剖开体腔，有心包积液、心脏扩张等病变。

【防治】生产中，维生素 E 缺乏症与硒缺乏往往同时发生，脑软化、渗出性素质和肌营养不良常交织在一起，可以在用维生素 E 的同时也用硒制剂进行防治，对雏鸡出血性素质和肌营养不良治疗效果好。每千克饲料中加维生素 E 2000 国际单位（或 0.5%植物油），连用 14 天；或每只雏鸡单独一次口服维生素 E 300 国际单位，都有防治作用，若同时在每千克饲料内加入亚硒酸钠 0.2 毫克、蛋氨酸 2～3 克，连用 2 周，疗效良好。此类病若不及时治疗，则可造成急性死亡。

（七）维生素 K 缺乏症

维生素 K 缺乏症是由于维生素 K 缺乏使血液中凝血酶原和凝血因子减少，以造成鸡血液凝固过程发生障碍，血凝时间延长或出血等病症为特征的疾病。

【病因】饲料中维生素K的供给量不足、饲料中的拮抗物质、抗生素等药物添加剂的影响（由于饲料中添加了抗生素、磺胺类或抗球虫药，抑制肠道微生物合成维生素K，可引起维生素K缺乏）以及肠道和肝脏等病影响维生素K的吸收（鸡患有球虫病、腹泻、肝脏疾病等，使肠壁吸收障碍，或胆汁缺乏使脂类消化吸收发生障碍，均可降低家禽对维生素K的绝对摄入量）。

【临床症状和病理变化】雏鸡饲料中维生素K缺乏，通常约经2～3周出现症状。主要特征症状是出血，体躯不同部位（胸部、翅膀、腿部、腹膜）以及皮下和胃肠道都能看到出血的紫色斑点。病鸡的病情严重程度与出血的情况有关。出血持续时间长或大面积大出血，病鸡冠、肉髯、皮肤干燥苍白，肠道出血严重的则发生腹泻，致使病鸡严重贫血，常蜷缩在一起，雏鸡发抖，不久死亡；种鸡维生素K缺乏，使种蛋孵化过程中胚胎死亡率提高，孵化率降低。

【防治】给雏鸡日粮添加维生素K_3 1～2毫克/千克，并配给适量富含维生素K及其他维生素和矿物质的青绿饲料、鱼粉、肝脏等有预防作用。对病鸡则要饲料中添加维生素K_3 3～8毫克/千克，或肌内注射维生素K_3注射液，每只鸡0.5～2毫克，治疗时，一般在用药后4～6小时，可使血液凝固恢复正常，若要完全制止出血，需要数天才可见效，同时给予钙剂治疗，疗效会更好。

四、中毒病

（一）食盐中毒

食盐是维持鸡正常生理活动所不可缺少的物质之一，适量的食盐有增进食欲、增强消化机能、促进代谢等重要功能，但鸡对其又敏感，尤其是幼鸡。鸡对食盐的需要量，约占饲料的0.25%～0.5%，以0.37%最为适宜，若过量，则极易引起中毒甚至死亡。

【病因】饲料配合时食盐用量过大，或使用的鱼粉中有较高盐量，配料时又添加食盐；限制饮水不当；饲料中其他营养物质（如维生素E、Ca、Mg及含硫氨基酸）缺乏，增加食盐中毒的敏感性。

【临床症状和病理变化】病鸡的临床表现为燥渴而大量饮水和惊慌不安的尖叫。口鼻内有大量的黏液流出，嗉囊软肿，拉水样稀粪。

运动失调，时而转圈，时而倒地，步态不稳，呼吸困难，虚脱，抽搐，痉挛，昏睡而死亡。

剖检可见皮下组织水肿，食道、嗉囊、胃肠黏膜充血或出血，腺胃表面形成假膜；血黏稠，凝固不良；肝肿大，肾变硬，色淡。病程较长者，还可见肺水肿，腹腔和心包囊中有积水，心脏有针尖状出血点。

【诊断】根据燥渴而大量饮水和有过量摄取食盐史可以初步诊断。通过实验室测定病鸡内脏器官及饲料中盐分的含量，作出准确的诊断。

【防治】

（1）严格控制饲料中食盐的含量，尤其对幼鸡。严格检测饲料原料鱼粉或其副产品的盐分含量；配料时加食盐也要求粉细，混合要均匀；平时要保证充足的新鲜洁净饮用水。

（2）治疗　发现中毒后立即停喂原有饲料，换无盐或低盐分易消化饲料至康复；供给病鸡5%葡萄糖或红糖水以利尿解毒，病情严重者另加0.3%～0.5%醋酸钾溶液饮水，可逐只灌服。中毒早期服用植物油缓泻可减轻症状。

（二）磺胺类药物中毒

磺胺类药物是治疗家鸡的细菌性疾病和球虫病的常用广谱抗菌药物。但是如果用药不当，尤其是使用肠道内容易吸收的磺胺类药物不当，会引起急性或慢性中毒。

【病因】鸡类对磺胺类药物较为敏感，剂量过大或疗程过长等可引起中毒。雏鸡较为敏感，采食含0.25%～1.5%磺胺嘧啶的饲料1周或口服0.5克磺胺类药物后，即可呈现中毒表现。

【临床症状和病理变化】急性中毒主要表现为兴奋不安、厌食、腹泻、痉挛、共济失调、肌肉颤抖、惊厥，呼吸加快，短时间内死亡。慢性中毒（多见于用药时间太长）表现为食欲减退，鸡冠苍白，羽毛松乱，渴欲增加；有的病鸡头面部呈局部性肿胀，皮肤呈蓝紫色；时而便秘，时而下痢，粪呈酱色；产蛋鸡产蛋量下降，有的产薄壳蛋、软壳蛋，蛋壳粗糙，色泽变淡。

主要表现以机体的主要器官均有不同程度的出血为特征，皮下、冠、眼睑有大小不等的斑状出血。胸肌呈弥漫性斑点状或涂刷状出血，肌肉苍白或呈透明样淡黄色，大腿肌肉散在有鲜红色出血斑；血液稀薄，凝固不良；肝肿大，淤血，呈紫红或黄褐色，表面可见少量出血斑点或针头大的坏死灶，坏死灶中央凹陷呈深红，周围灰色；肾肿大，土黄色，表面有紫红色出血斑；输尿管变粗，充满白色尿酸盐；腺胃和肌胃交界处黏膜有陈旧的紫红色或条状出血，腺胃黏膜和肌胃角质膜下有出血点等。

【诊断】根据用药史，结合临床症状，病理剖检见出血性病理变化可作出诊断，如需要可对病鸡血样进行定性、定量分析（偶氮化偶合比色测定），即可确诊。

【防治】

（1）预防措施　严格掌握用药剂量及时间，一般用药不超过1周。拌料要均匀，可适当配以等量的碳酸氢钠，同时注意供给充足饮水；1周龄以内雏鸡或体质较弱和即将开产的蛋鸡应慎用；临床上应选用含有增效剂的磺胺类药物（如复方敌菌净、复方新诺明等），其用量小，毒性也较低。

（2）发现中毒，应立即停药并供给充足饮水；口服或饮用1%～5%碳酸氢钠溶液；可配合维生素C制剂和维生素K_3进行治疗。中毒严重的鸡可肌注维生素B_{12} 1～2微克或叶酸50～100微克。

（三）喹乙醇中毒

喹乙醇是一种具有抑菌促生长作用的药物，主要用于治疗肠道炎症、痢疾、巴氏杆菌病，有促生长作用，生产中作为治疗药物和添加剂广泛应用。

【病因】盲目加大添加量，或用药量过大，或混饲拌料不均匀而发生中毒。

【临床症状和病理变化】病鸡精神沉郁，食欲减退，饮水减少，鸡冠暗红色，体温降低，神经麻痹，脚软，甚至瘫痪。死前常有抽搐、尖叫、角弓反张等症状。

剖检可见口腔有黏液，肌胃角质下层有出血点、血斑，十二指肠黏膜有弥漫性出血，腺胃及肠黏膜糜烂，冠状脂肪和心肌表面有散在的出血点；脾、肾肿大，质脆，肝肿大有出血斑点，血暗红、质脆，切面糜烂多汁；胆囊胀大，充满绿色胆汁。

【防治】

（1）预防措施　喹乙醇作为添加剂，使用量为25～35毫克/千克饲料。用于治疗疾病最大内服量：雏鸡每千克体重 30 毫克，成年每千克体重 50 毫克，使用时间 3～4 天。

（2）发病后措施　一旦发现中毒，立即停药，供给硫酸钠水溶液饮水，然后再用 5%葡萄糖溶液或 0.5%碳酸氢钠溶液，并按每只鸡加维生素 C 0.3～0.5 毫升饮水。

（四）马杜霉素中毒

马杜霉素（商品名杜球、抗球王等）是防治鸡球虫病常用的药物之一，近年来生产中中毒病例不断出现。

【原因】

（1）饲料混合不均匀　马杜霉素在规定的使用范围内安全可靠，无明显的毒性作用，马杜霉素推荐使用剂量为每吨饲料添加 5 克，有报道，饲料中用量达到 7 毫克/千克，鸡群即出现生长停止或少量中毒症状，达 9 毫克/千克时可引起明显中毒。因此，要求在拌料给药时必须混合均匀，但一般养禽场较难达到其混合要求。由于马杜霉素与饲料中其他组分的粒径相差很大，混合时应将马杜霉素与饲料成分逐级混匀；否则一次就将马杜霉素和各种饲料成分放在一起搅拌混合，造成药物在饲料中分布不均匀，易引起马杜霉素中毒。

（2）联合使用药物引起中毒　马杜霉素不能与某些抗生素和磺胺药联合使用。例如马杜霉素不能与红霉素、泰妙菌素以及磺胺二甲氧嘧啶、磺胺喹噁啉、磺胺氯哒嗪合用。马杜霉素与泰妙菌素合用即使在常量下也可引起中毒，因此与其他药物合用时应谨慎。

（3）重复用药产生中毒　马杜霉素在兽药市场上常以不同商品名出现，如杀球王、加福、杜球、抗球王等，但生产厂家在标签上没有标明其有效成分，造成饲养户在联合用药治疗球虫病时将多种马杜霉素制剂同时使用；或购买的饲料已加有马杜霉素，用户又添加导致饲料中药物含量高于推荐剂量，因剂量过大，鸡食用后发生中毒。

（4）其他原因　养殖户常常有超剂量用药的习惯，不严格按照说明书上的使用方法及用量大小来使用，常常随意加大使用剂量，导致马杜霉素中毒。在使用溶液剂饮水给药时，热天鸡只的饮水量大，会造成摄入过量而造成中毒。

【临床症状和病理变化】病初精神不振，吃料减少，羽毛松乱，饮水量增加，排水样稀粪，蹲卧或站立，走路不稳，继之症状加重，鸡冠、肉髯等处发绀或呈紫黑色。精神高度沉郁或昏迷，脚软瘫痪，匍匐在地或侧卧，两腿向后直伸，排黄白色水样稀粪增多。中毒鸡明显失水消瘦，部分鸡死前发生全身性痉挛。

剖检死鸡呈侧卧，两腿向后直伸，肌肉明显失水，肝脏暗红色或黑红色，无明显肿大，胆囊多充满黑绿色胆汁，心外膜有小出血斑点，腺胃黏膜充血、水肿，肠道水肿、出血，尤以十二指肠为重，肾肿大、淤血，有的有尿酸盐沉积。

【诊断】根据饲料中含马杜霉素浓度大大超过4.5～6毫克/千克安全有效量，结合中毒鸡特征性症状可确诊为马杜霉素中毒。

【防治】

（1）预防措施　马杜霉素和饲料混合时，采用粉料配药，逐级稀释法混合，使马杜霉素和饲料充分混匀；查明所用抗球虫药的主要成分，避免重复用药或与其他聚醚类药物同时使用，造成中毒；购买饲料时要查询饲料中是否加有马杜霉素；使用马杜霉素治疗球虫病时，严格按照说明书上的使用方法及用量来使用，不要随意加大使用剂量；在使用溶液剂饮水给药时，要注意热天鸡只的饮水量大，适当降低饮水中的药物浓度，以免造成摄入过量而引起中毒。

（2）发病后措施　立即停喂含马杜霉素的饲料，饮服水溶性电解质、多种维生素（如苏威多维），并按5%浓度加入葡萄糖及0.05%维生素粉，对排出毒物、减轻症状、提高鸡的抗病力有一定效果，用中药绿豆、甘草、金银花、车前草等煎水，供中毒家禽自由饮用。中毒严重的鸡只隔离饲养，在口服给药的同时，每只皮下注射含50毫克维生素C的5%葡萄糖生理盐水5～10毫升，每日2次。但中毒量大者仍不免死亡。

（五）黄曲霉毒素中毒

黄曲霉毒素中毒是鸡的一种常见的中毒病，该病由发霉饲料中霉菌产生的毒素引起。病的主要特征是危害肝脏，影响肝功能，肝脏变性、出血和坏死，腹水，脾肿大及消化障碍等，并有致癌作用。

【病因】黄曲霉菌是一种真菌，广泛存在于自然界，在温暖潮湿的环境中最易生长繁殖，其中有些毒株可产生毒力很强的黄曲霉毒素。当各种饲料成分（谷物、饼类等）或混合好的饲料污染这种霉菌后，便可引起发霉变质，并含有大量黄曲霉毒素。鸡食入这种饲料可引起中毒，其中以幼龄的鸡特别是2～6周龄的雏鸡最为敏感，饲料中只要含有微量毒素，即可引起中毒，且发病后较为严重。

【临床症状和病理变化】表现沉郁，嗜眠，食欲不振，消瘦，贫血，鸡冠苍白，虚弱，叫声嘶哑，拉淡绿色稀粪，有时带血，腿软不能站立，翅下垂。成鸡耐受性稍高，多为慢性中毒，症状与雏鸡相似，但病程较长，病情和缓，产蛋减少或开产推迟。个别可发生肝癌，呈极度消瘦的恶病质而死亡。

急性中毒，剖检可见肝充血、肿大、出血及坏死，色淡呈苍白色，胆囊充盈。肾苍白肿大。胸部皮下、肌肉有时出血。慢性中毒时，常见肝硬变，体积缩小，颜色发黄，并有白色点状或结节状病灶。个别可见肝癌结节，伴有腹水。心肌色淡，心包积水。胃和嗉囊有溃疡，肠道充血、出血。

【诊断】根据本病的症状和病变特点，结合病鸡有食入霉败变质饲料的发病史，即可作出初步诊断。确诊需要依靠实验室检查，即检测饲料、死鸡肠内容物中的毒素或分离出饲料中的霉菌。

【防治】平时搞好饲料保管，注意通风，防止发霉。不用霉变饲料喂鸡。为防止发霉，可用福尔马林对饲料进行熏蒸消毒。

目前对本病还无特效解毒药，发病后应立即停喂霉变饲料，更换新料，饮服5%葡萄糖水。用2%次氯酸钠对鸡舍内外进行彻底消毒。中毒死鸡要销毁或深埋，不能食用。鸡粪便中也含有毒素，应集中处理，防止污染饲料、饮水和环境。

（六）棉籽饼中毒

棉籽经处理提取棉籽油后，剩下的棉籽饼是一种低廉的蛋白质饲料，如果棉籽蒸炒不充分，加工调制不好，棉酚不能完全被破坏，吃过多这种棉籽饼可引起中毒。棉酚系一种血液毒和原浆毒，对神经、血管均有毒性作用，可引起胃及肾脏严重损坏。

【临床症状和病理变化】病鸡食欲消失，消瘦，四肢无力，抽搐。冠和髯发绀，最后呼吸困难，衰竭而死。剖检可见明显的肠炎症状，肝、肾退行性变化，肺水肿，心外膜出血，胸腹腔积液。

【防治】用棉籽饼喂鸡时，应先脱毒再用，雏鸡最好不超过2%～3%，成鸡不超过5%～7%。鸡群中毒时，应立即停喂棉籽饼，并对症治疗。

五、其他疾病

（一）中暑

中暑是日射病和热射病的总称。鸡在烈日下曝晒，使头部血管扩张而引起脑及脑膜急性充血，导致中枢神经系统机能障碍，称为日射病。鸡在闷热环境中因机体散热困难而造成体内过热，引起中枢神经系统、循环系统和呼吸系统机能障碍称为热射病，又称热衰竭。本病多见于酷暑炎热季节，特别是大规模密集型笼养鸡容易发生。

【病因】由于禽类皮肤缺乏汗腺，体表覆盖厚厚的羽毛，主要靠蒸发进行散热，散热途径单一。因此，当家禽在烈日下曝晒，或在高温高湿环境中长时间拥挤，通风不良，并得不到足够饮水，或装在密闭、拥挤的车辆内长途运输时，鸡体散热困难，产热不能及时散失，引起本病发生。

【临床症状和病理变化】本病常突然发生，急性经过。日射病患鸡表现体温升高，烦躁不安，然后精神迟钝，体躯、颈部肌肉痉挛，常在几分钟内死亡。剖检可见脑膜充血、出血，大脑充血、水肿及出血。热射病患鸡除可见体温升高外，还表现呼吸困难、加快，张口喘气，翅膀张开下垂，很快眩晕，步态不稳或不能站多，大量饮水，虚脱，易引起惊厥而死亡。剖检可见血液凝固不良，全身淤血，心外膜、脑部出血。

【诊断】根据发病季节、气候及环境条件、发病情况及典型症状、病理变化等综合分析，一般不难作出诊断。

【防治】

（1）预防措施　夏季应在鸡舍及运动场上，搭置凉棚，供鸡只活动或栖息，避免鸡特别是雏鸡长时间受到烈日曝晒，高温潮湿时更应注意；舍内饲养特别是笼养，加强夏季防暑降温，避免舍内温度过高。做好遮阳、通风工作，必要时进行强制通风，安装湿帘通风系统；降低饲养密度；保证供足饮水等。

（2）发病后的措施　发生日射病时迅速将鸡只转移到无日光处，但禁止冷浴；热射病时使鸡只很快处于阴凉的环境中，以利于降温散热，同时给予清凉饮水，也可将鸡只放入凉水中稍作冷浴。

（二）恶食癖

恶食癖又叫啄癖、异食癖或同类残食症，是指啄肛、啄趾、啄蛋、啄羽等恶癖，大小鸡都可发生，以群养鸡多见。啄肛癖危害最大，常将被啄者致死。

【病因】恶食癖发生的原因很复杂，主要有如下几方面：

（1）饲养管理不善　如鸡群密度过大，由于拥挤使其形成烦躁、好斗性格；成年母鸡因产蛋箱、窝太少、简陋或光线太强，产蛋后不能较好休息使子宫难以复位或鸡过于肥胖，子宫复位时间太久，红色的子宫在外边裸露，引起啄癖发生。

（2）饲料营养不足　如食盐缺乏，鸡寻求咸味食物，引起啄肛、啄肉；缺乏蛋氨酸、胱氨酸时，鸡啄毛、啄蛋，特别是高产鸡群。某些矿物质和维生素缺乏、饲料粗纤维含量太低或限饲时，处于饥饿状态下等，都易发生本病。

（3）一些外寄生虫病　如虱、螨等因局部发痒，而致使鸡只不断啄叨患部，甚至啄叨破溃出血，引起恶食癖。

（4）遗传因素　白壳蛋鸡啄癖的发生率较高，特别是刚开产的新母鸡，啄肛引起病残和死亡的较多，而褐壳蛋鸡较少。

【防治】

（1）预防措施　雏鸡在7～10日龄进行断喙，育成阶段再补充断喙一次。上喙断1/2，下喙断1/3，雏鸡上下喙一齐切，断喙后的成鸡喙浑圆，短而弯曲。保持适宜环境，平养鸡舍产蛋前要将产蛋箱或窝准备好，每4～5只母鸡设置一个产蛋箱，样式要一致。产蛋箱宽敞，使鸡伏卧其内不露头尾，并放置于较安静处；饲养密度不宜过大，光照不要太强。饲料营养全面，饲料中的蛋白质、维生素和微量元素要充足，各种营养素之间要平衡。

（2）发生时措施

① 可将蔬菜、瓜果或青草吊于鸡群头顶，以转移其注意力。啄肛严重时，可将鸡群关在舍内暂时不放，换上红灯泡，糊上红窗纸，使鸡看不出肛门的红色，这样可制止啄肛，待过几天啄癖消失后，再恢复正常饲养管理。

② 可在饲料中添加羽毛粉、蛋氨酸、啄肛灵、硫酸亚铁、核黄素和生石膏等。其中以生石膏效果较好，按2%～3%加入饲料喂半

月左右即可。

③ 为防止啄肛，可将饲料中食盐含量提高到2%，连喂2天，并保证足够的饮水。切不可将食盐加入饮水，因为鸡的饮水量比采食量大，易引起中毒，而且越饮越渴，越渴越饮。

④ 近年来研制出一种鸡鼻环，适用于成鸡，发生恶食癖时，给全部鸡戴上，便可防止啄肛。

第七章

<<<<<

蛋鸡场的经营管理

核心提示

鸡场的经营管理就是通过对鸡场的人、财、物等生产要素和资源进行合理的配置、组织、使用，以最少的消耗获得尽可能多的产品产出和最大的经济效益。人们常说管理出效益，但许多鸡场只重视技术管理而忽视经营管理，只重视饲养技术的掌握而不学习经营管理知识，导致经营管理水平低，养殖效益差。鸡场的经营管理包括市场调查、经营预测、经营决策、经营计划制订以及经济核算等内容。

第一节　经营管理的概念、意义、内容及步骤

一、经营管理的概念

经营是经营者在国家各项法律法规、政策方针的规范指导下，利用自身资金、设备、技术等条件，在追求用最小的人、财、物消耗取得最多的物质产出和最大的经济效益的前提下，合理确定生产方向与经营目标，有效地组织生产、销售等活动。管理是指经营者为实现经营目标，合理组织各项经济活动，这里不仅包括生产力和生产关系两个方面的问题，还包括经营生产方向、生产计划、生产目标如何落实，以及人、财、物的组织协调等方面的具体问题。经营和管理之间有着密切的联系，有了经营才需要管理；经营目标需要借助于管理才能实现，离开了管理，经营活动就会混乱，甚至中断。经营的使命在于宏观决策，管理的使命在于实现经营目标，是为实现经营目标服务

的，两者相辅相成，不能分开。

二、经营管理的意义

蛋鸡场的经营管理对于蛋鸡场的有效管理和生产水平提高具有重要意义。

（一）有利于实现决策的科学化

通过对市场的调研和信息的综合分析和预测，可以正确地把握经营方向、规模、蛋鸡群结构、生产数量，使产品既符合市场需要，又获得最高的价格，取得最大的利润。否则，把握不好市场，遭遇市场价格低谷，即使生产水平再高，生产手段再先进，也可能出现亏损。

（二）有利于有效组织产品生产

根据市场和蛋鸡场情况，合理制订生产计划，并组织生产计划的落实。根据生产计划科学安排人力、物力、财力和鸡群结构、周转、出栏等，不断提高产品产量和质量。

（三）有利于充分调动劳动者积极性

人是第一生产要素。任何优良品种、先进的设备和生产技术都要靠人来饲养、操作和实施。在经营管理上通过明确责任制，制定合理的产品标准和劳动定额，建立合理的奖惩制度和竞争机制，并进行严格考核，可以充分调动蛋鸡场员工的积极因素，使蛋鸡场员工的聪明才智得以最大限度发挥。

（四）有利于提高生产效益

通过正确的预测、决策和计划，有效地组织产品生产，可以在一定的资源投入基础上生产出最多的适销对路的产品；加强记录管理，不断总结分析，探索、掌握生产和市场规律，提高生产技术水平；根据记录资料，注重进行成本核算和盈利核算，找出影响成本的主要因素，采取措施降低生产成本。产品产量的增加，产品成本的降低，必然会显著提高鸡场养殖效益和生产水平。

三、经营管理内容

蛋鸡场经营管理的内容比较广泛，包括生产经营活动的全过程。

其主要内容有：市场调查、分析和营销、经营预测和决策、生产计划的制订和落实、生产技术管理、产品成本和经营成果的分析。

第二节　经营预测和经营决策

一、经营预测

预测是决策的前提，要做好产前预测，必须首先开展市场调查。即运用适当的方法，有目的、有计划、系统地搜集、整理和分析市场情况，取得经济信息。调查的内容包括市场需求量、消费群体、产品结构、销售渠道、竞争形式等。调查的方法常用的有访问法、观察法和实践法三种。搞好市场调查是进行市场预测、决策和制订计划的基础，也是搞好生产经营和产品销售的前提条件。

经营预测就是对未来事件做出的符合客观实际的判断。如市场预测（销售预测）就是在市场调查的基础上，在未来一定时期和一定范围内，对产品的市场供求变化趋势做出估计和判断。市场预测的主要内容包括：市场需求预测、销售量预测、产品寿命周期预测、市场占有率预测等。预测期分为短期和长期两种。预测方法有判断性预测法和数学模型分析预测法。

二、经营决策

经营决策就是鸡场为了确定远期和近期的经营目标和实现与这些目标有关的一些重大问题作出最优的选择的决断过程。鸡场经营决策的内容很多，大至鸡场的生产经营方向、经营目标、远景规划，小到规章制度的制定、生产活动的具体安排等，鸡场饲养管理人员每时每刻都在决策。决策的正确与否，直接影响到经营效果。有时一次重大的决策失误就可能导致鸡场的亏损，甚至倒闭。正确的决策是建立在科学预测的基础上的，通过收集大量的有关经济信息，进行科学预测，才能进行决策。正确的决策必须遵循一定的决策程序，采用科学的方法。

（一）决策的程序

1. 提出问题

即确定决策的对象或事件，也就是要决策什么或对什么进行决策。如确定经营方向、饲料配方、饲养方式、治疗什么疾病等。

2. 确定决策目标

决策目标是指对事件作出决策并付诸行动之后所要达到的预期结果。如：经营项目和经营规模的决策目标是一定时期内使销售收入和利润达到多少，蛋鸡饲料配方的决策目标是使单位产品的饲料成本降低到多少、产蛋率和产品品质达到何种水平；发生疾病时的决策目标是治愈率可达到多高。有了目标，拟订和选择方案就有了依据。

3. 拟订多种可行方案

多谋才能善断，只有设计出多种方案，才可能选出最优的方案。拟订方案时，要紧紧围绕决策目标，充分发扬民主，大胆设想，尽可能把所有的方案包括无遗，以免漏掉好的方案。如对蛋鸡场经营方向决策的方案有办种鸡场、商品鸡场、孵化场等；对饲料配方决策的方案有甲、乙、丙、丁等多个配方；对饲养方式决策方案有笼养、散养、网上平养等；对鸡场防治大肠杆菌病决策的方案有用药防治（可以选用药物也有多种，如丁胺卡那霉素、庆大霉素、喹乙醇及复合药物）、疫苗防治等。

对于复杂问题的决策，方案的拟订通常分两步进行：

（1）轮廓设想　可向有关专家和职工群众分别征集意见。也可采用头脑风暴法（畅谈会法），即组织有关人士座谈，让大家发表各自的见解，但不允许对别人的意见加以评论，以便使大家相互启发、畅所欲言。

（2）可行性论证和精心设计　在轮廓设想的基础上，可召开讨论会或采用特尔斐法，对各种方案进行可行性论证，弃掉不可行的方案。如果确认所有的方案都不可行或只有一种方案可行，就要重新进行设想，或审查调整决策目标。然后对剩下的各种可行方案进行详细设计，确定细节，估算实施结果。

4. 选择方案

根据决策目标的要求，运用科学的方法，对各种可行方案进行分析比较，从中选出最优方案。如治疗大肠杆菌病，通过药物试验，丁胺卡那霉素高敏，就可以选用丁胺卡那霉素。

5. 贯彻实施与信息反馈

最优方案选出之后，贯彻落实，组织实施，并在实施过程中进行跟踪检查，发现问题，查明原因，采取措施，加以解决。如果发现客观条件发生了变化，或原方案不完善甚至不正确，就要启用备用方案，或对原方案进行修改。如治疗大肠杆菌病按选择的用药方案用药，观察效果，效果良好可继续使用，如果使用效果不好，可另选其他方案。

（二）常用的决策方法

经营决策的方法较多，生产中常用的决策方法有下面几种：

1. 比较分析法

比较分析法是将不同的方案所反映的经营目标实现程度的指标数值进行对比，从中选出最优方案的一种方法。如对不同品种的饲养结果进行分析，可以选出一个能获得较好的经济效益的品种。

2. 综合评分法

综合评分法就是通过选择对不同的决策方案影响都比较大的经济技术指标，根据它们在整个方案中所处的地位和重要性，确定各个指标的权重，把各个方案的指标进行评分，并依据权重进行加权得出总分，以总分的高低选择决策方案的方法。例如在鸡场决策中，选择建设鸡舍时，往往既要投资效果好，又要设计合理、便于饲养管理，还要有利于防疫等。这类决策，称为多目标决策。但这些目标（即指标）对不同方案的反映有的是一致的，有的是不一致的，采用对比法往往难以提出一个综合的数量概念。为求得一个综合的结果，需要采用综合评分法。

3. 盈亏平衡分析法

这种方法又叫量、本、利分析法，是通过揭示产品的产量、成本和盈利之间的数量关系进行决策的一种方法。产品的成本划分为固定成本和变动成本。固定成本如鸡场的管理费、固定职工的基本工资、折旧费等，不随产品产量的变化而变化；变动成本是随着产销量的变动而变动的，如饲料费、燃料费和其他费用。利用成本、价格、产量之间的关系列出总成本的计算公式：

$$PQ = F + QV + PQX$$

$$Q = \frac{F}{P(1-X)-V}$$

式中　F——某种产品的固定成本；

X——单位销售额的税金；

V——单位产品的变动成本；

P——单位产品的价格；

Q——盈亏平衡时的产销量。

如企业计划获利 R 时的产销量 Q_R 为：

$$Q_R = \frac{F + R}{P(1 - X) - V}$$

盈亏平衡公式可以解决如下问题：

（1）规模决策　当产量达不到保本产量，产品销售收入小于产品总成本，就会发生亏损。只有在产量大于保本点条件下，才能盈利，因此保本点是企业生产的临界规模。

（2）价格决策　产品的单位生产成本与产品产量之间存在如下关系：

$$\text{CA(单位产品生产成本)} = \frac{F}{Q + V}$$

即随着产量增加，单位产品的生产成本下降。可依据销售量作出价格决策。

① 在保证利润总额（R）不减少的情况下，可依据产量来确定价格。由公式：

$$PQ = F + VQ + R$$

可知：

$$P = \frac{F + R}{Q} + V$$

② 在保证单位产品利润（r）不变时，依据产销量来确定价格水平。由公式：

$$PQ = F + VQ + R \quad (R = rQ)$$

则

$$P = \frac{F}{Q} + V + r$$

4. 决策树法

利用树形决策图进行决策基本步骤：绘制树形决策图，然后计算期望值，最后剪枝，确定决策方案。

【例】某养殖场可以养蛋鸡、肉鸡，只知道其年盈利额如表 7-1，请作出决策选择。

表 7-1　不同方案在不同状态下的年盈利额　单位：万元

状态	概率	蛋鸡		肉鸡	
		畅销 0.9	滞销 0.1	畅销 0.8	滞销 0.2
饲料涨价 A	0.3	15	－20	20	－5
饲料持平 B	0.5	30	－10	25	10
饲料降价 C	0.2	45	5	40	20

（1）绘制树形决策示意图（图 7-1）

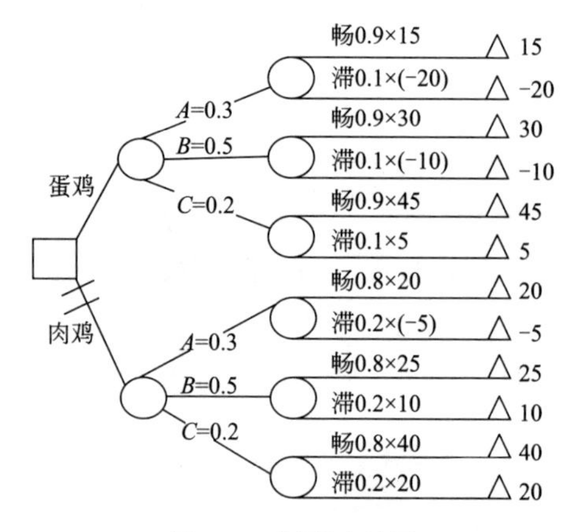

图 7-1　树形决策图

□表示决策点，由它引出的分枝叫决策方案枝；○表示状态点，由它引出的分枝叫状态分枝，上面标明了这种状态发生的概率；△为结果点，它后面的数字是某种方案在某状态下的收益值

（2）计算期望值

① 蛋鸡＝[(0.9×15)＋0.1×(－20)]×0.3＋[(0.9×30)＋0.1×(－10)]×0.5＋[(0.9×45)＋(0.1×5)]×0.2≈24.7

② 肉鸡＝[(0.8×20)＋0.2×(－5)]×0.3＋[(0.8×25)＋(0.2×10)]×0.5＋[(0.8×40)＋(0.2×20)]×0.2＝22.7

（3）剪枝　由于蛋鸡的期望值是 24.7，大于肉鸡的期望值，剪掉肉鸡项目，留下的蛋鸡项目就是较好的项目。

第三节 计划管理

计划是决策的具体化，计划管理是经营管理的重要职能。计划管理就是根据鸡场确定的目标，制订各种计划，用以组织协调全部的生产经营活动，达到预期的目的和效果。

生产经营计划是鸡场计划体系中的一个核心计划，鸡场应制订详尽的生产经营计划。生产经营计划主要由下面部分构成：

一、鸡群周转计划

鸡群周转计划是制订其他各项计划的基础，只有制订好周转计划，才能制订饲料计划、产品计划和引种计划。制订鸡群周转计划，应综合考虑鸡舍、设备、人力、成活率、鸡群的淘汰和转群移舍时间、数量等，保证各鸡群的增减和周转能够完成规定的生产任务，又最大限度地降低各种劳动消耗。

（一）制订周转计划的依据

1. 周转方式

蛋鸡场普遍采用全进全出制的周转方式，即整个鸡场的几栋鸡舍或一栋鸡舍，在同一时间进鸡，在同一时间淘汰。这种方式有利于清理消毒，有利于防疫和管理。

2. 鸡群的饲养期

蛋鸡饲养期的长短影响因素较多，如淘汰前鸡群的产蛋量、市场的鸡蛋价格、育成新母鸡的情况以及是否强制换羽等。商品蛋鸡的饲养期一般为1年（21～72周龄），如果强制换羽，可以再利用10个月左右的时间。因为第二个产蛋年产蛋量减少10%～15%，所以，根据我国现阶段蛋鸡饲养和市场情况，商品蛋鸡饲养第一个产蛋周期（1年时间）较为适宜。如果是种鸡群，因雏鸡价值大，培育新母鸡的成本高，可以利用第二个产蛋周期。

3. 笼位

笼位表示一个鸡场最多可以养多少只鸡。由于鸡在饲养过程中有死亡和淘汰，因此就出现空的笼位。另外，育成鸡的饲养阶段是0～20周，从21周开始才进入产蛋期。如果提前入蛋鸡笼，育成鸡也占着笼位但不产蛋，影响到笼位的利用。笼位利用率就是实际平均饲养只数与总笼位之比。例如，一批育成新母鸡在120日龄入蛋鸡舍的蛋鸡笼内，在蛋鸡舍内又饲养了20天才进入产蛋期，这20天蛋鸡舍的笼位利用率就是0。

（二）周转计划的编制

1. 蛋鸡群周转计划编制

如一鸡场，3栋蛋鸡舍，1栋育雏育成舍，每栋舍可以入舍10000只新母鸡，月计划死淘100只，120日龄入蛋鸡舍，72周龄淘汰。一般安排在月底淘汰，淘汰后空舍10天清洁消毒再入鸡，如表7-2。

表7-2　蛋鸡群周转计划表　　单位：只

月份（栋号）	1号舍	2号舍	3号舍	合计
1	3333	9100	9500	21933
2	9900	9000	9400	28300
3	9800	8900	9300	27900
4	9700	8800	9200	27700
5	9600	3333	9100	22033
6	9500	9900	9000	28400
7	9400	9800	8900	28100
8	9300	9700	8800	27800
9	9200	9600	3333	22133
10	9100	9500	9900	28500
11	9000	9400	9800	28200
12	8900	9300	9700	27900
合计				

2. 育雏育成鸡群周转计划编制

根据蛋鸡入笼时间和入笼数量进行编制。

进雏数量＝入舍母鸡数×（1＋育雏育成期死淘率＋公雏率）

如果育雏育成期死淘率按7%计算，则育雏育成鸡群周转计划表如表7-3。

表 7-3　育雏育成鸡群周转计划表

批次	购入日期	购入数量/只	育成日期	育成数量/只	成活率/%
1	9月	10700	1月	10000	93
2	2月	10700	5月	10000	93
3	5月	10700	9月	10000	93
4	9月	10700	1月	10000	93

二、产蛋计划

商品蛋鸡场的主要生产指标是商品蛋的产量。蛋鸡群周转计划内确定了每月的蛋鸡存栏量，可以根据蛋鸡每天产蛋重量计算出每一个月的蛋品生产量，如表 7-4。

表 7-4　产蛋计划表

月份	均饲数	月天数	日单产/克	日总产/千克	月总产/千克
1	21933	31	46	1009	31279
2	28300	28	46	1302	36456
3	27900	31	46	1283	39785
4	27700	30	46	1274	38226
5	22033	31	46	1013	31415
6	28400	30	46	1306	39192
7	28100	31	46	1292	40070
8	27800	31	46	1279	39648
9	22133	30	46	1018	30543
10	28500	31	46	1311	40641
11	28200	30	46	1297	38916
12	27900	31	46	1283	39785
合计					

三、饲料计划

各种生长鸡的日耗量不同，产蛋鸡的平均日耗料量是稳定的。有了周转计划，就可以制订饲料消耗计划，如表 7-5。

表 7-5 蛋鸡饲料消耗计划

月份	月饲母鸡/只	月天数	只耗料/(千克/天)	日耗料/千克	月耗料/吨
1	21933	31	120	2632	81.59
2	28300	28	120	3396	95.09
3	27900	31	120	3348	103.79
4	27700	30	120	3324	99.72
5	22033	31	120	2644	81.96
6	28400	30	120	3408	102.24
7	28100	31	120	3372	104.53
8	27800	31	120	3336	103.42
9	22133	30	120	2656	79.69
10	28500	31	120	3420	106.02
11	28200	30	120	3384	101.52
12	27900	31	120	3348	103.79
合计					

四、其他计划

其他计划包括产品销售计划、基本建设和设备更新计划、财务计划等。

第四节 生产运行中的管理

一、制定技术操作规程

技术操作规程是鸡场生产中按照科学原理制定的日常作业的技术规范。鸡群管理中的各项技术措施和操作等均通过技术操作规程加以贯彻，同时，它也是检验生产的依据。不同饲养阶段的鸡群，按其生产周期制定不同的技术操作规程。如育雏（或育成鸡、蛋鸡、肉鸡）技术操作规程。

技术操作规程的主要内容是：对饲养任务提出生产指标，使饲养人员有明确的目标；指出不同饲养阶段 鸡群的特点及饲养管理要点；按不同的操作内容分段列条，提出切合实际的要求等。

技术操作规程的指标要切合实际，条文要简明具体，易于落实执行。

二、工作程序制定

规定各类鸡舍每天从早到晚的各个时间段内的常规操作，使饲养管理人员有规律地完成各项任务，见表 7-6。

表 7-6 鸡舍每日工作日程

<table>
<tr><th colspan="2">雏鸡舍每日工作程序</th><th colspan="2">育成舍每日工作程序</th><th colspan="2">蛋鸡每日工作程序</th></tr>
<tr><th>时间</th><th>工作内容</th><th>时间</th><th>工作内容</th><th>时间</th><th>工作内容</th></tr>
<tr><td rowspan="2">8:00</td><td rowspan="2">喂料。检查饲料质量，饲喂均匀，饲料中加药，避免断料</td><td rowspan="2">8:00</td><td rowspan="2">喂料。检查饲料质量，饲喂均匀，料中加药，避免断料</td><td>6:00</td><td>开灯</td></tr>
<tr><td>6:20</td><td>喂料，观察鸡群和设备运转情况</td></tr>
<tr><td rowspan="3">9:00</td><td rowspan="3">检查温湿度，清粪，打扫卫生，巡视鸡群。检查照明、通风系统并保持卫生</td><td rowspan="3">9:00</td><td rowspan="3">检查温湿度，清粪，打扫卫生，巡视鸡群，检查照明、通风系统并保持卫生</td><td>7:30</td><td>早餐</td></tr>
<tr><td>9:00</td><td>匀料，观察环境条件，准备蛋盘</td></tr>
<tr><td>10:30</td><td>捡蛋，提死鸡</td></tr>
<tr><td rowspan="2">10:00</td><td rowspan="2">喂料，检查舍内温湿度，检查饮水系统，观察鸡群</td><td rowspan="2">10:00</td><td rowspan="2">检查舍内温湿度和饮水系统，观察鸡群。将笼外鸡捉入笼内</td><td>11:30</td><td>喂料，观察鸡群和设备运转情况</td></tr>
<tr><td>12:00</td><td>午餐</td></tr>
<tr><td>11:30</td><td>午餐休息</td><td>11:30</td><td>午餐休息</td><td>15:00</td><td>喂料，准备捡蛋设备</td></tr>
<tr><td>13:00</td><td>喂料，观察鸡群和环境条件</td><td>13:00</td><td>喂料，观察鸡群和环境条件</td><td>16:00</td><td>洗刷饮水和饲喂系统，打扫卫生</td></tr>
<tr><td>15:00</td><td>检查笼门，调整鸡群；观察温湿度，个别治疗</td><td>15:00</td><td>检查笼门，调整鸡群；观察温湿度，个别治疗。清粪</td><td>17:00</td><td>捡蛋，记录和填写相关表格，环境消毒等</td></tr>
</table>

续表

雏鸡舍每日工作程序		育成舍每日工作程序		蛋鸡每日工作程序	
时间	工作内容	时间	工作内容	时间	工作内容
16:00	喂料,作好各项记录并填写表格;作好交班准备	16:00	喂料,作好各项记录并填写表格	18:00	晚餐
17:00	夜班饲养人员上班工作	17:00	下班	20:00	喂料,1小时后关灯

三、制定综合防疫制度

为了保证鸡群的健康和安全生产，场内必须制定严格的防疫措施，严格按照规定对场内、外人员、车辆、场内环境、装蛋放鸡的容器进行及时或定期消毒，鸡舍在空出后进行冲洗、消毒，对各类鸡群进行免疫，对种鸡群进行检疫等。

四、劳动定额和劳动组织

（一）劳动定额

劳动定额标准见表7-7。

表7-7　劳动定额标准

工种	工作内容	定额/(只/人)	工作条件
肉种鸡育雏育成(平养) 肉种鸡育雏育成(笼养)	饲养管理,一次清粪 饲养管理,经常清粪	1800～3000 1800～3000	饲料到舍;自动饮水,人工供暖或集中供暖
肉种鸡网上-地面饲养	饲养管理,一次清粪	1800～2000	人工供料捡蛋,自动饮水
肉种鸡平养	饲养管理	3000	自动饮水。机械供料,人工捡蛋
肉种鸡笼养	饲养管理	3000/2	两层笼养,全部手工操作
肉仔鸡(1日龄至上市)	饲养管理	5000 10000～20000	人工供暖喂料,自动饮水 集中供暖,机械加料,自动饮水

续表

工种	工作内容	定额/(只/人)	工作条件
蛋鸡1～49天育雏	饲养管理,第一周值夜班,注射疫苗	6000/2	四层笼养,人工加温,辅助免疫
蛋鸡50～140天	饲养管理	6000	三层笼养,自动饮水,人工喂料
1～140日龄一段育成	饲养管理	6000	网上或笼养,自动饮水,机械喂料刮粪
蛋鸡笼养	饲养管理	5000～10000	人工喂料,捡蛋,清粪
		7000～12000	机械喂料,刮粪或一次清粪
蛋种鸡笼养(祖代减半)	饲养管理,人工授精	200～2500	自动饮水,不清粪
孵化	由种蛋到出售鉴别雏	10000	蛋车式,全自动孵化器
清粪	人工笼下清粪	20000～40000	清粪后人工运至200米左右

(二) 劳动组织

1. 生产组织精简高效

生产组织与鸡场规模大小有密切关系，规模越大，生产组织就越重要。规模化鸡场一般设置有行政、生产技术、供销财务和生产班组等组织部门，部门设置和人员安排尽量精简，提高直接从事养鸡生产的人员比例，最大限度地降低生产成本。

2. 人员的合理安排

养鸡是一项脏、苦而又专业性强的工作，所以必须根据工作性质来合理安排人员，知人善用，充分调动饲养管理人员的劳动积极性，不断提高专业技术水平。

3. 建立健全岗位责任制

岗位责任制规定了鸡场每一个人员的工作任务、工作目标和标准。完成者奖励，完不成者被罚，不仅可以保证鸡场各项工作顺利完成，而且能够充分调动劳动者的积极性，使生产完成得更好，生产的产品更多，各种消耗更少。

五、记录管理

记录管理就是将鸡场生产经营活动中的人、财、物等消耗情况及其他有关情况记录在案，并进行规范、计算和分析。目前许多鸡场不重视记录管理，不知道怎样记录。鸡场缺乏记录资料，导致管理者和饲养者对生产经营情况（如各种消耗多少、产品成本高低、单位产品利润和年总利润多少等）不十分清楚，更谈不上采取有效措施降低成本、提高效益。

（一）记录管理的意义

1. 鸡场记录反映鸡场生产经营活动的状况

完善的记录可将整个鸡场的动态与静态记录无遗。有了详细的鸡场记录，管理者和饲养者通过记录不仅可以了解现阶段鸡场的生产经营状况，而且可以了解过去鸡场的生产经营情况。有利于加强管理，有利于对比分析，有利于进行正确的预测和决策。

2. 鸡场记录是经济核算的基础

详细的鸡场记录包括了各种消耗、鸡群的周转及死亡淘汰等变动情况、产品的产出和销售情况、财务的支出和收入情况以及饲养管理情况等，这些都是进行经济核算的基本材料。没有详细的、原始的、全面的鸡场记录材料，经济核算也是空谈，甚至会出现虚假的核算。

3. 鸡场记录是提高管理水平和效益的保证

通过详细的鸡场记录，并对记录进行整理、分析和必要的计算，可以不断发现生产和管理中的问题，并采取有效的措施来解决和改善，不断提高管理水平和经济效益。

（二）鸡场记录的原则

1. 及时准确

及时是根据不同记录要求，在第一时间认真填写，不拖延、不积压，避免出现遗忘和虚假；准确是按照鸡场当时的实际情况进行记录，既不夸大也不缩小，实实在在。特别是一些数据要真实，不能虚构。如果记录不精确，将失去记录的真实可靠性，这样的记录也是毫无价值的。

2. 简洁完整

记录工作烦琐，则不易持之以恒地实行，所以设置的各种记录簿册和表格力求简明扼要，通俗易懂，便于记录。完整是指记录要全面、系统，最好设计成不同的记录册和表格，并且填写完全、工整，易于辨认。

3. 便于分析

记录的目的是为了分析鸡场生产经营活动的情况，因此在设计表格时，要考虑记录下来的资料应便于整理、归类和统计。为了与其他鸡场的情况进行横向比较和对本鸡场过去的情况进行纵向比较，还应注意记录内容的可比性和稳定性。

（三）鸡场记录的内容

鸡场记录的内容因鸡场的经营方式与所需的资料不同而有所区别，一般应包括以下内容：

1. 生产记录

（1）鸡群生产情况记录　鸡的品种、饲养数量、饲养日期、死亡淘汰、产品产量等。

（2）饲料记录　将每日不同鸡群（或以每栋或栏或群为单位）所消耗的饲料按其种类、数量及单价等记录下来。

（3）劳动记录　记录每天出勤情况、工作时数、工作类别以及完成的工作量、劳动报酬等。

2. 财务记录

（1）收支记录　包括出售产品的时间、数量、价格、去向及各项支出情况。

（2）资产记录　固定资产类，包括土地、建筑物、机器设备等的占用和消耗；库存物资类，包括饲料、兽药、在产品、产成品、易耗品、办公用品等的消耗数、库存数量及价值；现金及信用类，包括现金、存款、债券、股票、应付款、应收款等。

3. 饲养管理记录

（1）饲养管理程序及操作记录　对饲喂程序、光照程序、鸡群的周转、环境控制等进行记录。

（2）疾病防治记录　包括隔离消毒情况、免疫情况、发病情况、诊断及治疗情况、用药情况、驱虫情况等。

（四）生产记录表格

1. 育雏育成记录表格

见表 5-12。

2. 产蛋和饲料消耗记录表格

见表 7-8。

表 7-8 产蛋和饲料消耗记录

品种________ 鸡舍栋号________ 填表人________

日期	日龄	鸡数/只	死亡淘汰/只	饲料消耗/千克		产蛋量				饲养管理情况	其他情况
				总耗量	只耗量	数量/枚	重量/千克	破蛋率/%	只日产蛋量/克		

3. 收支记录表格

见表 7-9。

表 7-9 收支记录表格

收入		支出		备注
项目	金额/元	项目	金额/元	
合计				

（五）鸡场记录的分析

通过对鸡场的记录进行整理、归类，可以进行分析。分析是通过一系列分析指标的计算来实现的。利用成活率、母鸡存活率、蛋重、日产蛋率、饲料转化率等技术效果指标来分析生产资源的投入和产出产品数量的关系，并分析各种技术的有效性和先进性。利用经济效果指标分析生产单位的经营效果和盈利情况，为鸡场的生产提供依据。

六、产品销售管理

（一）销售预测

规模鸡场的销售预测是在市场调查的基础上，对产品的趋势做出正确的估计。产品市场是销售预测的基础，市场调查的对象是已经存在的市场情况，而销售预测的对象是尚未形成的市场情况。产品销售预测分为长期预测、中期预测和短期预测。长期预测指5～10年的预测；中期预测一般指2～3年的预测；短期预测一般为每年内各季度月份的预测，主要用于指导短期生产活动。进行预测时可采用定性预测和定量预测两种方法：定性预测是指对对象未来发展的性质、方向进行判断性、经验性的预测；定量预测是通过定量分析对预测对象及其影响因素之间的密切程度进行预测。两种方法各有所长，应从当前实际情况出发，结合使用。蛋鸡场的产品虽然只有蛋品和淘汰鸡，但其蛋品可以有多种定位，如绿色蛋、有机蛋和一般蛋，要根据市场需要和销售价格，结合本场情况有目的地进行生产，以获得更好的效益。

（二）销售决策

影响企业销售规模的因素有两个：一是市场需求；二是鸡场的销售能力。市场需求是外因，是鸡场外部环境对企业产品销售提供的机会；销售能力是内因，是鸡场内部自身可控制的因素。对具有较高市场开发潜力，但目前在市场上占有率低的产品，应加强产品的销售推广宣传工作，尽力扩大市场占有率；对具有较高的市场开发潜力，且在市场有较高占有率的产品，应有足够的投资维持市场占有率。但由于其成长期潜力有限，过多投资则无益；对那些市场开发潜力小、市场占有率低的产品，应考虑调整企业产品组合。

（三）销售计划

鸡产品的销售计划是鸡场经营计划的重要组成部分，科学地制订产品销售计划，是做好销售工作的必要条件，也是科学地制订鸡场生产经营计划的前提。主要内容包括销售量、销售额、销售费用、销售利润等。制订销售计划的中心问题是要完成企业的销售管理任务，能够在最短的时间内销售产品，争取到理想的价格，及时收回货款，取得较好的经济效益。

(四) 销售形式

销售形式指产品从生产领域进入消费领域，由生产单位传送到消费者手中所经过的途径和采取的购销形式。依据不同服务领域和收购部门经销范围的不同而各有不同，主要包括国家预购、国家订购、外贸流通、鸡场自行销售、联合销售、合同销售 6 种形式。合理的销售形式可以加速产品的传送过程，节约流通费用，减少流通过程的消耗，更好地提高产品的价值。目前，鸡场自行销售已经成为主要的渠道，自行销售可直销，销售价格高，但销量有限；也可以选择一些大型的商场或大的消费单位进行销售。

(五) 销售管理

鸡场销售管理包括销售市场调查、营销策略及计划的制订、促销措施的落实、市场的开拓、产品售后服务等。市场营销需要研究消费者的需求状况及其变化趋势。在保证产品质量并不断提高的前提下，利用各种机会、各种渠道刺激消费、推销产品，做好以下三个方面工作：

1. 加强宣传，树立品牌

有了优质产品，还需要加强宣传，将产品推销出去。广告是被市场经济所证实的一种良好的促销手段，应很好地利用。一个好的企业，首先必须对企业形象及其产品包装（含有形和无形）进行策划设计，并借助广播电视、报刊等各种媒体做广告宣传，以提高企业及产品的知名度，在社会上树立起良好的形象，创造产品品牌，从而促进产品的销售。

2. 加强营销队伍建设

一是要根据销售服务和劳动定额，合理增加促销人员，加强促销力量，不断扩大促销辐射面，使促销人员无所不及；二是要努力提高促销人员业务素质。促销人员的素质高低，直接影响着产品的销售，因此，要经常对促销人员进行业务知识的培训和职业道德、敬业精神的教育，使他们以良好素质和精神面貌出现在用户面前，为用户提供满意的服务。

3. 积极做好售后服务

售后服务是企业争取用户信任、巩固老市场、开拓新市场的关键，因此，种鸡场要高度重视，扎实认真地做好此项工作。一是要建立售后服务组织，经常深入用户做好技术咨询服务；二是对出售的种鸡等提供防疫、驱虫程序及饲养管理等相关技术资料和服务跟踪卡，规范售后服务，并及时通过用户反馈的信息，改进鸡场的工作，加快发展速度。

第五节　经济核算

一、资产核算

（一）流动资产

流动资产是指可以在一年内或者超过一年的一个营业周期内变现或者运用的资产。流动资产是企业生产经营活动的主要资产。主要包括鸡场的现金、存款、应收款及预付款、存货（原材料、在产品、产成品、低值易耗品）等。流动资产周转状况影响到产品的成本。

1. 流动资产的特征

（1）占有形态的变动性　随着生产的进行，由货币形态转化为材料物资形态，再由材料物资形态，转化为在产品和产成品形态，最后由产成品形态，转化为货币形态。这种周而复始的循环运动，形成了流动资产的周转。

（2）占有数量的波动性　流动资产在企业再生产过程中，随着供、产、销的变化，占用的数量有高有低，起伏不定，具有波动性。因此，鸡场要综合考虑流动资产的资金来源和供应方向，合理使用和安排资金，达到供需平衡。

（3）循环与生产周期的一致性　流动资产在企业再生产过程中是不断循环着的，它是随着供应、生产、销售三个过程的固定顺序，由一种形态转化为另一种形态，不断地进行循环，与生产周期保持高度的一致性。

2. 加快流动资产周转措施

（1）加强流动资产管理　加强采购物资的计划性，防止盲目采购，合理地储备物质，避免积压资金，加强物资的保管，定期对库存物资进行清查，防止鼠害和霉烂变质。

（2）减少占用量　科学地组织生产过程，采用先进技术，尽可能缩短生产周期，节约使用各种材料和物资，减少在产品资金占用量；及时销售产品，缩短产成品的滞留时间；及时清理债权债务，加速应收款项的回收，减少成品资金和结算资金的占用量。

（二）固定资产

固定资产是指使用年限在 1 年以上，单位价值在规定的标准以上，并且在使用中长期保持其实物形态的各项资产。鸡场的固定资产主要包括建筑物、道路、产蛋鸡以及其他与生产经营有关的设备，器具、工具等。

1. 固定资产特征

（1）完成一次循环的周转时间长　固定资产一经投产，其价值随着磨损程度逐渐转移与补偿，经过多个生产周期，才完成全部价值的一次循环。其循环周期的长短，不仅取决于决定固定资产使用时间长短的自身物理性能的耐用程度，而且决定于经济寿命。因科学技术的发展趋势，需从经济效果上考虑固定资产的经济使用年限。

（2）投资是一次全部支付，回收是分次的逐步的　这就要求在决定固定资产投资时，必须进行科学的、周密的规划和设计，除了研究投资项目的必要性外，还必须考虑技术上的可能性和经济上的合理性。

（3）固定资产的价值补偿和实物更新是分别进行的　固定资产的价值补偿是逐渐完成的，而实物更新利用经多次价值补偿积累的货币准备基金来实现。固定资产的价值补偿是其实物更新的必要条件，不积累足够的货币准备基金就没有可能实现固定资产的实物更新。因此，鸡场应有计划地提取、分配和使用固定资产的折旧基金。

2. 固定资产的折旧

（1）固定资产的折旧　固定资产的长期使用中，在物质上要受到磨损，在价值上要发生损耗。固定资产的损耗，分为有形损耗和无形损耗两种。有形损耗是指固定资产由于使用或者由于自然力的作用，使固定资产物质上发生磨损。无形损耗是由于劳动生产率提高和科学技术进步而引起的固定资产价值的损失。固定资产在使用过程中，由于损耗而发生的价值转移，称为折旧，由于固定资产损耗而转移到产品中去的那部分价值叫折旧费或折旧额，用于固定资产的更新改造。

（2）固定资产折旧的计算方法　鸡场提取固定资产折旧，一般采用平均年限法和工作量法。

① 平均年限法　它是根据固定资产的使用年限，平均计算各个时期的折旧额，因此也称直线法。其计算公式：

$$固定资产年折旧额=\frac{原值-(预计残值-清理费用)}{固定资产预计使用年限}$$

$$固定资产年折旧率=\frac{固定资产年折旧额}{固定资产原值}\times 100\%$$

$$=\frac{1-净残值率}{折旧年限}\times 100\%$$

② 工作量法　它是按照使用某项固定资产所提供的工作量，计算出单位工作量平均应计提折旧额后，再按各期使用固定资产所实际完成的工作量，计算应计提的折旧额。这种折旧计算方法，适用于一些机械等专用设备。其计算公式为：

$$单位工作量(单位里程或每工作小时)折旧额=$$

$$\frac{固定资产原值-预计净残值}{总工作量(总行驶里程或总工作小时)}$$

3. 提高固定资产利用效果的途径

（1）加强固定资产管理　建立严格的使用、保养和管理制度，对不需用的固定资产应及时采取措施，以免浪费，注意提高机器设备的时间利用强度和它的生产能力的利用程度。

（2）合理建设和购置　根据轻重缓急，合理购置和建设固定资产，把资金使用在经济效果最大而且在生产上迫切需要的项目上；购置和建造固定资产要量力而行，做到与单位的生产规模和财力相适应。

（3）配套完备　各类固定资产务求配套完备，注意加强设备的通用性和适用性，使固定资产能充分发挥效用。

二、成本核算

产品的生产过程，同时也是生产的耗费过程。企业要生产产品，就是发生各种生产耗费。生产过程的耗费包括劳动对象（如饲料）的耗费、劳动手段（如生产工具）的耗费以及劳动力的耗费等。企业为生产一定数量和种类的产品而发生的直接材料费（包括直接用于产品生产的原材料、燃料动力费等）、直接人工费用（直接参加产品生产的工人工资以及福利费）和间接制造费用的总和构成产品成本。

【注意】产品成本是一项综合性很强的经济指标，它反映了企业的技术实力和整个经营状况。鸡场的品种是否优良、饲料质量好坏、饲养技术水平高低、固定资产利用的好坏、人工耗费的多少等，都可以通过产品成本反映出来。所以，鸡场通过成本和费用核算，可发现成本升降的原因，降低成本费用耗费，提高产品的竞争能力和盈利能力。

（一）做好成本核算的基础工作

1. 建立健全各项原始记录

原始记录是计算产品成本的依据，直接影响着产品成本计算的准确性。如原始记录不实，就不能正确反映生产耗费和生产成果，就会使成本计算变为“假账真算”，成本核算就失去了意义。所以，饲料、燃料动力的消耗，原材料、低值易耗品的领退，生产工时的耗用，畜禽变动、周转、死亡淘汰，产出产品等原始记录都必须认真如实地登记。

2. 建立健全各项定额管理制度

蛋场要制定各项生产要素的耗费标准（定额）。不管是饲料、燃料动力，还是费用工时、资金占用等，都应制定比较先进、切实可行的定额。定额的制定应建立在先进的基础上，对经过十分努力仍然达不到的定额标准或不需努力就很容易达到的定额标准，要及时进行修订。

3. 加强财产物资的计量、验收、保管、收发和盘点制度

财产物资的实物核算是其价值核算的基础。做好各种物资的计量、收集和保管工作，是加强成本管理、正确计算产品成本的前提条件。

（二）蛋鸡场成本的构成项目

1. 饲料费

饲料费指饲养过程中耗用的自产和外购的混合饲料和各种饲料原料。凡是购入的按买价加运费计算，自产饲料一般按生产成本（含种植成本和加工成本）进行计算。

2. 劳务费

从事养鸡的生产管理劳动，包括饲养、清粪、捡蛋、防疫、捉鸡、消毒、购物运输等所支付的工资、资金、补贴和福利等。

3. 新母鸡培育费

从雏鸡出壳养到140天的所有生产费用。如是购买育成新母鸡，按买价计算；自己培育的按培育成本计算。

4. 医疗费

医疗费指用于鸡群的生物制剂、消毒剂及检疫费、化验费、专家咨询服务费等。但已包含在育成新母鸡成本中的费用和配合饲料中的药物及添加剂费用不必重复计算。

5. 固定资产折旧维修费

固定资产折旧维修费指禽舍、笼具和专用机械设备等固定资产的基本折旧费及修理费。根据鸡舍结构和设备质量、使用年限来计损。如是租用土地，应加上租金；土地、鸡舍等都是租用的，只计租金，不计折旧。

6. 燃料动力费

燃料动力费指饲料加工、鸡舍保暖、排风、供水、供气等耗用的燃料和电力费用，这些费用按实际支出的数额计算。

7. 利息

利息是指对固定投资及流动资金一年中支付利息的总额。

8. 杂费

包括低值易耗品费用、保险费、通信费、交通费、搬运费等。

9. 税金

税金指用于养鸡生产的土地、建筑设备及生产销售等一年内应交的税金。

以上九项构成了鸡场生产成本，从构成成本比重来看，饲料费、新母鸡培育费、人工费、折旧费、利息五项价额较大，是成本项目构成的主要部分，应当重点控制。

（三）成本核算的计算方法

成本核算的计算方法分为分群核算和混群核算。

1. 分群核算

分群核算的对象是鸡的不同类别，如蛋鸡群、育雏群、育成群、肉鸡群等，按鸡群的不同类别分别设置生产成本明细账户，分别归集生产费用和计算成本。蛋鸡场的主产品是鲜蛋、种蛋、毛鸡，副产品是粪便和淘汰鸡的收入。蛋鸡场的饲养费用包括育成鸡的价值、饲料费用、折旧费、人工费等。

（1）鲜蛋成本

$$\text{每千克鲜蛋成本(元/千克)}=\frac{\text{蛋鸡生产费用}-\text{蛋鸡残值}-\text{非鸡蛋收入(包括粪便、死淘鸡等收入)}}{\text{入舍母鸡总产蛋量(千克)}}$$

（2）种蛋成本

$$\text{每枚种蛋成本(元/枚)}=\frac{\text{种鸡生产费用}-\text{种鸡残值}-\text{非种蛋收入(包括鸡粪、商品蛋、淘汰鸡等收入)}}{\text{入舍种母鸡出售种蛋数}}$$

（3）雏鸡成本

$$\text{每只雏鸡成本}=\frac{\text{全部的孵化费用}-\text{副产品价值}}{\text{成活一昼夜的雏鸡数}}$$

（4）育雏鸡成本

$$\text{每只育雏鸡成本}=\frac{\text{育雏期的饲养费用}-\text{副产品价值}}{\text{育雏期末存活的雏鸡数}}$$

（5）育成鸡成本

$$\text{每只育成鸡成本}=\frac{\text{育雏育成期的饲养费用}-\text{粪便、死淘鸡收入}}{\text{育成期末存活的鸡数}}$$

2. 混群核算

混群核算的对象是按鸡种类设置生产成本明细账户归集生产费用和计算成本。资料不全的小规模鸡场常用。

（1）种蛋成本

$$\text{每个种蛋成本(元/个)}=\frac{\begin{array}{c}\text{期初存栏种鸡价值}+\text{购入种鸡价值}+\text{本期种鸡饲养费}-\\\text{期末种鸡存栏价值}-\text{出售淘汰种鸡价值}-\\\text{非种蛋收入(商品蛋、鸡粪等收入)}\end{array}}{\text{本期收集种蛋数}}$$

（2）鸡蛋成本

$$\text{每千克鸡蛋成本(元/千克)}=\frac{\begin{array}{c}\text{期初存栏蛋鸡价值}+\text{购入蛋鸡价值}+\text{期蛋鸡饲养费用}-\\\text{期末蛋鸡存栏价值}-\text{淘汰出售蛋鸡价值}-\text{鸡粪收入}\end{array}}{\text{本期产蛋总重量(千克)}}$$

三、盈利核算

盈利核算是对蛋鸡场的盈利进行观察、记录、计量、计算、分析和比较等工作的总称。所以盈利也称税前利润。盈利是企业在一定时期内的货币表现的最终经营成果，是考核企业生产经营好坏的一个重要经济指标。

（一）盈利计算公式

盈利＝销售产品价值－销售成本＝利润＋税金

（二）衡量盈利效果的经济指标

1. 销售收入利润率

表明产品销售利润在产品销售收入中所占的比重。销售收入利润率越高，经营效果越好。

$$\text{销售收入利润率}=\frac{\text{产品销售利润}}{\text{产品销售收入}}\times100\%$$

2. 销售成本利润率

销售成本利润率是反映生产消耗的经济指标。在畜禽产品价格、税金不变的情况下，产品成本愈低，销售利润愈多，销售成本利润率愈高。

$$\text{销售成本利润率}=\frac{\text{产品销售利润}}{\text{产品销售成本}}\times100\%$$

3. 产值利润率

产值利润率说明实现百元产值可获得多少利润，用以分析生产增长和利润增长比例关系。

$$产值利润率=\frac{利润总额}{总产值}\times 100\%$$

4. 资金利润率

资金利润率把利润和占用资金联系起来，反映资金占用效果，具有较大的综合性。

$$资金利润率=\frac{利润总额}{流动资金和固定资金的平均占用额}\times 100\%$$

【提示】开办蛋鸡场获得较好收益需从市场竞争、提高产量和降低生产成本三方面着手：一是生产适销对路的产品，进行市场调查和预测，根据市场变化生产符合市场需求的、质优量多的产品；二是提高资金的利用效率，合理配备各种固定资产，注意适用性、通用性和配套性，减少固定资产的闲置和损毁，加强采购计划制订，及时清理回收债务等；三是提高劳动生产率，购置必要的设备减轻劳动强度，制订合理劳动指标和计酬考核办法，多劳多得，优劳优酬；四是提高产品产量，选择优良品种，创造适宜条件，合理饲喂，应用添加剂，科学管理，加强隔离卫生和消毒等，控制好疾病，促进生产性能的发挥；五是制订好蛋鸡场周转计划，保证生产正常进行，一年四季均衡生产；六是降低饲料费用，购买饲料要货比三家，选择质量好、价格低的饲料，利用科学饲养技术，创造适宜的饲养环境，进行严格细致的观察和管理，制订周密的饲料配合计划，及时淘汰老弱病残鸡等，减少饲料的消耗和浪费。

参 考 文 献

[1] 李震中主编. 牧场生产工艺与畜舍设计. 北京：中国农业出版社，1988.
[2] 杨宁主编. 家禽生产学. 北京：中国农业出版社，2002.
[3] 杨山等主编. 现代养鸡. 北京：中国农业出版社，2001.
[4] 魏刚才主编. 蛋鸡高产高效饲养技术. 北京：中国农业科技出版社，2006.
[5] 张振涛主编. 绿色养鸡新技术. 北京：中国农业科技出版社，2002.
[6] 黄春元主编. 最新实用养禽技术大全. 北京：中国农业大学出版社，2003.
[7] 魏刚才等主编. 实用养鸡技术大全. 北京：化学工业出版社，2010.
[8] 宁金友主编. 畜禽营养与饲料. 北京：中国农业出版社，2001.
[9] 尹燕博等主编. 禽病手册. 北京：中国农业出版社，2004.